有機半導体の展開
Application of Organic Semiconductors

監修:谷口彬雄

シーエムシー出版

はじめに

　有機材料によるトランジスタ，FET 実現への夢は，導電性高分子の実現から始まり，1970 年代の分子素子の提案など多くの挑戦が行われてきた。

　20 世紀の初頭からアントラセンなどの芳香族化合物の電気的な性質の測定が行われてきた。これらの研究が 1963 年，アントラセン単結晶のキャリアー注入型電界発光の発見をもたらし，現在の有機 LED 素子へと繋がっている。

　有機化合物の電気物性研究の中で，「光の照射で電気伝導が向上する」という発見がなされた。「光を有機化合物に照射すると電子が発生し，移動する」いわゆる OPC（Organic Photo-Conductor）材料の実現である。この原理を利用したものが，オフィスなどで広く利用されている複写機である。現在の 97% 以上の複写機にはこの OPC が使われている。

　この OPC の成功を基礎に，有機 LED（Light Emitting Diode）が大きく成功し始めている。これは，有機半導体薄膜に，大きな電場により，電子とホールを注入し発光させるものである。

　20 世紀におけるこれらの実用化の成功とそれを支えた研究開発は，有機化合物材料中での①電子の発生，②電子の移動，③金属界面からの電子の注入などの基本的な現象を明らかにしてきた。さらに，材料研究の中で，電子をコントロールするのに適した材料も合成され，我々の手に出来るようになってきた。これらの発展として 21 世紀においては，本格的に有機化合物材料中で電子をコントロールする事が現実的になってきている。20 世紀における有機半導体物性解明の進展，実用的にも良好な多くの材料の開発をベースとして，有機半導体の研究開発分野は，21 世紀において，全面的に開花しようとしている。

　本書は，20 世紀での研究開発を機能，素子の観点，作製技術の観点，材料の観点から概括することにより，21 世紀での本格的なこの分野の開花のための研究開発に役立てようとするものである。材料的な視点は独立させることより，索引を充実させることにより，利用しやすい構成とした。

　各位のご利用を期待している。

2003 年 10 月 13 日

上田にて

谷口彬雄

普及版の刊行にあたって

本書は2003年に『有機半導体の応用展開』として刊行されました。普及版の刊行にあたり，内容は当時のままであり加筆・訂正などの手は加えておりませんので，ご了承ください。

2008年10月

シーエムシー出版　編集部

―― 監 修 者 ――

谷 口 彬 雄	（現）信州大学　繊維学部　化学・材料系　機能高分子学課程　教授

―― 執筆者一覧(執筆順) ――

谷 口 彬 雄	（現）信州大学　繊維学部　化学・材料系　機能高分子学課程　教授
小 林 俊 介	産業技術総合研究所　光技術研究部門　主任研究員
堀 田 　 収	（現）京都工芸繊維大学　大学院工芸科学研究科　高分子機能工学部門　教授
柳 　 久 雄	神戸大学　工学部　応用化学科　助手 （現）奈良先端科学技術大学院大学　物質創成科学研究科　教授
市 川 　 結	（現）信州大学　繊維学部　化学・材料系　機能高分子学課程　准教授
工 藤 一 浩	（現）千葉大学　大学院工学研究科　教授
太 田 正 文	㈱リコー　研究開発本部　中央研究所　第三材料研究センター　センター長
安 達 千 波 矢	千歳科学技術大学　物質光科学科　助教授；科学技術振興機構 （現）九州大学　未来化学創造センター　教授
合 志 憲 一	千歳科学技術大学　物質光科学科；科学技術振興機構 （現）㈵情報通信研究機構　ナノICTグループ　専攻研究員
河 村 祐 一 郎	科学技術振興機構
中 出 正 悟	ノキア・ジャパン㈱　ノキア・リサーチセンター　リサーチエンジニア

柳田 祥三	（現）大阪大学　先端科学イノベーションセンター　特任教授（常勤）
青木 良康	昭栄㈱　研究開発センター　部付部長 （現）昭栄エレクトロニクス㈱　開発本部　執行役員　開発本部長
小松 昭彦	（現）ルビコン㈱　商品開発部　部長
桜井 美成	（現）ルビコン㈱　商品開発部
柴　 哲夫	ルビコン㈱　第2研究部 （現）ルビコンカーリット㈱　技術部　設計開発課　主任
高橋 芳行	（現）東京理科大学　理学部　化学科　助教
松井　 淳	（現）東北大学　多元物質科学研究所　助教
宮下 徳治	東北大学　多元物質科学研究所　教授
藤田 淳一	（現）筑波大学　数理物質科学研究科　准教授
和田 恭雄	（現）東洋大学　大学院学際・融合科学研究科　教授
半那 純一	（現）東京工業大学　理工学研究科　教授
吉田 郵司	産業技術総合研究所　光技術研究部門　分子薄膜グループ　主任研究員
吉本 則之	（現）岩手大学　大学院工学研究科　フロンティア材料機能工学専攻　准教授
島田 敏宏	（現）東京大学　理学系研究科　化学専攻　准教授
下田 達也	セイコーエプソン㈱　研究開発本部　テクノロジープラットフォーム研究所　所長 （現）北陸先端科学技術大学院大学　マテリアルサイエンス研究科　教授

執筆者の所属表記は，注記以外は2003年当時のものを使用しております．

目 次

序章 なぜ今有機半導体なのか　谷口彬雄

1　20世紀の有機半導体概念の芽生え … 1
　1.1　有機半導体材料をめぐる社会的背景 ……………………………… 1
　1.2　有機半導体概念の芽生え ………… 1
　1.3　有機半導体材料の実用化 ………… 2
2　21世紀のカーボンテクノロジーへの飛躍………………………………… 2
3　分子の個性から組み上げる半導体 …… 3
4　有機半導体の多様性を活かそう ……… 3

第Ⅰ編　有機半導体素子編

第1章　有機トランジスタ

1　溶液プロセスによる有機半導体を用いるトランジスタ…………小林俊介… 7
　1.1　はじめに ………………………… 7
　1.2　構造と動作原理 ………………… 8
　1.3　有機半導体（溶液プロセス）… 10
　　1.3.1　チオフェン系高分子 ……… 10
　　1.3.2　液晶性高分子 ……………… 12
　1.4　有機トランジスタの動作特性 … 13
　　1.4.1　電極/半導体界面における接触抵抗 ……………………… 14
　　1.4.2　TFTのチャンネル・ポテンシャルの直接観測（scanning Kelvin probe force microscopy）…… 15
　　1.4.3　性能のよいBC TFT ………… 15
　　1.4.4　baias stress effects ………… 17
　1.5　おわりに ………………………… 17
2　結晶系有機トランジスタ……堀田　収，柳　久雄，市川　結，谷口彬雄… 19
　2.1　はじめに：シリコンFETと有機FET ………………………………… 19
　2.2　いろいろな有機結晶とその構造・形態的特徴 ……………………… 20
　2.3　有機結晶を用いたFET素子の作製と動作特性 ……………………… 23
　2.4　将来展望と課題 ………………… 25
3　有機トランジスタの展開…工藤一浩… 27
　3.1　有機トランジスタ実用化への課題と開発状況 ……………………… 27
　3.2　有機集積回路応用 ……………… 28
　3.3　情報タグ ………………………… 28

I

3.4 光電変換素子 …………………… 30	3.6 センサ応用 …………………… 32
3.5 表示デバイス …………………… 31	3.7 今後の展開 …………………… 33

第2章　電子写真用感光体　太田正文

1　はじめに …………………………… 36
2　電子写真プロセスの概要 ………… 37
3　OPC材料の概要 …………………… 37
4　OPC用材料 ………………………… 38
　4.1　色素増感材料 ………………… 38
　4.2　電荷移動錯体材料 …………… 39
　4.3　電荷発生材料 ………………… 40
　　4.3.1　アゾ顔料 ………………… 40
　　4.3.2　フタロシアニン顔料 …… 42
　　4.3.3　その他の顔料 …………… 45
　4.4　電荷輸送材料 ………………… 45
　　4.4.1　低分子型ホールキャリア輸送材料 …… 45
　　4.4.2　高分子型ホールキャリア輸送材料 …… 46
　　4.4.3　電子輸送材料 …………… 46
5　今後の展開 ………………………… 49

第3章　有機LED　安達千波矢, 合志憲一, 河村祐一郎

1　はじめに …………………………… 51
2　OLEDの発光効率 ………………… 51
3　リン光材料Ⅰ（重原子含有型有機金属化合物） …… 53
4　リン光材料Ⅱ（希土類含有型有機金属錯体） …… 56
5　ホスト材料およびデバイス構造の最適化 …… 58
6　全リン光性白色デバイス ………… 62
7　おわりに …………………………… 64

第4章　色素増感太陽電池—ナノサイズ酸化チタン膜電極の電子伝導と電子寿命—　中出正悟, 柳田祥三

1　はじめに …………………………… 66
2　電子伝導 …………………………… 67
　2.1　電子拡散係数 ………………… 68
　2.2　メソポーラスTiO$_2$電極の電子拡散係数を決定する要素 …… 70
　　2.2.1　酸化チタン電極のモルフォロジーの影響 …… 71
　　2.2.2　酸化チタン電極の焼結温度の影響 …… 73
　　2.2.3　吸着色素の影響 ………… 73
　　2.2.4　アンバイポーラー拡散 … 73
3　電子の再結合寿命 ………………… 74
　3.1　電子寿命とは ………………… 74
　3.2　電子寿命を決定する要素 …… 75
　　3.2.1　酸化チタン電極の表面処理 … 76
　　3.2.2　カチオンの種類と濃度 … 76
　　3.2.3　ホールの担い手 ………… 76
4　おわりに …………………………… 77

第5章 二次電池材料　青木良康

1 はじめに …………………………… 80
　1.1 二次電池材料として研究されている代表的導電性高分子 …………… 80
　　1.1.1 ポリアセチレン …………… 80
　　1.1.2 ポリピロール，ポリチオフェン ……………………………… 80
　　1.1.3 ポリアニリン ……………… 81
　1.2 電気化学キャパシタ用材料としての導電性高分子 ……………………… 82
　　1.2.1 ポリアニリン ……………… 82
　　1.2.2 ポリピロール ……………… 82
　　1.2.3 ポリチオフェン …………… 83
　　1.2.4 ポリインドール系導電性高分子 ……………………………… 84
　　1.2.5 ポリアセンを正極・負極に用いた電気化学キャパシタ ……… 84
　　1.2.6 ポリアセンキャパシタの実用化例 ……………………………… 86
　1.3 今後の導電性高分子の電極材料への展開 ………………………………… 89

第6章 コンデンサ材料　小松昭彦，桜井美成，柴 哲夫

1 はじめに …………………………… 91
2 アルミニウム電解コンデンサの基本構造 ………………………………………… 93
3 固体電解質の特徴と種類 ………… 95
　3.1 TCNQ錯塩 ………………… 96
　3.2 導電性高分子 ………………… 97
4 アルミニウム固体電解コンデンサの構造 …………………………………………… 97
5 アルミニウム固体電解コンデンサの製造方法 ……………………………………… 98
　5.1 加熱溶融によるTCNQ錯塩の充填 ……………………………………… 99
　5.2 電解重合法による導電性高分子層の形成 ………………………………… 99
　5.3 化学重合法による導電性高分子層の形成 ………………………………… 99
6 アルミニウム固体電解コンデンサの特性 …………………………………………… 100
7 アルミニウム固体電解コンデンサの今後の課題 …………………………………… 101

第7章 圧電・焦電材料　高橋芳行

1 圧電性・焦電性の基本概念 ……… 104
　1.1 誘電体の分類 ………………… 104
　1.2 高分子材料の圧電・焦電性 … 104
　1.3 基本定数の定義 ……………… 105
2 強誘電性高分子 …………………… 106
　2.1 強誘電性 ……………………… 106
　2.2 フッ化ビニリデン系高分子 … 109
3 圧電材料 …………………………… 113
4 焦電材料 …………………………… 115

第8章　有機半導体レーザ　市川　結

1　はじめに ………………………… 118
2　レーザ活性材料 ………………… 119
3　デバイス構造 …………………… 123
3.1　導波路型 …………………… 123
3.2　面発光型 …………………… 125
4　おわりに ………………………… 127

第9章　インテリジェント材料

1　高分子ナノシートを用いた分子スイッチングとフォトダイオード
　　……………松井　淳，宮下徳治… 130
　1.1　はじめに ……………………… 130
　1.2　Langmuir-Blodgett膜および高分子ナノシート ………………… 130
　1.3　フォトダイオードナノシート …… 132
　1.4　光駆動型AND論理演算素子 … 135
　1.5　スイッチングデバイス ………… 136
　1.6　おわりに ……………………… 138
2　カーボンナノチューブ……藤田淳一… 141
　2.1　はじめに ……………………… 141
　2.2　ナノチューブの構造 ………… 142
　2.3　ナノチューブの合成 ………… 143
　2.4　ナノチューブの電気伝導 …… 144
　2.5　ナノチューブのエレクトロニクスデバイス ……………………… 144
　　2.5.1　電界効果トランジスタ，ロジック回路 …………………… 145
　　2.5.2　トップゲートトランジスタ … 146
　　2.5.3　バリスティック伝導 ……… 146
　　2.5.4　Inter-molecule素子 ……… 147
　　2.5.5　燃料電池応用 …………… 147
　　2.5.6　その他のエレクトロニクス応用 ………………………… 148
　2.6　エレクトロニクス応用の課題 … 148
　2.7　おわりに ……………………… 150
3　薄膜デバイスから単一分子デバイスへ
　　………………………和田恭雄… 152
　3.1　はじめに―何故単一分子デバイスか ……………………………… 152
　　3.1.1　超LSIの進歩と限界 ……… 152
　　3.1.2　情報処理アーキテクチャと単一分子デバイスへの期待 …… 153
　3.2　情報処理デバイスに要求される特性 ……………………………… 155
　3.3　単一分子デバイス …………… 156
　　3.3.1　具体的な単一分子デバイスのアイデア ………………… 156
　　3.3.2　量子コンピュータ用単一分子デバイスの可能性 ………… 160
　3.4　分子プロセッサの実現に向けて … 160
　　3.4.1　実現に向けたマイルストーン ………………………… 160
　　3.4.2　第一のマイルストーン達成を目指して ………………… 160
　　3.4.3　集積化と分子プロセッサ実現への道 …………………… 162
　3.5　おわりに ……………………… 163

第10章　液晶性有機半導体　半那純一

1　はじめに ································· 165
2　有機半導体の現状 ····················· 166
3　液晶の電気伝導 ························ 169
4　物質形態と伝導の次元性 ··········· 170
5　液晶性有機半導体の材料基盤 ······ 174
6　電荷輸送特性 ··························· 175
　6.1　配向秩序 ··························· 175
　6.2　両極性電荷輸送 ·················· 176
　6.3　温度・電場依存性 ··············· 176
　6.4　バルク特性と不純物 ············ 178
　6.5　界面特性 ··························· 179
　6.6　電荷輸送のモデル化 ············ 181
7　デバイス応用 ··························· 183
8　おわりに ································· 186

第Ⅱ編　プロセス編

第1章　分子配列・配向制御　吉田郵司

1　分子の形と配向特性 ·················· 195
2　基板への配向特性と制御パラメータ ··· 196
3　各分子形状による配向制御および特性制御 ······························ 202
　3.1　直鎖状分子の例 ·················· 202
　3.2　平面状分子の例 ·················· 204
　3.3　フラーレンの例 ·················· 206

第2章　有機エピタキシャル成長　柳　久雄

1　はじめに ································· 209
2　有機分子の異方性とエピタキシャル成長 ································· 210
3　有機エピタキシャル薄膜の作製法 ······ 213
4　有機エピタキシャル成長の例 ········· 214
5　おわりに ································· 219

第3章　結晶成長　吉本則之

1　はじめに ································· 221
2　結晶成長の基礎 ······················· 222
　2.1　結晶成長の駆動力と核形成 ······ 222
　2.2　多形現象と核形成 ··············· 222
　2.3　配向制御と核形成 ··············· 225
　2.4　結晶成長速度 ····················· 226
3　結晶育成法 ······························ 226
　3.1　精製 ································· 226
　3.2　溶液法 ······························ 227
　3.3　融液法 ······························ 229
　3.4　気相法 ······························ 230

第4章　超薄膜作製　島田敏宏

1 はじめに──ヘテロ超薄膜作成の意義 … 234
2 安定な超薄膜形成の条件 … 235
　2.1 熱力学的考察
　　　──wetting instability── … 235
　2.2 表面・界面・凝集エネルギーの測定方法 … 237
3 形成手法とその特徴 … 238
　3.1 真空蒸着 … 238
　3.2 分子線蒸着 … 239
　3.3 蒸着重合（有機CVD） … 239
　3.4 自己組織化膜（Self Assembled Monolayer；SAM） … 240
　3.5 Langmuir-Blodgett膜（LB膜） … 240
　3.6 溶液噴射（溶液超薄膜法，スピンコート，インクジェット） … 240
　3.7 電解質交互吸着 … 241
　3.8 はけ塗り法による液晶のセルフスタンディング超薄膜 … 241
4 おわりに … 242

第5章　インクジェット製膜　下田達也

1 はじめに … 244
2 マイクロ液体プロセスによる薄膜製造プロセス … 245
　2.1 工程1：機能性材料のマイクロ液体の生成 … 246
　　2.1.1 機能性材料のインク化技術 … 246
　　2.1.2 インクジェットヘッド … 246
　　2.1.3 インク滴の生成・吐出現象 … 247
　2.2 工程2：マイクロ液体のパターニング工程 … 247
　　2.2.1 インクジェット装置とセミミクロ的なパターニング … 248
　　2.2.2 基板上の撥水・親水処理と液滴の自己組織的パターニング現象 … 248
　2.3 工程3：溶媒の乾燥による固体膜の形成 … 249
　　2.3.1 溶媒の乾燥制御 … 249
　　2.3.2 溶質のマイクロ輸送現象 … 251
3 有機薄膜トランジスタ（有機TFT）と回路の作成 … 251
　3.1 有機TFTの構造と材料 … 252
　3.2 TFT作成プロセス … 252
　3.3 TFT特性 … 254
　3.4 有機TFT回路の作成と特性 … 256
4 有機ELディスプレイの作成 … 258
　4.1 ディスプレイ仕様と画素構造 … 258
　4.2 高分子材料のインク化 … 261
　4.3 パターニング … 263
　4.4 乾燥プロセス … 265
　4.5 ディスプレイ特性 … 268
5 インクジェットで製膜した薄膜の特徴 … 269
6 おわりに … 273

索引　276

序章　なぜ今有機半導体なのか

谷口彬雄*

1　20世紀の有機半導体概念の芽生え

1.1　有機半導体材料をめぐる社会的背景

　19世紀の終盤から20世紀の初頭にかけて石炭産業を産業の米とした産業発展の時代を迎え，化学が学問として本格的な成長を遂げる基盤ができた[1]。有機化合物では主として染料などの分野で大きく進展をして来た。

　その後，石炭産業に代わり，石油産業が産業の米として発展する中，有機材料はポリエチレンに代表されるプラスチック，ナイロンに代表される繊維などの構造材料として大きく成長してきた。その過程で，材料としての膨大な市場が形成され，それを支える有機化合物に関する研究の基礎が切り拓かれたのである。この時期の産業的社会的必要性を背景として，有機合成技術などの有機化学の基礎的学問が飛躍的な発展を遂げた。また，プラスチック産業の発展を原動力に，高分子化学が学問として登場し，基礎的学問としてもしっかりと根をおろした。この時代の蓄積があったからこそ，有機化合物の持つ多様な物性の研究が全面的に開花するに至っている。

　その後，シリコンを中心とした半導体技術が開発され，エレクトロニクス関連産業の進出が始まった。エレクトロニクス関連産業の爆発的な発展の中で，有機材料への新たな期待が拡がってきた。有機化合物のもつ機能，特徴を巧みに活かし，少量ではあるが付加価値の高い材料，いわゆるファインケミカルへの期待である。有機材料は，構造材料としてだけでなく，アクティブに作用する機能材料として登場し始めた。コピー機の根幹となっているOPC（Organic Photo-Conductor）材料，表示材料としての液晶，最近では有機LED材料など[2]，有機化合物の材料としての期待は各種産業分野にますます拡大することになる。

　カーボンを骨格とする有機材料，プラスチック材料は，初期の「構造材料」，「補助材料」から「基幹材料」として大きな飛躍を始めている。

1.2　有機半導体概念の芽生え

　これらの社会的背景の中，「有機半導体」の概念が着実に芽吹き始めていた。

---

*　Yoshio Taniguchi　信州大学　繊維学部　機能高分子学科　教授

20世紀の初頭からアントラセンなどの芳香族化合物の電気的な性質の測定が行われている。光電効果の測定である。これらの研究が1963年，アントラセン単結晶のキャリアー注入型電界発光の発見をもたらし，現在の有機LED素子へと繋がっている。

本格的な「有機半導体」をめぐる研究は1950年頃より日本で開始され始めた。「有機結晶の中を電気が流れる」として，多くの多環芳香族化合物の電気伝導性が系統的に調べられた。東京大学理学部赤松秀雄研究室での井口洋夫先生の研究である。炭素の黒鉛化に伴う電気的な物性の研究から芳香族化合物結晶の電気物性への研究の発展が端緒であった[3]。これらの研究の中で，現在の有機超伝導体のきっかけとなるビオラントレンなど，多くの材料の基礎物性が研究されてきた。

1964年には「有機半導体」の単行本[4]が発刊されるに至っている。

1.3 有機半導体材料の実用化

有機化合物の電気物性研究の中で，「光の照射で電気伝導が向上する」という発見がなされた。「光を有機化合物に照射すると電子が発生し，移動する」いわゆるOPC材料の実現である。この原理を利用したものが，オフィスなどで広く利用されている複写機である。現在の97％以上の複写機にはこのOPCが使われている。

このOPCの成功を基礎に，有機LED（Light Emitting Diode）が大きく成功し始めている。これは，有機半導体薄膜に，大きな電場により，電子とホールを注入し発光させるものである。

これらの有機半導体実用化の過程で，①有機半導体層と電極との関係，②有機半導体層での電子伝導の様子などの解明が学問的に大きく進展してきた。20世紀の研究により，有機半導体の物性がかなり解明されてきたと言える。

2　21世紀のカーボンテクノロジーへの飛躍

20世紀のシリコンテクノロジーから21世紀のカーボンテクノロジーへ。20世紀のシリコンに代わり21世紀にはカーボンが重要な役割を果たしてくるだろう。カーボンを骨格とする有機材料，プラスチック材料は，初期の「構造材料」，「補助材料」から「基幹材料」として大きな飛躍を始めている。

20世紀後半に，有機材料は，構造材料としてだけでなく，アクティブに作用する機能材料として登場し始めた。これらを背景とし，有機化合物の材料としての期待は各種産業分野にますます拡大することになる。20世紀における有機半導体物性解明の進展，実用的にも良好な多くの材料の開発をベースとして，有機半導体の研究開発分野は全面的に開花するであろう。

3 分子の個性から組み上げる半導体

　有機半導体は，いわば分子の個性から組み上げる半導体である。シリコン結晶での物性は，バンド構造などで示され，原子集合体全体に拡がっている。機能素子を形成する場合，この拡がった物性を閉じ込める必要がある。結晶は微細加工され，拡がった電子が閉じ込められる。これにより超LSIとしての機能素子が形成される。図1にその様子を示す[5]。

　カーボンを骨格とする有機分子の場合は様相が異なる。有機分子は本質的に分子内で閉じた物性を持っている。その分子の性質は，シリコン結晶とは逆に分子間に拡げられ，組織化される必要がある。分子が組織化される過程が分子配列組立技術である。分子自身の物性の工夫と共に，この組織化により，新しい機能が実現される。分子自身の有する自己組織化機能などを有効に利用し，新たな半導体が期待されている[5]。

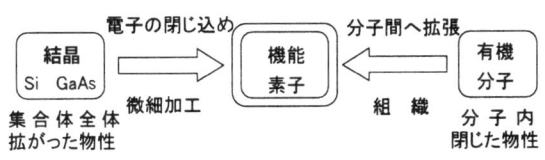

図1　機能素子へのアプローチ[5]

4 有機半導体の多様性を活かそう

　カーボンを骨格とする有機化合物は極めて多様である。種類はほとんど無限に存在し，微妙な結合状態の差異が特性の劇的な変化につながる。カーボン材料では，炭素原子の結合電子状態の差により，グラファイト，ダイヤモンド，フラーレンなど全く異なる物性を示す様になる。有機化合物の微妙な構造の差異が化合物全体の性質に決定的な影響を与える。材料の多様性は，求める機能への工夫のしどころのあることを示している。

　有機化合物は炭素の骨格をベースにし，膨大な種類が自然界に存在する。人工的にも新規化合物が合成されてきた。有機化合物の持つ電気的物性，光学的物性などの多様な特性も解明されつつある。

　また，シミュレーション技術の発展も，有機化合物の物性予測に大きく貢献している。これまでは，実験してみなければ解らなかった物性が，コンピューターによる計算によりある程度の予測が可能となってきた。

　図2に示す様に，有機半導体は，既存の分野から新たな応用分野まで広範囲な領域に展開され

有機半導体の応用展開

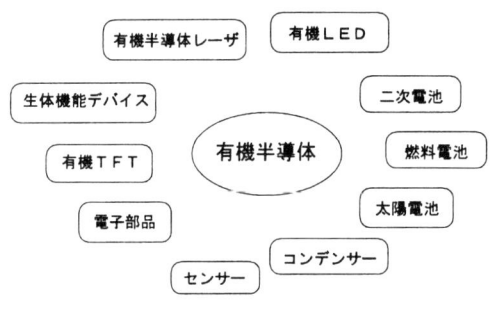

図2　有機半導体の展開領域

ている。既存の領域においても，新たな視点で有機半導体材料を材料として見直す時期に直面していると思われる。

有機半導体は21世紀に広範囲な分野で花開くことになるであろう。

文　　献

本章は文献1)の内容を出版社の了解の下，加筆訂正したものである。
1) 谷口彬雄, 1900年代の有機エレクトロニクス材料の概括, 有機エレクトロニクス材料研究会, 二千年紀の有機エレクトロニクス材料の方向性を探る, 1-7, ぶんしん出版 (2000)
2) 谷口彬雄主編著, 有機エレクトロニクス材料, サイエンスフォーラム (1986)
3) 井口洋夫教授, 還暦記念講演録 (1987); The TRC News, No.84, 1-12 (2003)
4) 井口洋夫著, 有機半導体, 槇書店 (1964)
5) 谷口彬雄, 分子配列組立技術, 高分子, **34**, 300 (1985)

第Ⅰ編　有機半導体素子編

第1章 有機トランジスタ

1 溶液プロセスによる有機半導体を用いるトランジスタ

小林俊介[*]

1.1 はじめに

　分子からなる有機半導体材料は，その特異な能動的機能を生かしエレクトロニクス分野で実用化が進んでいる。その代表的なものに OPC（organic photo-conductor）や OLED（organic light emitting device）がある。有機材料のもつ半導体特性を電気・光機能能動素子に応用する研究が盛んに行われているが，電気信号の制御に利用することが現在の課題となっている。無機半導体材料に比較した有機材料の特徴は，脱真空プロセスと大面積があげられる。これらの特徴を生かした応用に，表示素子のアクティブ・スイッチやバーコードに代わる情報タグなどが考えられているが，これらはいずれも従来の無機半導体の延長線上で考えられたものである。有機材料のもつ脱真空プロセス技術を生かし，モノリシックプロセスによる3次元的複合機能の集積が可能となれば，従来のエレクトロニクスの枠を大きく超えた新しい応用分野が生み出される。

　電気信号処理に用いるための有機半導体にはどのような半導体特性が必要とされるかという問題は，トランジスタに用いられているアモルファスSiを参考にして，電界効果移動度 $\mu_{FE} \sim 1 cm^2/Vs$ がひとまずの目安となっている。また，安定に機能するならば，$\sim 0.1 cm^2/Vs$ でも十分可能と考えられている[1]。移動度 $1 cm^2/Vs$ は低分子蒸着膜で実現している値であり[2]，また，$0.1 cm^2/Vs$ も半導体薄膜作製に溶液プロセスが可能な高分子で実現している[1]。これらの有機半導体を能動素子として構成しその機能を評価する研究は，アモルファスSi TFT（Thin Film Transistor）をモデルとして，類似の構造で有機トランジスタを作製して行われている。その電気特性は，しばしば理想的な電界効果トランジスタの特性式にあわず，オーミックな挙動からのズレが見出されている。この原因として，①電極/半導体界面における接触抵抗，②電界効果キャリア移動度のゲートやドレイン電界依存性，③半導体層における粒界の存在，④バイアスによる不安定性，⑤キャリアのトラップなどが考えられている。

　本章では，溶液プロセスが可能な有機半導体（主に高分子）の最近の開発状況について述べ，次にこれらの有機半導体を用いて構成した有機TFTの動作特性，特に電極/半導体界面でのキャリア注入についての研究の進展について述べる。

---

[*]1　Shunsuke Kobayashi　産業技術総合研究所　光技術研究部門　主任研究員

1.2 構造と動作原理

　有機トランジスタの研究においては，表面を熱酸化（数百nm）したSi基板が，トランジスタの基板を兼ねたゲート電極およびゲート絶縁膜として用いられている。Si/SiO$_2$は絶縁膜としてもっとも安定した性質を持ち，かつ入手しやすいために用いられているが，有機半導体と必ずしも相性がよいとは言えず，SiO$_2$表面の親水性を，表面処理剤を用いて疎水性に変えることが行われている[3]。また，正孔がキャリアとなる場合の電界効果トランジスタ（FET）のソースおよびドレイン電極としては，仕事関数が5.1eVと有機半導体の最高占有準位に近いエネルギーをもち，オーム性抵抗が期待されるAuが一般的に用いられている[4]。有機材料の特徴を活かしたトランジスタを実現するため，ポリマーフレキシブル基板や，有機絶縁体，有機電極などを用いる試みもなされ始めた[5,6]。

　ここでは，有機トランジスタを研究する上でもっとも広く用いられている薄膜トランジスタ（TFT；Thin Film Transistor）の構造と動作機構について述べる。TFTは，有機半導体の導電性の低さをoff状態として利用したものであり，アモルファスシリコン（a-Si）を用いたTFTがその代表的なものである。

　動作は，MOSFET（Metal-Oxide-Semiconductor FET）と同様，絶縁ゲート型（Metal-Insulator-Semiconductor；MIS）FETであり，絶縁膜を挟み，ゲート電極と反対側の半導体薄膜から成る一種のコンデンサーと考えてその機能を説明できる[7]。ゲート電極にかける電圧（V_G；ゲート電圧）により，絶縁体を介して絶縁体／半導体界面の半導体の電荷を変化させる。有機半導体を用いるトランジスタは，電子もしくは正孔どちらか一方がキャリアとなる場合がほとんどであり，蓄積モード（もしくは空乏モード）のみで機能し，無機トランジスタのような反転モードはまだ実現していない。

　基本的な素子構造を図1に示す。Si/SiO$_2$ゲート電極およびゲート絶縁膜（ボトムゲート構造）上に，電流を取り出すための電極（ソースとドレイン）をつける。有機半導体からみて，ソース電極とドレイン電極が，ゲート側についている（図1(a)）か，その反対側についているか（図1(b)）で，ボトム（ソース－ドレイン）コンタクト（BC）型もしくはトップ（ソース－ドレイン）コンタクト（TC）型と呼ばれる[8]。ゲート電圧により絶縁体／半導体界面に生じた電荷を，ソース－ドレイン間に電圧（V_{SD}）を加え移動させる。電圧は，ソース電圧を基準（0V）とし，極性を含めた他の電極の電圧を表す。TFTは，ゲート電極にかけた電圧により抵抗値を制御する一種の可変抵抗と見なすこともできる。

　TFTの電流I_{SD}-電圧V_{SD}特性を図2に示す。あるゲート電圧の下で，ドレイン電圧に対してドレイン電流がどの程度流れているかを示している。図2の曲線は，2つの部分に分けて考えることができる。ドレイン電圧V_{SD}が低い領域では，ドレイン電流I_{SD}は直線的に増加していく。

第1章　有機トランジスタ

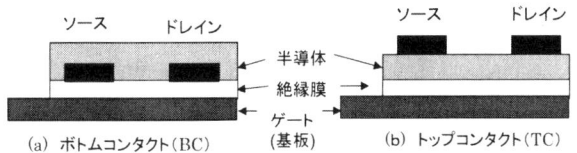

図1　シリコン（n⁺⁺）基板（ボトムゲート）上に作製した(a)ボトムコンタクト（BC）および(b)トップコンタクト（TC）TFTの断面図

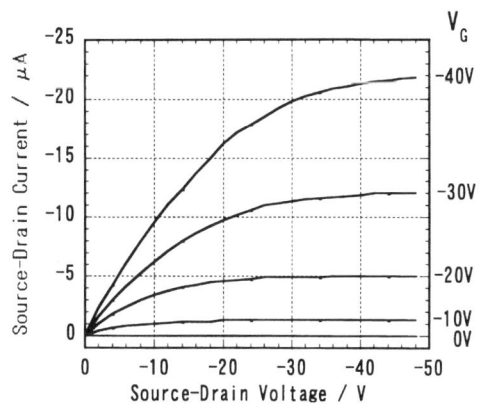

図2　TC TFTの出力特性
電流（I_{SD}）-電圧（V_{SD}）のゲート電圧（V_G）依存性。

$$I_{SD} = \frac{Z}{L} C_i \mu_{FE} (V_G - V_T) V_{SD} \tag{1}$$

ここで，ZとLは，チャンネルの幅と長さ，C_iは，絶縁体の容量，μ_{FE}は半導体の主キャリアの移動度，V_TはTFTがonとなる閾値電圧を表す。

さらにドレイン電圧を増加させていくとドレイン電流は飽和し，ドレイン電圧に依存せず一定の値をとる。

$$I_{SD,sat} = \frac{Z}{2L} C_i \mu_{FE} (V_G - V_T)^2 \tag{2}$$

TFTの動作特性を示すのに図3のように，ゲート電圧に対してドレイン電流がどのように流れるかを示す方法がある。これはトランスファー特性と呼ばれ，トランジスタの応用上必要となる，電流のON-OFF比やsubthreshold電圧を求めることができる。

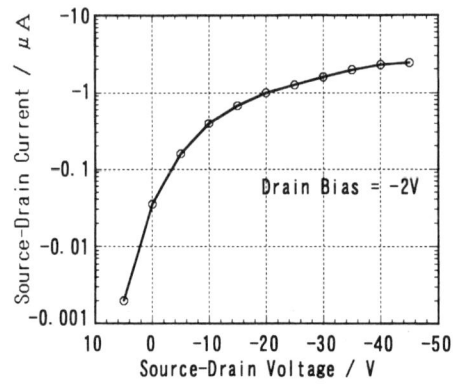

図3 TC TFT（図2）のトランスファー特性

1.3 有機半導体（溶液プロセス）

　有機半導体薄膜を溶液法により作製するためには，半導体分子もしくはその前駆体を溶媒に分散させる必要がある．共役系が広がり，最高占有準位と最低空準位間のエネルギー差が小さい有機分子が半導体として適しているが，分子量が大きくなると難溶性となり，溶媒に分散させるため種々の工夫が行われている．ここでは，主鎖に共役分子を組み込んだ高分子を，有機トランジスタの半導体物質として用いる場合について述べる．フェニレン基やチオフェン基を直線状に結合させたオリゴマーや高分子は，高い正孔移動度を示すことで知られている[9]．チオフェンオリゴマーはフェニレンオリゴマーに比して分子の平面性が高く，共役系がより広がっており，高いキャリア移動度が期待される．チオフェン分子の数が増すにつれ溶解度は減少するが，アルキル基などの置換により溶解性を付与することができる．

1.3.1 チオフェン系高分子

　チオフェンが直線状につながった高分子の場合，隣接したチオフェン環のS原子が同じ方向を向く場合（Head to Head）と反対方向を向く場合（Head to Tail）の配置がある．合成ルートを工夫することにより，一方の配置のみをもつチオフェン高分子を作ることが可能である．Head to Tail配置の占める割合が非常に高いregioregularチオフェン高分子（図4）を半導体として用いTFTを作製し，そのトランジスタ特性についての報告がBaoらによってなされている[10]．チオフェンの3位にヘキシル基を導入したregioregular poly(3-hexylthiophene)（RRP3HT）有機TFTの電界効果移動度は，溶媒および薄膜作成法により大きく異なってくる．良好な結果は，溶媒としてCHCl$_3$を用い，キャスト法により製膜した場合に得られた．μ_{FE}〜0.045cm^2/Vs，ON-OFF比〜340が得られている．スピンコート法による製膜では，μ_{FE}〜0.009cm^2/Vs，ON-OFF

第1章 有機トランジスタ

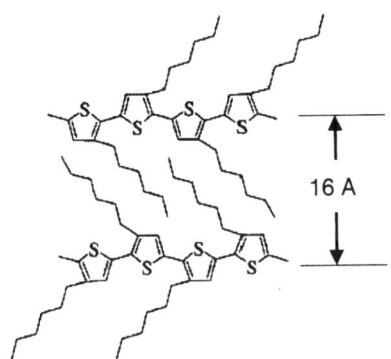

図4 P3HT の化学構造およびアルキル鎖の interdigital 構造

比〜80と低い。また，キャスト法により作製した TFT をアンモニアで処理すると ON-OFF 比が9,000と大きく向上する。これは不純物キャリアがアンモニアにより除かれた結果である（$\sigma \sim 10^{-5} \sim 10^{-7}$ S/cm，不純物濃度として $10^{15} \sim 10^{17}$ cm^{-3}）。

同様に regioregularity の高い P3HT を用いて，さらに高い性能の TFT 特性が Sirringhouse らによって得られている[1]。$\mu_{FE} \sim (0.05 \sim 0.1)$ cm^2/Vs，ON-OFF 比$>10^6$（$\sigma \sim 10^{-8}$ S/cm）。彼らは，不純物の濃度を減らすとともに，SiO$_2$ ゲート絶縁膜の表面をシランカップリング剤により疎水化処理を施している。これらのトランジスタ特性値はチオフェンオリゴマー単結晶を用いた TFT に近い値となっている。

また，Sirringhouse らは，チオフェン高分子半導体のキャリア移動機構を知る上で興味深い結果を得ている[11]。regioregularity の異なる P3HT を用い，スピンコート法により SiO$_2$/Si 基板上に製膜すると，基板に対する高分子配向が異なった膜を得ることができた。P3HT は，ヘキシル基が分子間で組み合わさり，ラメラ構造（図4, 5）を形成する。regioregularity が高く（>91%），分子量の低い P3HT を用いると，ラメラ構造は基板に対して垂直になり，したがってソース－ドレイン間のキャリアが流れる方向に，分子間の $\pi-\pi$ の重なりが生じる。このとき $\mu_{FE} \sim (0.05 \sim 0.1)$ cm^2/Vs となる。一方 regioregularity が低く（81%；regiorandom）分子量の大きい P3HT を用いスピンコート法により製膜すると，ラメラ構造は基板に対して水平に配列し，$\pi-\pi$ 相互作用面が基板に対して水平となる。このとき $\mu_{FE} \sim 2 \times 10^{-4}$ cm^2/Vs と低い値となっている。

また，Wang らは，配向制御された regioregular P3HT 超薄膜（20〜40Å）をディップコート法により作製し，TFT で $\mu_{FE} \sim 0.2$ cm^2/Vs を実現している[12]。この薄膜の吸収スペクトルを測定すると，スピンコート法による薄膜とディップコート法による薄膜の差が明確にわかる。スピンコート法による薄膜の吸収スペクトルでは 500〜600nm の吸収はブロードで構造がないが，ディッ

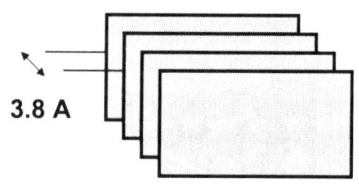

図5　P3HTのラメラ構造（模式図）

プコート法による薄膜では，吸収の立ち上がりが低エネルギーに移動し，明確な構造が現れてくる。これは，高分子鎖の共役系が広がり，励起エネルギー準位の乱れが減少するためとして解釈できる。この分子内相互作用によるエネルギー準位の変化に加えて，さらに分子間相互作用エネルギーも考慮する必要があることが指摘されている[13]。高分子鎖間でπ-π相互作用が生じ，キャリアのホッピング伝導の障壁が低くなることが，高いキャリア移動度をもたらしている。

半導体中のキャリア移動度は，最も移動が困難な過程によって支配される。低分子であるペンタセンやオリゴチオフェンなどの蒸着薄膜では，微結晶間に存在する粒界がキャリア移動の障壁となり，移動度はこの過程により大きく影響される[14,15]。配向制御された高分子薄膜も，アモルファスのマトリックス中に，配向した微結晶領域が分散していると見ることができる。P3HT薄膜で観測された高い移動度およびその異方性は，高分子薄膜では，キャリア移動が高度に配向したドメインにより主に支配され，それを取り囲んでいるアモルファス領域には影響されていないことを示している。このことは，同じ有機材料でも，半導体層でのキャリア移動の機構が，低分子薄膜と高分子薄膜では大きな違いがあることを示しており，実用化において重要な溶液からの半導体薄膜作製の大きな可能性を示唆している。

キャリア移動に対するトラップの状態は，温度変化により低温領域でのトランジスタ特性を調べることにより知ることができる。P3HT薄膜のキャリア移動に対する活性化エネルギーは，84 meV（regioregularity 96%），100meV（95%），115meV（81%）となっており，regioregularityには余り依存していない。通常の有機材料のキャリア移動に対する活性化エネルギーは0.2eV程度であり，これに比べ，配向制御された高分子薄膜では活性化エネルギーはより低い値となっている。

1.3.2　液晶性高分子

有機半導体において，キャリア移動度を向上させるためには，分子の向きをそろえることが効果的である。配向制御の手法は，液晶において詳細に研究されており，これがTFTの半導体薄膜作製に応用された[16]。フルオレン構造を主鎖に持つ一連の高分子のキャリア移動が調べられ，

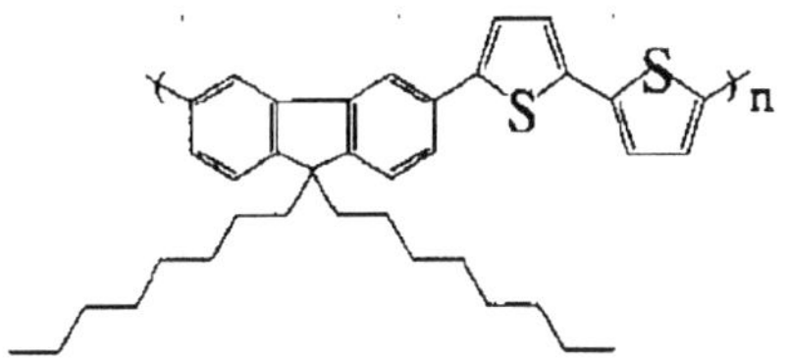

第1章 有機トランジスタ

図6 F8T2の化学構造

この中で poly-9,9′dioctyl-fluorene-co-bithiophene (F8T2；図6) が良好なキャリア移動度を示すことが見出された[17]。液晶性を付与するために，フルオレンの9位に2個のオクチル基をつける。ガラス基板にポリイミドを塗布し，ラビングにより高分子の配向制御を行った。これに，F8T2のキシレン溶液をスピンコートにより塗布し200〜300Åの薄膜を作製する。これを275〜285℃でネマティック相に転移させ，次にクエンチにより室温まで下げ，液晶ガラスとして半導体層に用いる。クエンチによりF8T2の配向はラビングの方向に保持されている。

F8T2の電界効果移動度は，高分子の主鎖と平行方向では $(0.009〜0.02) cm^2/Vs$，垂直方向では $(0.001〜0.002) cm^2/Vs$ と異方性 (5〜8) を示す。この値は，偏光吸収スペクトルで測定した高分子配向の異方性と同じ値となっている。F8T2の場合はregioregularP3HTの場合とは異なり，キャリア移動は高分子鎖に添った方向がより大きくなっている。これは，フルオレンの9位の炭素 (sp^3) に嵩高いオクチル基が分子面に垂直に広がっており，分子間のπ-πが接近するのを阻害しているためである。

ガラス表面の配向制御処理をせずに，相転移温度からアニールした等方性薄膜の電界効果移動度は，配向制御処理をした場合の平行方向と垂直方向の電界効果移動度の中間の値を示した。また，スピンコートで製膜し，アニール処理をしない薄膜の電界効果移動度 ($<10^{-3}$) より大きな値となっている。これより，配向した液晶ドメイン内でのキャリア移動が薄膜の移動度を支配し，液晶ドメイン間のアモルファス領域はキャリア移動に影響を与えていないといえる。これは，P3HTと同様，高分子半導体でのキャリア移動の特徴であり，低分子薄膜と大きな違いとなっており，高分子を用いる溶液プロセスでの利点といえる。

1.4 有機トランジスタの動作特性

有機TFTの電気特性は，しばしばトランジスタ特性の式(1)にあわず，オーミックな挙動からのズレが見出される。この原因として，①半導体層に起因した，粒界の存在，移動度のゲートやドレイン電界依存性，②電極/半導体界面における接触抵抗，③半導体/絶縁体界面でのキャリアのトラップやバイアスによる不安定性，などが考えられている。ここでは，トランジスタ動作に

おける界面での現象について，最近の研究について述べる。

1.4.1 電極/半導体界面における接触抵抗

Street らは，溶液プロセスで高い性能が期待できる（フルオレン／チオフェン）コポリマー F8T2（図6）を有機半導体として用い，有機 TFT におけるトランジスタ特性の式(1)からのずれについて調べ，電極/半導体界面における接触抵抗の重要性を指摘した[8]。TC TFT の I_{SD}-V_{SD} 特性は，トランジスタ特性式で表すことができ，V_{SD} の低い領域では，I_{SD}-V_{SD} はオーミックとなっている。しかしこのとき，全チャンネル抵抗の10%が，電極/半導体界面での接触抵抗（1×10^7 Ω）に起因していた。

BC TFT では，I_{SD}-V_{SD} 特性は V_{SD} の増加にしたがって非線形に増加し，

$$I_{SD} \propto V_{SD}^{\beta} \quad (\beta=1.3\sim1.5) \tag{3}$$

で表される。β は，チャンネル長 L が短い場合の方が大きな値をとる。この非線形 I_{SD}-V_{SD} 特性は，界面の Schottky 障壁を通して熱電子放出が起こっているとして近似できるが[18]，機構の詳細は不明である。電極の接触面積は，BC TFT では電極の厚さ（〜100nm）×チャンネル幅（1mm）であるが，TC TFT では，ゲート電極とソース電極の重なりの部分（〜10μm）が接触面積とみなすことができ，接触抵抗は BC に比べ1/100と小さく，影響は無視でき，そのためオーミックな特性となっている。

キャリア注入特性に対する電極/半導体界面の影響を調べるのに，Meijer らは，TFT のチャンネル長（ソース-ドレイン電極間距離）L を変化させる方法を用いた（スケーリング）[19]。BC TFT を用い，チャンネル長 L を0.75〜40μm の間で変えた。有機半導体としては，溶液法により作製可能な種々の有機半導体を取り上げた。高分子半導体としては，前駆体を用いる（Poly (2,5-thienylene vinylene)（PTV），溶液として用いる Poly(3-hexyl thiophene)（P3HT）および poly([2-methoxy-5-(3',7'-dimethyloctyloxy)]-p-phenylene vinylene)（OC_1C_{10}-PPV），poly([2,5-di-(3',7'-dimethyloctyloxy)]-p-phenylene vinylene)（$OC_{10}C_{10}$-PPV））を，また低分子半導体としては，前駆体を用いるペンタセンを用い比較を行った。

I_{SD}-V_{SD} 特性は，チャンネル長 L が長い場合は BC TFT でもオーミックとなっているが，短くなると，先に述べた Street らの結果[8]と同様，I_{SD} は V_{SD} の増加にしたがって非線形に増加（superlinear）し，オーミックからずれる。これは，チャンネル長 L が短い場合は，接触抵抗（ソース電極およびドレイン電極における接触抵抗；R_S, R_D）の和 $R_P=R_S+R_D$ の寄与が相対的に大きくなるためである（接触抵抗 R_P はチャンネル長には依存しないと考える）。

種々の有機半導体を用いてキャリア移動度 μ_{FE} を測定し，接触抵抗 R_P との相関を求めた。キャリア移動度 μ_{FE} および接触抵抗 R_P ともに，ゲート電圧依存性を示し，キャリア移動度 μ_{FE} が大きい場合は，接触抵抗 R_P は減少する傾向にあった。高分子半導体では，キャリア移動度 μ_{FE} と

接触抵抗 R_P は,高い相関を示し,また,用いた高分子半導体すべてで同一直線にのっている。低分子半導体ペンタセンでは,キャリア移動度 μ_{FE} と接触抵抗 R_P の間に相関があまりなく,また,高分子半導体で求められた直線関係からずれている。

有機 TFT では,電極界面に大きな接触抵抗 R_P が存在し,キャリアは注入により制限される (injection limited) と考えられる。したがって界面での構造・形態などに依存し,用いるプロセスによって異なってくる。ペンタセン TFT では,トランジスタ特性が作成プロセスに依存し大きく変化していることが報告されている[2]。高分子半導体の場合,異なった物質,および異なった薄膜作成プロセスを用いたにもかかわらず,キャリア移動度 μ_{FE} と接触抵抗 R_P が非常によい相関を示し,同じ直線上に乗るということは,高分子半導体の場合の注入障壁は,電極および半導体層の物質特性によって決まり,作成プロセスには強くは依存しないことを意味し,機能の安定したトランジスタを作製する上で有利となる。

1.4.2 TFT のチャンネル・ポテンシャルの直接観測 (scanning Kelvin probe force microscopy)

近年 STM や AFM などの高い位置や機能の分解能を持つプローブ顕微鏡が発達してきた。この手法を用いて,動作状態における TFT の電極を含めたチャンネルでのポテンシャルを実測した結果について Burgi らが報告している[20]。彼らが用いたプローブ顕微鏡は,scanning Kelvin probe force microscope (SKPM) で,TFT の半導体/絶縁体界面の蓄積層のポテンシャルおよび半導体/電極界面のポテンシャルを正確に求めることができた。TFT 構造は BC で,半導体には regioregular poly(3-hexylthiophene) (P3HT) を用いた。この TFT のキャリア移動度は μ_{FE} ~10^{-2}cm^2/Vs,ON-OFF 比~10^4 である。線形領域 ($|V_{SD}| \ll |V_G|$) では,チャンネルに沿ったポテンシャルは線形に減少している。また,飽和領域 ($|V_{SD}| > |V_G|$) では,ポテンシャルのプロファイルは superlinear となっていた。ソース/高分子,および高分子/ドレイン界面での接触抵抗による急なポテンシャル変化 (ΔV_S, ΔV_D) も明瞭に測定できている。ΔV_S と ΔV_D の大きさは同じ程度であり,界面抵抗 $R_C = W(\Delta V_S + \Delta V_D)/I_{SD}$ は,50kΩ と L 依存性より求めた値と同じになっている。

無機半導体 TFT では,半導体表面に存在するダングリングにより,プローブ顕微鏡による正確なポテンシャルの測定は困難であったが,有機半導体 TFT などでは,この困難がなく,今後有機トランジスタなどの機能解明に非常に有効な手法となる。

1.4.3 性能のよい BC TFT

すでに述べたように,一般的には BC TFT に比べ TC TFT の方がよいトランジスタ特性が得られている。これは TC 構造の方が電極面積が大きく接触抵抗の影響が少ないためとして説明されている。Halik らは,これとは異なり優れたトランジスタ特性が BC TFT により得られることを,α, ω 位にデシル (decyl ; C_{10}) 基を置換した一連のチオフェンオリゴマー (nT ; $n=$ 4, 5, 6

表1 α,ω-デシル-オリゴチオフェンTFTのトランジスタ特性[21]

半導体	TFT	移動度 (cm^2/Vs)	ON/OFF比 $n(10^n)$	Subthreshold (V/dec)
dec-4T-dec	TC	0.1	4	3.6
dec-4T-dec	BC	0.2	5	1.2
dec-5T-dec	TC	0.1	4	5.1
dec-5T-dec	BC	0.5	5	3.8
dec-6T-dec	TC	0.1	4	3.6
dec-6T-dec	BC	0.5	5	3.1

を用いて見出している[21]。Si基板上にpoly-4-vinylphenol（PVP）膜を前駆体法により作成し，ゲート絶縁膜として用いている。PVP膜（厚さ270nm）は非常に平面性がよく，Si上の熱酸化SiO_2膜と同程度の表面粗さ（7A）である。得られたトランジスタ特性を表に示す。いずれの場合にもBC TFTの方がキャリア移動度μ_{FE}は大きく，subthresholdが小さく，on/off比は大きくなっている。このことは，トランジスタ特性がソースおよびドレイン電極界面におけるキャリアの注入に大きく依存していることを示している。

低分子の蒸着膜においては，一般に分子は基板に対し直立することが知られている。デシル基がついたチオフェンオリゴマーについても，同様に分子が直立しているとすると，TC構造ではデシル基が注入障壁となり，I_{SD}電流を流れにくくしている。一方BC構造においては，チオフェンオリゴマーのπ共役面が直接電極と接するようになるため注入障壁が低くなっているとして説明できる。アルキル基をα,ω位に導入した多くのチオフェンオリゴマーTFTが報告されているが，Halikらの報告はいずれの場合よりも高いトランジスタ特性を示している。これは，用いたPVPの表面特性，特に表面粗さが非常によいことによると考えられる。

さらに特徴的なのは表1よりわかるように，一般的に報告されているようなチオフェンオリゴマーの長さ依存性が明確には出ていないことがあげられる。有機半導体のキャリア移動機構は，まだ解決されておらず不明な点が多い。本報告では，高い移動度を示しているにもかかわらず，それがチオフェンオリゴマーの長さに依存していないことは，キャリア移動の解明において興味ある結果である。

TFTの蓄積層に，どの程度の厚さのキャリア層が発生しているかを知るため，A. Dodabalapurらは，チオフェンオリゴマー（6量体）を活性層としてBC構造によりTFT性能の膜厚依存性を調べた[22]。蒸着法により膜厚が2.5nmから150nmまでの活性層を作製し，TFTの導電率のV_G依存性を測定した。その結果，V_Gにより誘起された導電率は，膜厚が5nm以上では実質的にほぼ一定となっていた。したがって，ゲート電圧により発生するキャリアは，界面の半導体層の第1

第1章　有機トランジスタ

もしくは第2層程度に2次元的に広がっており，キャリア濃度を見積もると，$10^{13}\,\mathrm{cm}^{-2}$ 程度となる。

1.4.4　baias stress effects[4, 23]

有機TFTでは，トランジスタをon状態にしておくと，I_{SD}電流が徐々に減少していくことがしばしば観測される。これは，閾値電圧 V_{th} が徐々に変化していることでもある。このことは，移動可能なキャリアがトラップされるか，もしくはチャンネル領域から取り除かれることを意味している。これらの現象は可逆的であり，元の状態に戻るのに，数秒から長いものでは数日のオーダーとなり，さらにはアニーリングが必要なこともある。繰り返しで有機TFTのトランジスタ特性の測定を行うと異なった結果を与えることがあるのはこのためである。

原因としては，半導体／ゲート絶縁体界面や，半導体自身に外因性の欠陥，たとえば，イオンの移動や電気化学的変化によりトラップ状態が生じるためと考えられている。アモルファスSiでは，準安定な構造変化によりトラップ密度が増加することが baias stress effects の原因とされている。

1.5　おわりに

電気信号の処理に利用可能な，有機半導体を用いる能動素子の開発を目指して，現在活発に展開されている有機トランジスタの分野の研究開発を展望した。実用化のためには，有機材料の特徴である脱真空プロセスを最大限に生かす必要がある。高分子を用い，溶液プロセスにより作製された半導体層をもつ有機トランジスタは，低分子蒸着によるものに比較し，粒界などの影響を受けにくく，安定に動作する能動素子の作製の可能性を持つことを強調して述べた。

キャリア移動度は，蒸着により作製される低分子薄膜に比べ，溶液プロセスによる高分子薄膜は低くなっているが，トランジスタとして機能させる場合は，半導体／電極や半導体／絶縁体などの界面におけるキャリアの挙動がより重要となる。この問題を解決するには，従来の無機半導体の延長線上にある現在のトランジスタ構造を，有機材料の特徴を生かしたトランジスタ構造に変えていく必要があろう。プローブ顕微鏡による半導体および界面の微小領域でのキャリア移動の研究の展開は，今後の新しいトランジスタ構造の提案に重要と考えられる。

文　献

1) H. Sirringhaus, N. Tessler, R. H. Friend, *Science*, **280**, 1741 (1998)
2) S. F. Nelson, Y.-Y. Lin, D. J. Gundlach, T. N. Jackson, *Appl. Phys. Lett.*, **72**, 1854 (1998)
3) Y.-Y. Lin, D. J. Gundlach, S. F. Nelson, T. N. Jackson, *IEEE Trans. Electron Devices*, **44**, 1325 (1997)
4) A. R. Brown, C. P. Jarrett, D. M. de Leeuw, M. Mtters, *Synth. Metals*, **88**, 37 (1997)
5) C. D. Dimitrakopoulos, S. Purushothaman, J. Kymissis, A. Callego, J. M. Shaw, *Science*, **283**, 822(1999)
6) G. H. Gelinck, T. C. T. Geuns, D. M. de Leeuw, *Appl. Phys. Lett.*, **77**, 1487 (2000)
7) G. Horowitz, *J. Mater. Chem.*, **9**, 2021 (1999)
8) R. A. Street, A. Salleo, *Appl. Phys. Lett.*, **81**, 2887 (2002)
9) H. E. Katz, L. Torsi, A. Dodabalapur, *Chem. Mater.*, **7**, 2235(1995)
10) Z. Bao, A. Dodabalapur, A. J. Lovinger, *Appl. Phys. Lett.*, **69**, 4108 (1996)
11) H. Sirringhaus, P. J. Brown, R. H. Friend et al., *Nature (London)*, **401**, 685 (1999)
12) G. Wang, J. Swensen, D. Moses, A. J. Heeger, *J. Appl. Phys.*, **93**, 6137 (2003)
13) P. J. Brown, D. S. Thomas, A. Köhler, J. S. Wilson, Ji-Seon Kim, C. M. Ramsdale, H. Sirringhaus, R. H. Friend, *Phys. Rev.*, **B67**, 064203 (2003)
14) G. Horowitz, M. Hajlaoui, R. Hajlaoui, *J. Appl. Phys.*, **87**, 4456 (2000)
15) J. H. Schon, B. Batlogg, *J. Appl. Phys.*, **89**, 336 (2001)
16) M. Redecker, D. D. C. Bradley, M. Inbasekaran, E. P. Woo, M. Grell, *Appl. Phys. Lett.*, **74**, 1400 (1999)
17) H. Sirringhaus, R. J. Wilson, R. H. Friend, M. Inbasekaran, W. Wu, E. P. Woo, M. Grell, D. D. C. Bradley, *Appl. Phys. Lett.*, **77**, 406 (2000)
18) G. Horowitz, M. E. Hajlaoui, *Synth. Metals*, **121**, 1349 (2001)
19) E. J. Meijer, G. H. Gelinck, E. van Veenendaal, B.-H. Huisman, D. M. de Leeuw, T. M. Klapwijk, *Appl. Phys. Lett.*, **82**, 4576 (2003)
20) L. Burgi, H. Sirringhaus, P. J. Brown, R. H. Friend, *Appl. Phys. Lett.*, **80**, 2913 (2002)
21) M. Halik, H. Klauk, U. Zschieschang, G. Schmid, W. Radlik, S. Ponomarenko, S. Kirchmeyer, W. Weber, *J. Appl. Phys.*, **93**, 2977 (2003)
22) A. Dodabalapur, L. Torsi, H. E. Katz, *Science*, **268**, 270 (1995)
23) R. A. Street, A. Salleo, M. L. Chabinye, *Phys. Rev.*, **B68**, 085316 (2003)

2 結晶系有機トランジスタ

堀田　収[*1], 柳　久雄[*2], 市川　結[*3], 谷口彬雄[*4]

2.1 はじめに：シリコンFETと有機FET

　トランジスタは，電気信号の増幅あるいは変換に用いられる半導体デバイスである。この中で広く利用される電界効果型トランジスタ（FET：Field-Effect Transistor）として，JFET（ジャンクションFET）やMESFET（金属-半導体FET）などの多くのバリエーションがある。特に，シリコン半導体を基板とするMOSFET（金属-酸化物-半導体FET）が最も一般的に用いられ，かつ重要である[1]。これらのMOSFETにおける電流の制御は，MIS（金属-絶縁体-半導体）構造中，絶縁体-半導体界面の半導体側に形成される反転層（または蓄積層）に生起される少数キャリア（または多数キャリア）を，ソース-ドレイン電極間を横切って輸送することに基づく。ここでMIS構造における金属および絶縁体がそれぞれ，ゲート電極およびゲート絶縁膜に対応する。個々のFET素子を集積する場合，それぞれの素子はさらに分厚い絶縁膜（シリコン酸化膜）で分離され，クロストークのないデバイス動作が保証される。

　シリコンMOSFETでは，ヘビードープした半導体がソースおよびドレイン電極とオーム接触し，これらに挟まれた逆極性の半導体がチャネルを構成するデバイスが多用される。一例として，図1にn^+-p-n^+の構造においてp層に反転層（電子）を形成するように作製した素子の模式図を示す[2]。これは2つのp-n接合を互いに逆向きに接続したものと見ることができ，ゲート電圧を印加しないときにチャネルは閉じている（ノーマリー・オフ）。これとは逆に，ゲート電圧を印加しない時にチャネルが開いている動作様式をノーマリー・オンと呼ぶ[1]。

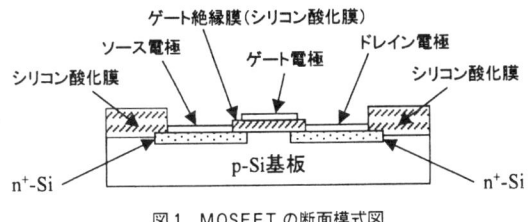

図1　MOSFETの断面模式図

---

* 1　Shu Hotta　　㈶産業創造研究所　光マテリアル研究部　部長
* 2　Hisao Yanagi　　神戸大学　工学部　応用化学科　助手
* 3　Musubu Ichikawa　信州大学　繊維学部　機能高分子学科　助手
* 4　Yoshio Taniguchi　信州大学　繊維学部　機能高分子学科　教授

19

有機半導体の応用展開

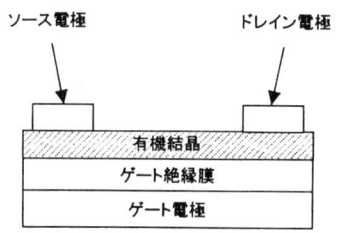

図2　トップコンタクト有機結晶FETの断面模式図

　これに対して，有機FETではチャネルが蓄積層として働くように設計されたものが一般的である。多くの有機半導体が不純物をドープした状態で安定性に乏しいことがその主な理由である。図2に，ゲート絶縁膜上に積層した有機結晶にソースおよびドレイン電極を配備してFET素子とした最も単純な素子構成を示す。ソースおよびドレイン電極は有機結晶によってゲート絶縁膜から隔てられる（トップコンタクト）。本稿では，このような有機結晶の構造・形態的特徴およびそれを用いたFETの作製や構造および動作特性について述べる。扱う材料として，特に分子長が揃い，分子長軸の発達したオリゴマー材料に重点を置く。

2.2　いろいろな有機結晶とその構造・形態的特徴

　トランジスタ特性を示す有機材料は動きやすいπ電子を持つものが多く，本質的に半導体としての性格をもつ。これらの材料の伝導帯あるいは価電子帯にソース電極から負のキャリア（電子）もしくは正のキャリア（ホール）をそれぞれ注入し，ドレイン電極との電位差に基づくキャリア輸送によりデバイスとして動作させることは，シリコンMOSFETに類似する。
　図3に代表的な結晶系有機材料を掲げる。これらは，分子長軸の明瞭な直鎖のオリゴマー系材料である。この中で，オリゴチオフェンはその開発の初期に薄膜トランジスタ（TFT：Thin-Film Transistor）のチャネル材料として検討された[3]。一方，図4にいくつかの（チオフェン／フェニレン）コオリゴマー[4]と呼ぶ材料の分子構造を示す。これらのコオリゴマーは，屈曲ないしはジグザグの非直鎖分子形状によって特徴付けられる。図3，4の双方において，分子長軸を分子両末端の炭素原子（フェニルのp-炭素，チオフェンのα-炭素，またはメチル炭素）を結ぶ直線として定義することができる。
　分子長軸の発達したオリゴマー結晶は，分子長軸がc軸方向にほぼ垂直に配置した分子積層構造を示す。ab面内では，分子は強い分子間相互作用を反映して2次元的なヘリング・ボーン構造をとり[5, 6]，この方向に結晶成長しやすい。c軸方向の分子間相互作用はab面方向のそれに比べて弱いので，結晶は薄片状の形態をとる。この結果，結晶の厚みは通常10〜数十μm程度で

第1章　有機トランジスタ

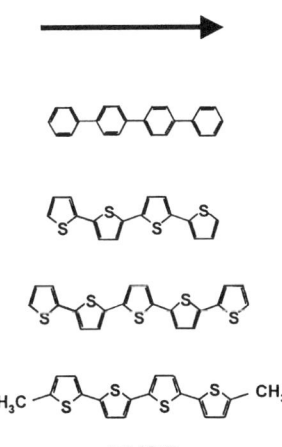

図3　低分子結晶材料のいろいろ
矢印は分子長軸の方向を示す。

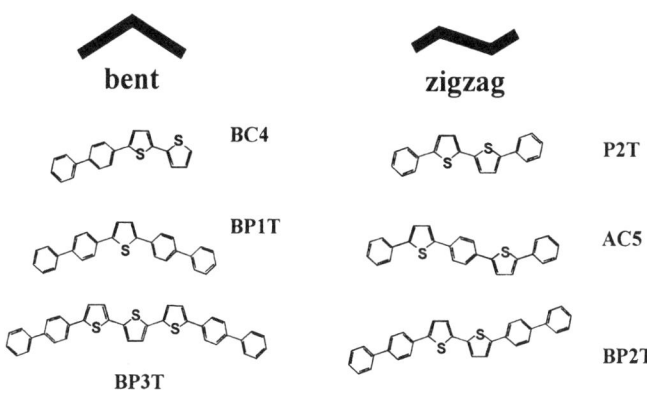

図4　いくつかの（チオフェン/フェニレン）コオリゴマーの分子構造と形状

ある。この形態的特徴を反映して，キャリアの輸送はヘリング・ボーン構造に沿った，分子のface-to-faceのラテラル方向に支配的に起こる。この方向は，図2におけるソースからドレイン電極に延びるチャネル方向に一致するので，有機結晶をラテラルなFETデバイスに応用する

メリットは大きい。堀田と薬谷は[6]，上記の導電パスとそれに垂直方向のキャリア移動度の相対比は約1,000であると見積もっている。このように，導電異方性の大きいこともオリゴマー結晶の特徴である。

以上に述べた構造的特徴および導電異方性は有機結晶FETだけでなく，有機TFTをデザインする場合にも有益である。オリゴマー分子を適当な条件下で薄膜化すると，分子長軸を基板面にほぼ垂直に配向させた形態をとる。この場合も導電パスは基板面に平行に形成されるので，やはりラテラル型のデバイス形態が有利である。

代表的な有機結晶の一例として，図5にDMQtT[6]とBP1T[7]（分子式については図3, 4を参照）の結晶構造を掲げる。DMQtTでは，分子長軸はab面の法線に対して26.0°の角度をなす[6]。これに対して，BP1T結晶においては分子長軸の対応する角度は1.0°と極めて小さく，ab面に

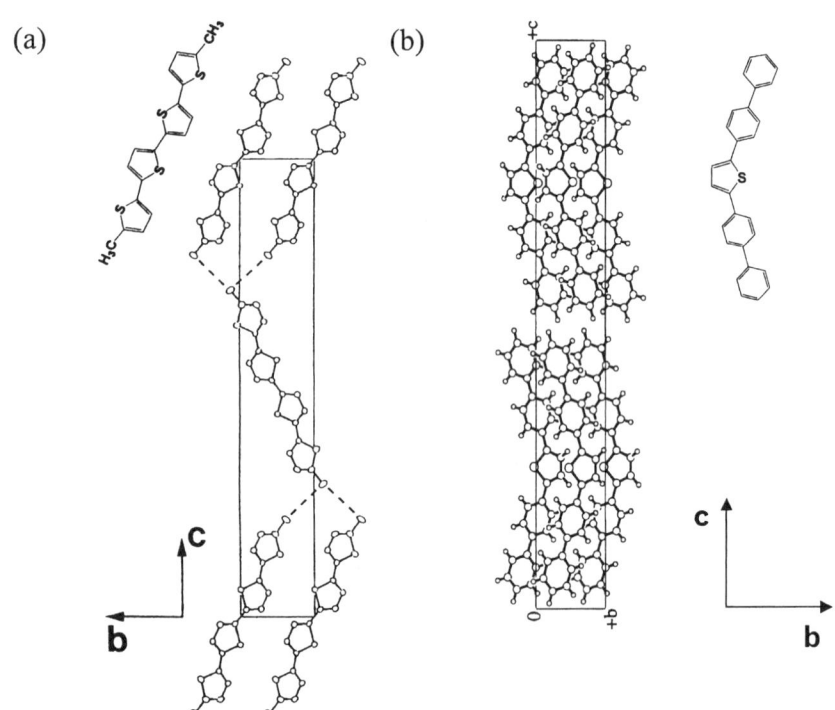

図5 オリゴマーの結晶構造
(a)DMQtT (The Royal Society of Chemistry の許可により，文献6)より転載）および(b)BP1T (WILEY-VCH の許可により，文献7) に基づいて改作）。

第1章　有機トランジスタ

対して直立する[7]。なお，ビフェニリル部分に着目すると，4,4′-位炭素を結ぶ直線はab面の法線に対して約17°の角度をなして傾く。これは，DMQtTなどの直線分子からなる上述の角度と類似する。いずれの場合も，結晶は2次元的なヘリング・ボーン構造とその積層によって構成されるという基本的なモチーフは変わらない。

2.3　有機結晶を用いたFET素子の作製と動作特性

低分子および高分子材料の双方とも，それらを用いて作製したTFTのキャリア移動度は，高々〜0.1cm^2/Vsと比較的低い[8]。この原因の1つとして，薄膜に存在するディスオーダーによるキャリアの散乱が挙げられる。これを克服するために，より高い移動度を実現する試みとして単結晶を用いたFETが提案されたのは比較的最近のことである。

ベル研のSchönらは[9]，その一環としてテトラセンなどの単結晶にFET構造を作り込み，その移動度を評価して一連の記事として科学雑誌に発表した。ポイントは，薄片状の低分子結晶の片面にソースとドレイン電極，ゲート絶縁膜およびゲート電極を順次積層してデバイスを作製した点にある。さらに，結晶の両面に同様にFET構造を作り込んでそれぞれホールと電子を注入し，両者を衝突させて発光させるデバイスも考案された[10]。ところが，これらの記事に掲載されたデータの多くに深刻な疑義が提出され，これを審査する目的で設置された調査委員会によってデータの信憑性に重大な問題がある旨，結論されたことは記憶に新しい[11]。

市川らは[12]，彼らとは全く異なるアプローチでBP2Tコオリゴマー（図4）からなる針状結晶を用いたFETを作製し，室温において最高で0.66cm^2/Vsと高レベルの移動度を達成した。FET作製の概略は以下のとおりである。

① BP2Tを塩化カリウム単結晶の（001）面に蒸着し，BP2Tの針状結晶を得た。
② これをウェット・トランスファー法[13]によって酸化膜付きのシリコンウェハに密着させた。
③ 針状結晶の両端に金電極を蒸着してデバイスとした。

ここでシリコンウェハ本体がゲート電極として働き，金電極はソースおよびドレイン電極として働く。シリコン酸化膜はゲート絶縁膜の役割を果たす。写真1にこれらのFETの構成を示す。また，図6にこのように作製したFET素子の動作特性を示す。写真から，①大きいドレイン電圧の印加時にドレイン電流がピンチオフされる，②原点付近でドレイン電流がドレイン電圧に対して線形的に増加するなど，トランジスタとしての良好な特性が実現されている様子が明瞭に認められる。

図4に示すBP2Tなどのコオリゴマーは，塩化カリウム単結晶基板上におけるエピタキシャル成長によって良好な針状結晶を与える（写真1）。柳らは[14]，分子中でチオフェンとフェニレン

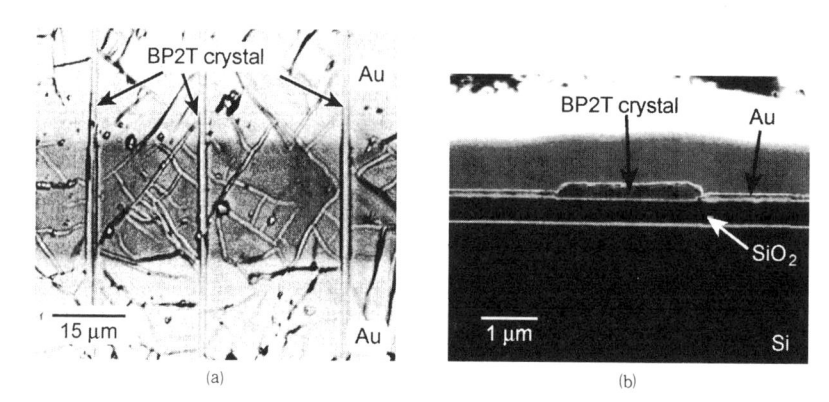

写真1　BP2T 針結晶を用いた FET の構造
（WILEY-VCH の許可により，文献 12）より転載）
(a)平面図，(b)断面図

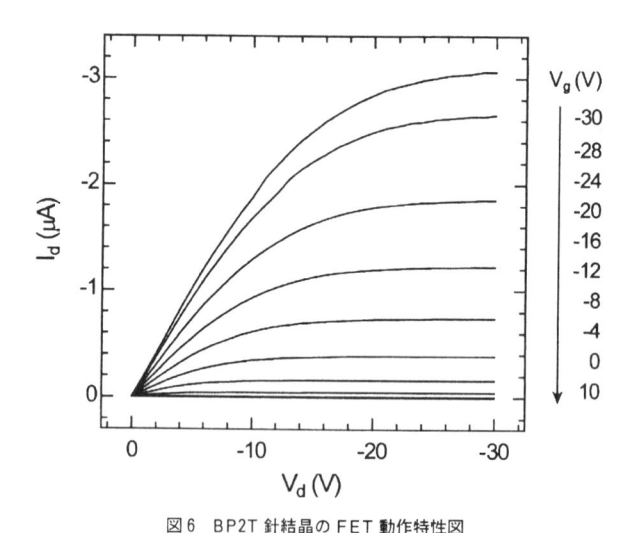

図6　BP2T 針結晶の FET 動作特性図
（WILEY-VCH の許可により，文献 12）より転載）
I_d，V_d，および V_g は，それぞれドレイン電流，ドレイン電圧およびゲート電圧を表す。

セグメントをうまくハイブリッドしてやると基板上の分子拡散距離が増大し，このことが良質の針結晶成長を促すことを指摘している。柳らは[14]さらに，針結晶の電子線回折と X 線回折によって分子長軸は針結晶軸に対して直交することを明らかにした。これは，分子の face-to-face 方

第 1 章 有機トランジスタ

向に形成される導電パス(チャネル)の方向が針結晶軸と一致することを意味する。この方向はソースおよびドレイン両電極を結ぶ方向とも一致するので，前項で述べたように FET デバイスにとって好都合の配置である[12]。

一方，分子長軸の発達した分子の結晶は通常，厚さが数十μm の薄片状として得られ脆く取り扱いにくいので，Schön らのデバイス作製方法はプロセス的な難点を抱える。この難点の克服をも視野に入れて，日々野らは[15]，低分子化合物の粉末を熱溶融した後，冷却固化する簡便な方法(溶融再結晶法)を開発した。この操作によって，再結晶後の固体は図 5 に示したような結晶形態を可逆的に回復する。日々野らは[15]，これを強い分子間相互作用に基づく自己組織化に帰した。単結晶へ FET などのデバイス構造を直接に作り込むプロセスが材料の損傷を伴いがちであることを考慮すると，本方法は汎用性が高い。

2.4 将来展望と課題

以上，有機結晶の構造的特徴とそれを用いたトランジスタの特徴を概観した。これらのうち，分子長軸の発達した分子の結晶は特有の分子積層構造からなり，ab 面内では強い分子間相互作用を反映してヘリング・ボーン構造をとる。これらの構造的特徴に基づいて導電異方性などの様々な物理化学的性質が発現する。

本稿では，オリゴマー分子からなる有機結晶の構造的特徴を生かした FET デバイスの作製例を示し，高いレベルの移動度が達成されたことを報告した。また，これらに関連して新しい材料プロセス技術を紹介した。有機結晶材料の中でも，(チオフェン/フェニレン)コオリゴマーは優れた電荷輸送特性のみならず，極めて高い発光効率を示す材料としても注目されており[16]，レーザーなど，先端光電子デバイスの素材として将来的に広い分野への応用が期待できる。

本稿で扱った結晶系有機トランジスタは，有機 TFT と比較して高い移動度が実現可能な反面，作製プロセスは未だ十分には確立されていない。また，オリゴマー材料以外に，ディスコティック分子やポリマーなど，結晶化させることによって高い物性が期待できる材料も少なくない。このため，オプトエレクトロニクス材料としての有機材料のプロセス技術や結晶化技術の確立が将来の大きな課題となる。有機トランジスタの研究開発におけるもう 1 つの課題は，有機半導体がドープ状態において安定性に乏しいことである。このことの克服のために安定でかつ，結晶格子中での整合性が高いドーパントの開発などが望まれる。

これらの課題を解決できた暁には，本稿で取り上げた材料および技術は来るべきプラスチックエレクトロニクスおよびフォトニクスの時代を切り拓くための有力なツールを提供するものと信じる。

文　献

1) S. M. Sze, Physics of Semiconductor Devices, 2nd Ed., John Wiley & Sons, Inc. (New York), Chapters 6 and 8 (1981)
2) D. Kahng, *IEEE Trans. Electron Devices*, **ED-23**, 655 (1976)
3) G. Horowitz, D. Fichou, X. Peng, Z. Xu, F. Garnier, *Solid State Commun.*, **72**, 381 (1989)
4) (a)S. Hotta, S. A. Lee, T. Tamaki, *J. Heterocyclic Chem.*, **37**, 25 (2000) ; (b)S. Hotta, H. Kimura, S. A. Lee, T. Tamaki, *J. Heterocyclic Chem.*, **37**, 281 (2000) ; (c)S. Hotta, *J. Heterocyclic Chem.*, **38**, 923 (2001)
5) S. Hotta, K. Waragai, *Adv. Mater.*, **5**, 896 (1993)
6) S. Hotta, K. Waragai, *J. Mater. Chem.*, **1**, 835 (1991)
7) S. Hotta, M. Goto, *Adv. Mater.*, **14**, 498 (2002)
8) H. Shirrringhaus, N. Tessler, R. H. Friend, *Science*, **280**, 1741 (1998)
9) (a)J. H. Schön, S. Berg, Ch. Kloc, B. Batlogg, *Science*, **287**, 1022 (2000) ; (b)J. H. Schön, Ch. Kloc, B. Batlogg, *Nature*, **406**, 702 (2000)
10) J. H. Schön, Ch. Kloc, A. Dodabalapur, B. Batlogg, *Science*, **289**, 599 (2000)
11) San Francisco Chronicle Tuesday, May 21 (2002)
12) M. Ichikawa, H. Yanagi, Y. Shimizu, S. Hotta, N. Suganuma, T. Koyama, Y. Taniguchi, *Adv. Mater.*, **14**, 1272 (2002)
13) Y. Toda, H. Yanagi, *Appl. Phys. Lett.*, **69**, 2315 (1996)
14) H. Yanagi, T. Morikawa, S. Hotta, K. Yase, *Adv. Mater.*, **13**, 313 (2001)
15) R. Hibino, M. Nagawa, S. Hotta, M. Ichikawa, T. Koyama, Y. Taniguchi, *Adv. Mater.*, **14**, 119 (2002)
16) (a)M. Ichikawa, R. Hibino, M. Inoue, T. Haritani, S. Hotta, T. Koyama, Y. Taniguchi, *Adv. Mater.*, **15**, 213 (2003) ; (b)M. Nagawa, R. Hibino, S. Hotta, H. Yanagi, M. Ichikawa, T. Koyama, Y. Taniguchi, *Appl. Phys. Lett.*, **80**, 544 (2002)

3 有機トランジスタの展開

工藤一浩*

3.1 有機トランジスタ実用化への課題と開発状況

　有機半導体材料は無機半導体に比べて導電率、キャリア移動度が低い物がほとんどであり、有機トランジスタを実用化するためにはその動作性能の向上が課題となっている。すなわち、これまで知られている有機半導体を単純に無機系のFET構造に導入したのでは動作速度、電力面で十分な特性を得ることは難しい。この課題を解決するためには、図1に示すように、「高移動度、新材料の探索」、「物性制御技術・プロセス技術の確立」、「デバイス構造の改善」、「新しい動作メカニズムによる高機能素子開発」が必要である。以上のような背景のもとに、有機材料の高純度化と結晶化、縦型FETの開発、相転移型FETといった研究開発が精力的に進められている。ここでは、国内外で進められている有機トランジスタ研究の現状と情報タグなどの分野で期待されている有機デバイスの応用分野と今後の展開について述べる。

　図2に最近20年間に報告された有機TFTにおけるキャリア移動度と動作速度をプロットした例を示す。これまで、フタロシアニンやメロシアン系の低分子、チオフェン系オリゴマー、導電性高分子等の有機材料系では、トランジスタ素子として満足できる性能を得ることは難しかったが、テトラセン、ペンタセンなどの材料で高純度化と単結晶化、さらにはチオフェン系や新規高分子材料において、良好なトランジスタ特性が報告されるようになった。すでに、非晶質シリコン（a-Si）や多結晶シリコン（poly-Si）に迫るキャリア移動度（$>1cm^2/Vs$）を有する有機材料[1〜3]や、200kHzを越える高速有機FETの動作[4]が確認されている。今後の材料開発により、

図1　有機トランジスタの課題と開発項目

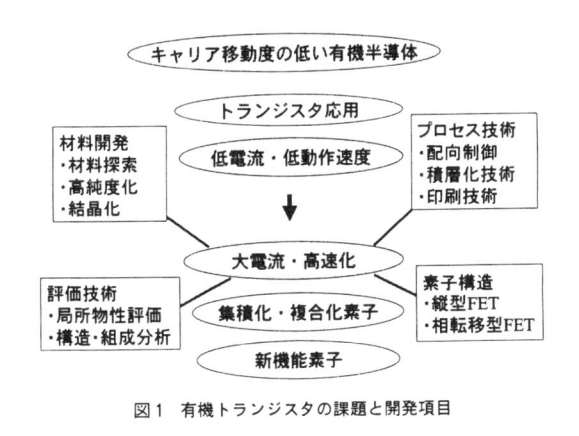

*　Kazuhiro Kudo　千葉大学　工学部　電子機械工学科　教授

有機半導体の応用展開

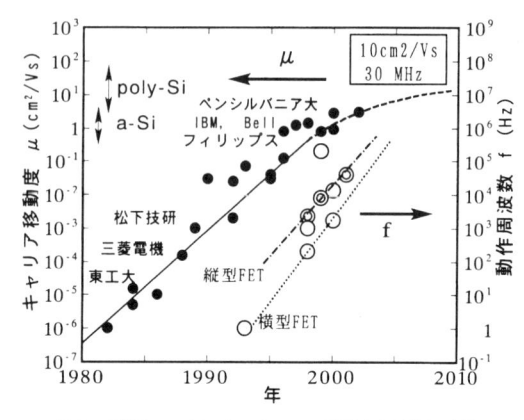

図2 有機トランジスタのキャリア移動度と動作周波数

さらなる性能向上が期待されるが，分子性結晶はファンデルワールス力による弱い結合であるため，$10cm^2/Vs$ を超えるキャリア移動度は難しいとの見方が強い．

一方，ナノレベルの分子トランジスタや有機薄膜の特徴を生かした新型トランジスタの開発が期待されており，将来30MHz以上で動作する有機トランジスタの発表も見られる可能性は十分ある．しかしながら，報告されている有機薄膜トランジスタの特性は使用する分子種以外に，純度，作製条件による薄膜状態（アモルファス，結晶，グレインサイズなど），さらには測定条件（測定環境，測定電圧）によって大きく異なり，見かけ上の数値のみで判断するのは危険であろう．

3.2 有機集積回路応用[4～13]

複数の有機トランジスタを同一基板上に作製した集積回路（IC）への応用研究例がフィリップス（Philips），ルーセントテクノロジー（Lucent Technologies），ペンシルバニア州立大学などで進められている．高いOn/Off比（$10^6 \sim 10^8$）と高速有機トランジスタにより図3のようなインバータ，リングオシレータなどの集積回路が発表されており，4,000以上の有機FETをプラスチック基板上に集積化した報告もある．

また，集積回路に応用する場合，集積化プロセスに適した高性能有機トランジスタと有機メモリ素子開発が重要である．最近になって，高誘電体ゲート材料を用いた高性能有機トランジスタ[13]やメモリ[14]や有機フラッシュメモリ的動作をする有機デバイス[15]の検討が活発に進められている．

3.3 情報タグ[16, 17]

有機トランジスタの応用分野として，プラスチックカード自身に情報の受発信・記録ができる

第1章 有機トランジスタ

(a) インバータ回路　　　(b) リングオシレータ回路

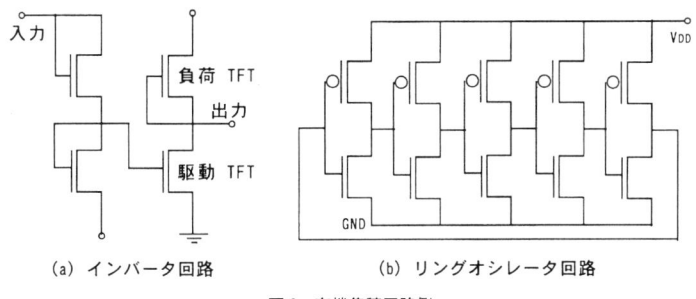

図3　有機集積回路例

　ICカード，商品ごとに流通情報を入出力，書き換え可能なバーコードや情報タグ，さらには衣服に種々電子機能を持たせたウエアラブル情報端末への応用が注目されている。このような情報タグなどの応用分野においては有機材料の持つ軽量，柔軟性に加えて，入出力面はある大きさのもつマクロデザインが必要である。また，価格面からも印刷技術による高性能有機トランジスタの開発が重要となる。さらに，有機デバイスには環境，省エネルギー，健康問題まで直面する課題に対する要素技術を含んでいる。

　最も単純な情報タグは現在各商品につけられているバーコードである。これは製造時に基本的な情報を黒白のバー状コードとして印刷したもので，入力，書き換えは不可能である。一方，情報を電磁波で入出力できる情報タグは微小なシリコンチップを埋め込んだ無線タグの進展が著しく，人や物品に対するセキュリティーと管理システム分野を中心に普及し始めている[16]。この分野でも，有機材料の持つ軽量，柔軟性，低価格といった特徴に期待が寄せられている。すなわち，商品においてはパッケージ，人においては衣服といった情報端末とは一見無縁のものにこの機能性を付加させる考えである。たとえば，ポテトチップスの袋には防湿のため内側にはアルミニウムのコーティング，外側には鮮やかな商品イメージのごく一部に黒白のバーコードが印刷されている。

　ここで，絶縁性，半導体性に加えて金属的性質を示す有機材料が数多く開発され，有機材料から構成される電子デバイスを組み込むことが当然期待される。多様な商品に適合するフレキシブルデザインに重点を置いた有機デバイスを印刷・フイルム化技術，さらには繊維化技術により，安価で大量に供給することが可能になると考えられる。また，徘徊老人や病院から連れ出された赤ん坊などは衣服につけられたフレキシブル情報タグによる位置情報の検知が大切であり，商品価格とは別の観点から重要な問題である。一方，最近問題となっている狂牛病（BSE）などの感染症や血液製剤など薬害問題には流通・商品管理に大きな欠陥があると思われ，真剣に取り組む課題であろう。図4にフレキシブル情報タグに必要な機能と開発課題，および期待される応用分

図4 有機情報タグの開発課題と応用分野

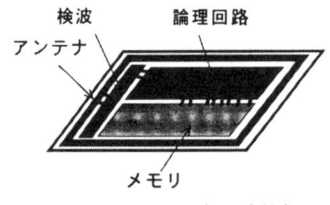

図5 有機情報タグ構成例
(a) RF入出力・表示機能無し
(b) 光入出力・表示機能有り

野を示す。また，基本的な情報タグの構成を図5に示す。

情報の入出力に図(a)のような電磁波（無線周波数：RF）を使うものと図(b)の光によるものが考えられる。軽量，低消費電力の観点から電池を内蔵しないことを想定すると，電磁波，光による外部電力供給型となり，外周部にはアンテナまたは光電変換素子が必要となる。また，トランジスタを主とする論理回路とメモリ，さらには表示機能を持たせるには低消費電力（反射型液晶や電気泳動型など）の表示素子が一体化した集積化技術が必要となる。

3.4 光電変換素子

情報タグにおいて電力供給，信号入出力を光で行う場合，高性能の有機発光素子と光電変換素子が必要となる。有機発光素子（OLED：organic light emitting diode）は高輝度，高速動作が確認されており，光通信素子としても30〜100MHzの光パルス伝送が確認されている[18]。また，太陽電池としては，メロシアニン蒸着膜ショットキー接合素子[19]，フタロシアニン/ペリレン系

pn接合素子で1%前後[20]，最近ではフラーレン系ポリマーセルで3%の変換効率（太陽光下）が報告されている[21]。

一方，吸収スペクトルの異なるp型n型半導体を用いたフォトトランジスタ[22,23]や光サイリスタ素子[24]では，各有機半導体層の光吸収とゲート電圧に依存した特異な特性を示す。この素子における光電流スペクトルは特定の光波長のみにゲート電圧依存性が強く見られ，有機半導体の吸収スペクトルとバイアス電圧により光波長感度を制御できる光検出素子を設計することが可能である。また，異なる有機層を積層した素子で光増倍・光入出力機能やスイッチング機能をもつ有機光電子デバイスの報告例[25,26]が多く見られるようになり，今後の研究開発に期待がもたれる。

3.5 表示デバイス

プラスチックカードや情報タグの応用分野においては，低消費電力の表示機能が必要な場合がある。有機材料を用いた表示デバイスの代表例は液晶ディスプレイであるが，最近ではフレキシブルなシートディスプレイや電子ペーパーの開発[27]が注目されている。発光型では有機LED，非発光型では電気泳動型のマイクロカプセルを利用したものがその代表例である。いずれの場合でも有機物のフレキシブル性と軽量，薄膜化を活かしたデバイスとするにはアクティブ駆動素子として使用できる有機トランジスタの開発が望まれている。

TFTカラー液晶と呼ばれるディスプレイは各画素にスイッチ，液晶駆動用のTFTと表示保持用のコンデンサを使ったものが一般的である。TFTとしては，アモルファスSi，低温多結晶Si，高温多結晶Siが使い分けられている。ここで，Si系TFTをポリマーTFTに置き換えて液晶ディスプレイパネルを試作した報告例[28〜31]がある。Philips[28]から発表されたアクティブ動画パネルの大きさは2インチ角でポリマー分散反射型液晶をポリマーTFTで駆動している。また，ピクセルは100Hzで動作することを確認している。

一方，横型有機FETと有機表示素子を組み合わせた複合素子の報告例[32,33]があるが，アクティブ駆動素子として応用する場合，現状の有機FETでは電流密度，動作速度の観点から不十分である。そこで，これらの問題点を解決するために新しく有機表示素子と縦型有機FETである静電誘導トランジスタ（SIT：static induction transistor）を組み合わせた複合型有機発光トランジスタ（OLET：organic light emitting transistor）構造[34,35]が提案されている。図6に有機SIT上に有機表示素子（液晶または有機LED）を積層化したOLET素子構造を示す。このように，表示素子として高速動作と大電力化が見込める有機SIT（図6(a)）と複合化したOLET（図6(b)）を使用した場合，従来のアクティブマトリクスディスプレイに比べて各画素中の駆動用TFTが不要となる。動作は有機SIT素子に挿入されるゲート電極に印加する電圧により，上

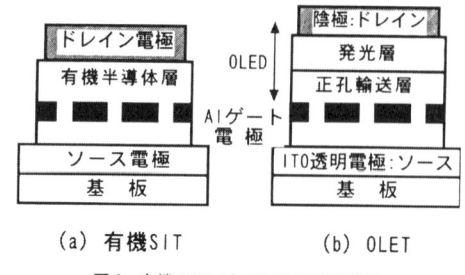

図6 有機SIT(a)とOLET(b)素子構造

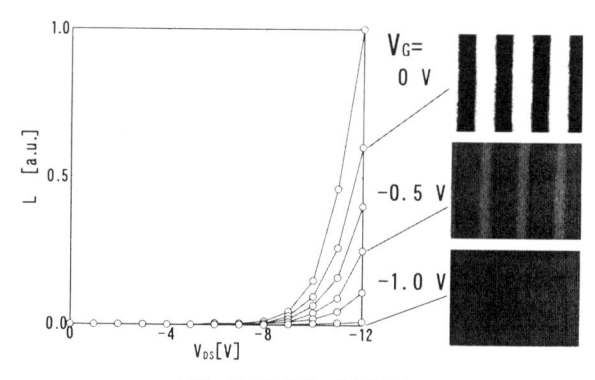

図7 OLET素子の動作特性例

部-下部(ドレイン-ソース)電極間に流れるキャリアの制御を行う。一方, 有機LEDと有機SITを複合させるプロセス上の利点として, 有機半導体材料と電極材料のみで素子を作製でき, 有機発光素子とほぼ同じ作製プロセスで素子作製が可能である。また, OLETを発光させるのに必要な電流を効率よく制御して注入できる構造でもある。試作した有機発光トランジスタ (organic light emitting transistor : OLET) は小さなゲート電圧変化 (−0.6〜1V) によって大きな電流値変化が見られると同時に, ゲート電圧による輝度変調(図7)が得られることが確認された[35]。

3.6 センサ応用

種々雰囲気ガスに対して有機薄膜の電気物性が大きく変化することが多い。逆にガス等に敏感に変化する特性を利用し, FET構造にすることによって高感度に検出する種々センサを構成することができる。ガスや溶液中のイオンを検出するセンサ用有機FET構造として, 図8(a)に示

第1章 有機トランジスタ

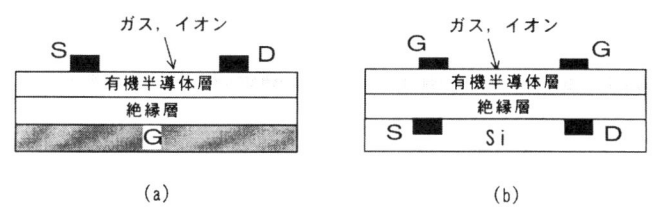

図8 有機FETセンサ素子例

すように直接有機半導体層をキャリア伝導チャネル層として使用する構造[36]と，図8(b)のようにゲート電極に有機膜を使用する素子構造[37]がある。前者はガスやイオン種に依存したグレイン境界のキャリア伝導変化をしきい値電圧シフトと電流特性として検出するものであり，後者は金属ゲート電極間に形成した有機膜表面に化学物質が吸着することによって有機ゲート電極の導電率変化とゲート電圧シフトを下部のSiFETによって高感度に検出するものである。

生体を司るバイオシステムを模倣するバイオミメティックデバイスや医療・臨床に関連するバイオセンサ分野でも有機デバイスが注目されている。現在主流となっているバイオセンサは，信号検出素子としてSiFETのゲート部に検出物質に対する感応性，あるいは選択性を有する有機系複合膜を形成したものである。また，遺伝子解析の分野ではDNAを用いた分析・解析システムが注目され，種々感染症や病気に関する遺伝的要素まで検出できる集積化デバイス（DNAチップ）の開発が進んでいる。今後，生体と感応膜とのマッチングが良く低価格化が望める有機トランジスタと組み合わせたシステムが期待されている。

3.7 今後の展開

有機トランジスタの開発状況と応用分野について述べてきた。本節で述べた応用分野で有機トランジスタが将来実用化できるかどうかについてはまだ予測できないが，少なくとも有機単結晶や高配向性有機薄膜FET素子ではa-Siに匹敵するキャリア移動度が報告されており，有機材料の特徴を活かしたフレキシブルデバイスや集積回路の開発が活発に進められている。今後，有機半導体薄膜を実用的なデバイスに応用する上では，特定の機能性分子を特定の位置に配置できる超薄膜作製技術と薄膜物性評価技術の確立が必要である。高性能有機TFTの開発研究において，有機薄膜中のキャリア伝導機構の解明や電極／有機薄膜界面の評価は重要である。走査型プローブ顕微鏡を応用した評価技術は薄膜表面構造の評価のみならず，表面電位分布，導電率分布，状態密度評価等の局所電子物性，さらにはナノスケールトランジスタ評価手法として使われ始めている。また，素子寿命，安定性といった問題点を解決する必要があり，動作雰囲気に対する物性評価と材料開発に関する基礎研究が重要である。

一方,有機デバイスの最大の特徴である軽量,柔軟性,低コストプロセスを活かすためには,印刷技術,インクジェット,自己組織化技術といった有機物に適したプロセス技術の確立が必要であろう。今後プリンタブルトランジスタ技術の進展により,情報タグ,ディスプレイ応用のみならずバイオ分野などの広い分野で有機トランジスタの応用が期待されている。

文　献

1) C. D. Dimitrakopoulos, D. J. Mascaro, *IBM J. Res. & Dev.*, **45**, 11 (2001)
2) Y. Y. Lin, D. J. Gundlach, S. F. Nelson, T. N. Jackson, *IEEE Trans. Electron. Devices*, **18**, 606 (1997)
3) M. Shtein, J. Mapel, J. B. Benziger, S. R. Forrest, *Appl. Phys. Lett.*, **81**, 268 (2002)
4) H. Klauk, D. J. Gundlach, T. N. Jackson, *IEEE Electron Device Lett.*, **20**, 289 (1999)
5) J. H. Schon, C. Kloc, B. Batlogg, *Synthetic Metals*, **122**, 195 (2001)
6) J. H. Schon, C. Kloc, *Appl. Phys. Lett.*, **79**, 4043 (2001)
7) A. R. Brown, A. Pomp, C. M. Hart, D. M. de Leeuw, *Science*, **270**, 972 (1995)
8) C. J. Drury, C. M. J. Mutsaers, C. M. Hart, M. Matters, D. M. de Leeuw, *Appl. Phys. Lett.*, **73**, 108 (1998)
9) S. J. Zilker, C. Detchverry, E. Cantatore, D. M. de Leeuw, *Appl. Phys. Lett.*, **79**, 1124 (2001)
10) Z. Liu, R. B. Dabke, A. Yasseri, D. F. Bocian, W. G. Kuhr, *Appl. Phys. Lett.*, **81**, 1494 (2002)
11) M. A. Reed, J. Chen, A. M. Rawlett, D. W. Price, J. M. Tour, *Appl. Phys. Lett.*, **78**, 3735 (2001)
12) G. H. Gelinck, T. C. T. Geuns, D. M. de Leeuw, *Appl. Phys. Lett.*, **77**, 1487 (2000)
13) H. Klauk, M. Halik, U. Zschieschang, G. Schmid, W. Radlik, *J. Appl. Phys.*, **92**, 5259 (2002)
14) G. Velu, C. Legrand, O. Tharaud, A. Chapoton, D. Remiens, G. Horowitz, *Appl. Phys. Lett.*, **79**, 659 (2001)
15) L. P. Ma, J. Liu, Y. Yang, *Appl. Phys. Lett.*, **80**, 2997 (2002)
16) 日経エレクトロニクス, 112 (2002.2.25)
17) 工藤一浩, 有機半導体の研究・開発(3), 日経マイクロデバイス, **5**, 137 (2002)
18) Y. Ohmori *et al.*, *Proceedings of SPIE*, **4805**, 106 (2002)
19) D. L. Morel *et al.*, *Appl. Phys. Lett.*, **32**, 495 (1978)
20) C. W. Tang, *Appl. Phys. Lett.*, **48**, 183 (1986)
21) C. J. Brabec, F. Padinger, J. C. Hummelen, R. A. Janssen, N. S. Sariciftci, *Synth. Metals*, **102**, 861 (1999)

22) K. Kudo, T. Moriizumi, *Appl. Phys. Lett.*, **39**, 609 (1981)
23) T. Zukawa, S. Naka, H. Okada, H. Onnagawa, *J. Appl. Phys.*, **91**, 1171 (2002)
24) K. Kudo, K. Shimada, K. Marugami, M. Iizuka, S. Kuniyoshi, K. Tanaka, *SyntheticMetals*, **102**, 9 (1999)
25) L. P. Ma, J. Liu, S. Pyo, Y. Yang, *Appl. Phys. Lett.*, **80**, 362 (2002)
26) G. Matsunobu, Y. Oishi, M. Yokoyama, M. Hiramoto, *Appl. Phys. Lett.*, **81**, 1321 (2002)
27) S. Ditlea, *Scientifc American*, Nov. (2001); 日経サイエンス, 42 (2002年2月号)
28) H. E. A. Huitema, G. H. Gelinck, J. B. P. H. van der Putter, K. E. Kuijk, C. M. Hart, E. Cantatore, P. T. Herwig, A. J. J. M. van Breemen, D. M. de Leeuw, *Nature*, **414**, 599 (2001)
29) H. E. A. Huitema, G. H. Gelinck, J. B. P. H. van der Putten, K. E. Kuijk, K. M. Hart, E. Cantatore, D. M. de Leeuw, *Adv. Mater.*, **14**, 1201 (2002)
30) P. Mach, S. J. Rodriguez, R. Nortrup, P. Wiltzius, J. A. Rogers, *Appl. Phys. Lett.*, **78**, 3592 (2001)
31) C. D. Sheraw, L. Zhou, J. R. Huang, D. J. Gundlach, T. N. Jackson, *Appl. Phys. Lett.*, **80**, 1088 (2002)
32) H. Sirringhaus, N. Tessler, R. H. Friend, *Science*, **280**, 1741(1998)
33) A. Bodabalapur, Z. Bao, A. Makhija, J. G. Laquindanum, V. R. Raju, Y. Feng, H. E. Katz, J. Rogers, *Appl. Phys. Lett.*, **73**, 142 (1998)
34) K. Kudo, D. X. Wang, M. Iizuka, S. Kuniyoshi, K. Tanaka, *Synth. Metals*, **111**, 11 (2000)
35) K. Kudo, S. Tanaka, M. Iizuka, M. Nakamura, *Thin Solid Films*, **330**, 438 (2003)
36) B. Crone, A. Dodabalapur, A. Gelperin, L. Torsi, H. E. Katz, A. J. Lovinger, Z. Bao, *Appl. Phys. Lett.*, **78**, 2229 (2001)
37) S. D. Senturia, C. M. Sechen, J. A. Wishneusky, *Appl. Phys. Lett.*, **30**, 106 (1977)

第2章　電子写真用感光体

太田正文*

1　はじめに

C. F. Carlson によって，1938年に発明された電子写真法は光導電性を巧みに利用した画像形成方法である。

1950年代に複写機として実用化されて以来，オフィスの効率化，アメニティーの向上の要求と，レーザープリンターに代表されるデジタル機器の発展と相まって，応用分野が広がっている。実用化された電子写真に用いられた光導電体は，当初 Se, Se 合金，ZnO などの無機材料が主体であったが，1970年代になり有機光導電体（OPC : Organic Phtoconductor）が実用化され，その後の多くの有機材料の研究開発により飛躍的に性能が向上し，今では電子写真感光体の95％以上を OPC が占めるにいたっている。

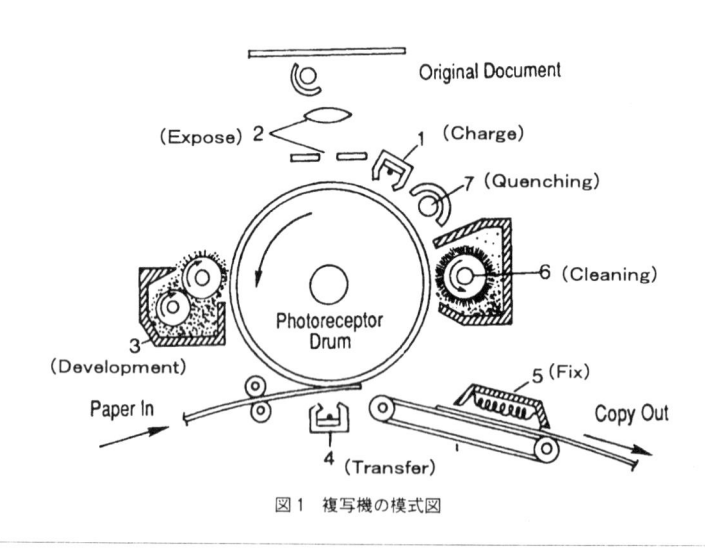

図1　複写機の模式図

---

*　Masafumi Ohta　㈱リコー　研究開発本部　中央研究所　第三材料研究センター
　　センター長

第2章 電子写真用感光体

2 電子写真プロセスの概要

電子写真法は，感光体上に形成された静電潜像を，帯電した着色粉末（トナー）による可視化を基本にしている。複写機やプリンターの内部模式図を（図1）に示す。このプロセスで，感光体は1：暗所で帯電（Charge）され，2：画像露光（Expose）により静電潜像を形成し，3：トナーにより現像（Development）による可視化を行い，4：紙等に転写（Transfer）し，5：熱により紙に定着（Fix）を行い複写-画像形成プロセスは完了する。感光体は，次のプロセスのために，7：残留しているトナーなどの除去（Cleaning），8：残留電荷の除去（Quenching）により，初期化される。

この電子写真プロセスの主機能である光導電性は，画像露光により電荷分離を行い，発生した電荷の輸送により静電潜像を形成する物である。

3 OPC材料の概要

電子写真に用いられる有機光導電体は，すでにC. F. Carlsonの特許[1]にもアントラセン等が記載されておりその歴史は古い。1950年代後半に，PVK（ポリ-N-ビニルカルバゾール）が見出され実用化開発とあわせて，その分子構造，電子構造，光導電性等が詳細に研究された。有機光導電体の実用化は，1970年代前半に，まず色素増感されたPVKが松下電器産業およびリコーから商品化された。

同じ頃，電子受容性化合物のTNF（2,4,7-トリニトロフルオレノン）とPVKとの電荷移動錯体よりなるOPCが，IBM社より商品化された。これは従来のOPCの感度を1桁以上向上させ，セレン系無機感光体と同等のOPCの開発に成功した記念すべき発明である。この電荷移動錯体の電子写真特性が，詳細に検討された。この中でPVK/TNFのモル比と移動度の相関（電子親和性の高いTNFのモル比が増加するに従い，電子移動度が増加する）から，電荷移動錯体による光の吸収-電荷発生と，TNFあるいはPVKそのものによる電子写真的電荷輸送の機能分離の考えが出てきた。この考えはさらに感光体の層の機能による分離，材料の機能による分離に発展し機能分離型感光体の考えが確立していった。

この機能分離型感光体の考え（図2）は，光導電性の主機能である，電荷発生と電荷輸送を感光体の層構成および材料で分離するものであり，求められる機能をシンプルにすることにより最適な分子設計の自由度を高め，この要求を有機材料の構造の多様性で達成し，電子写真特性の飛躍的向上が見られた。この機能分離型感光体の考えをもとに，新しい化合物の合成探索と物性研究者の光導電性メカニズムの研究の両輪がうまくかみあって市場の要求に合致したOPCが開発

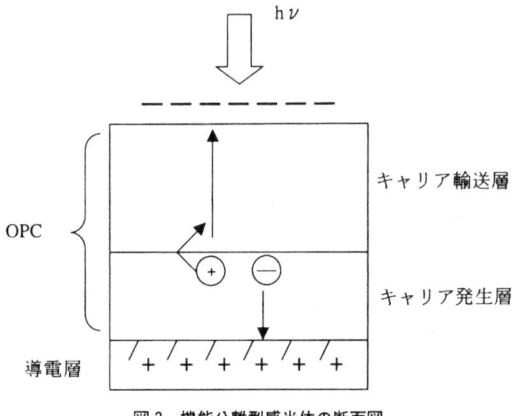

図2 機能分離型感光体の断面図

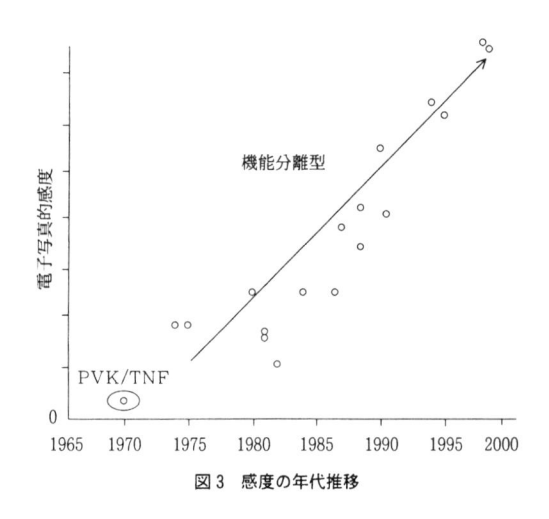

図3 感度の年代推移

され，現在商品化されている OPC はほとんどがこの機能分離型感光体である．特性の変遷の例を電子写真的感度の場合を例（図3）に示す．

4 OPC 用材料

4.1 色素増感材料

PVK の実用化開発において，画像露光の可視光源に対し有効な感度を付与するために最初に

第2章 電子写真用感光体

検討されたのが色素増感材料である。多くの色素が検討された中で，1970年代前半にPVKの増感色素として商品化されたものは，ベンゾピリリウム系色素である[2]（図4）。

さらに高感度化への要求に答えるために色素が単分子で作用するのではなく，分子集合体が機能を発揮することを見出したものとして，チアベンゾピリリウム系色素とポリカーボネート樹脂からなる共晶錯体が，イーストマン・コダック社から商品化された[3]（図5）。この共晶錯体を用いた単層感光体は，正帯電，負帯電の両極性で高感度を示すだけではなく耐久性も非常に優れた物であった。

一方，半導体レーザーの開発による露光光源の長波長化に対応し，アズレニウム色素，スクアリウム色素など種々の色素が開発された（図6）。

4.2 電荷移動錯体材料

PVKの実用化開発において，上記とは別の観点より材料の研究開発が行われたのが，ルイス酸との組み合わせである。これは電荷移動錯体に基づく新たな長波長域の吸収をもたらし，PVK-TNFの錯体は上述のようにOPCが無機系感光体と肩を並べた初めての材料である[4]（図7）。

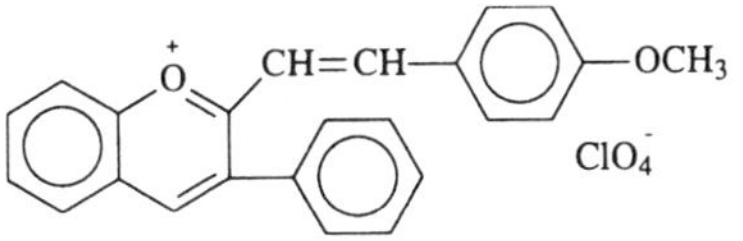

図4 ベンゾピリリウム色素

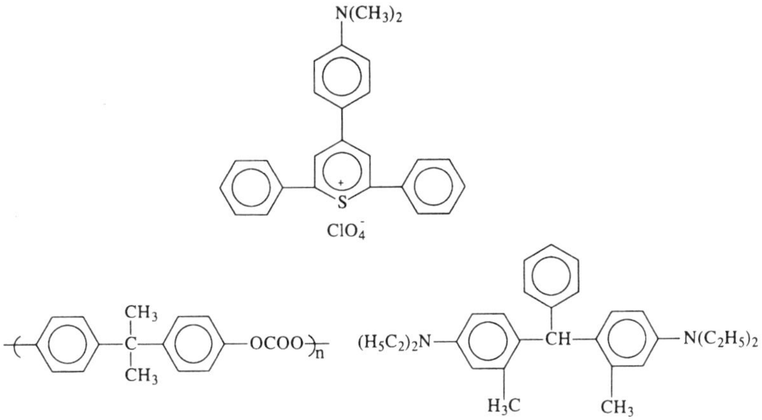

図5 非晶錯体

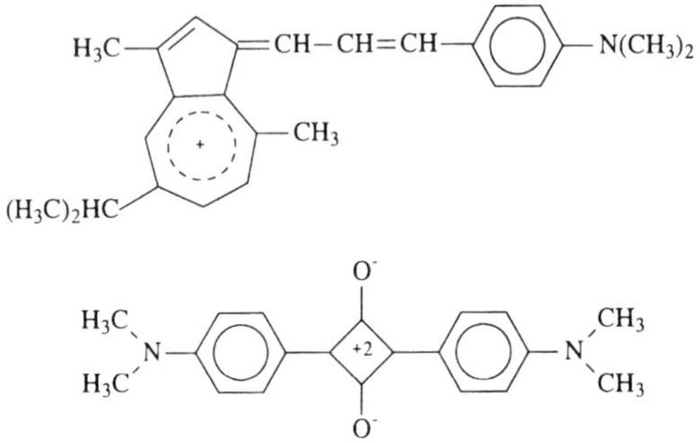

図6 アズレニウム色素,スクアリウム色素

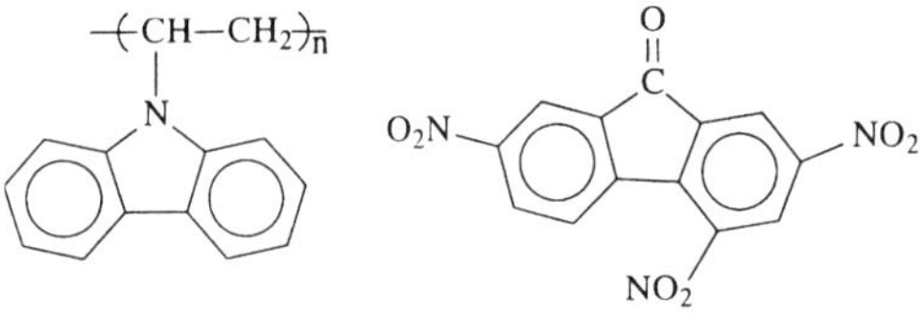

図7 PVK と TNF

4.3 電荷発生材料

4.3.1 アゾ顔料

クロルダイアンブルー[5]が電荷発生材料として開発され,その電子写真特性の良さが理解された。ジアゾニュウム化合物とカップラーとの反応で合成される製造の容易さと材料の多様性が特徴であるアゾ顔料について,非常に多くの材料が開発されるとともに構造と電子写真特性との関係についても多くの報告がある(図8)。

フルオレノン系ビスアゾ顔料[6]において,ヒドロキシーアゾ構造とケトーヒドラゾン構造の互変異性(図9)のうちケトーヒドラゾン構造が優位であり,この水素結合が分子間相互作用に関与し分子集合体として電子写真特性が形作られることが示された。これはフェニル核の置換基を変化させることにより,アミド結合のN-H基が関与する水素結合の強さを変化させて電子写真特性を変化させることができると言う分子設計指針を示したことである。フェニル核の置換基(R)のハメットσ値と電子写真的感度の関係を示す(図10,11)。また,アミド結合のN-H基をアルキル置換しこの水素結合能力をなくすると,分子間相互作用が弱くなり電子写真的感度が極度に低下することを報告している。

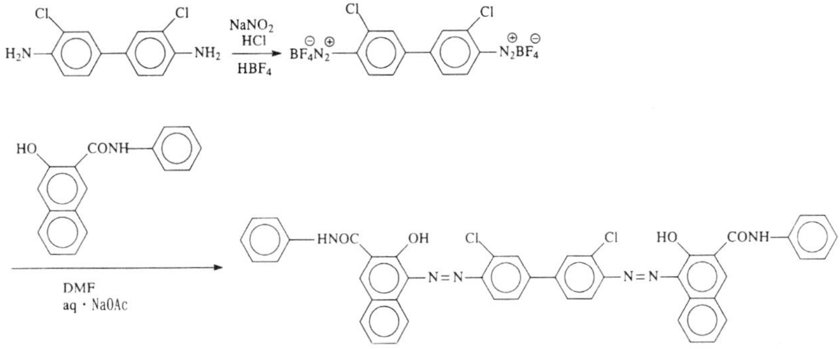

第2章 電子写真用感光体

図8 アゾ顔料の合成スキーム，クロルダイアンブルー

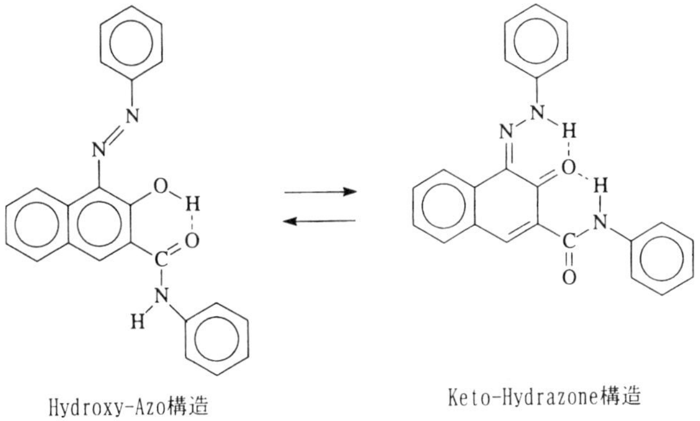

図9 顔料の互変異性

　トリフェニルアミン系トリスアゾ顔料[7]について，ナフトール系カップラーの構造をナフタレン核，アントラセン核，ジベンゾフラン核，カルバゾール核，ベンゾカルバゾール核と変化させ，その溶液状態の吸収と固体状態の吸収が検討された。電荷発生材料の吸収領域は，溶液状態とは大きく異なる場合もあり，分子間相互作用を引き出すことにより100nmもレッド・シフトした顔料が設計できることを報告している。ベンゾカルバゾール系カップラーを用いた場合には，カルバゾール環のN-H基が関与する水素結合（図12）の効果により異常な長波長化が実現でき，半導体レーザーを用いたデジタル機への実用化が行われた（図13）。
　ナフトール系カップラーとペリノン系カップラーとの異種類のカップラーを用いた非対称アゾ顔料[8]は，励起状態で異種のカップラー間で電荷移動が起こり，高感度化が達成されると報告し

図10 フルオレノン系アゾ顔料

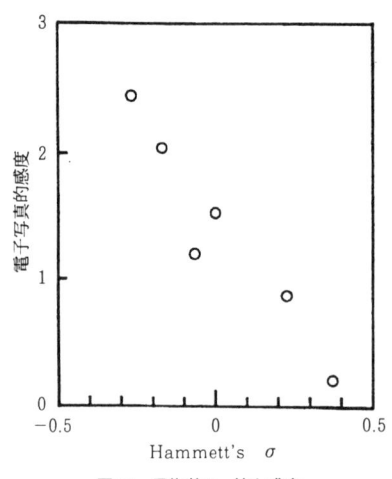

図11 置換基のσ値と感度

ている(図14)。

フルオレノン系ビスアゾ顔料の電荷発生のメカニズムについては,梅田ら[9]による詳細な研究がある。機能分離型感光体においても感光体の湿式製膜時に電荷発生材料(顔料粒子)と電荷輸送材料分子の界面が形成され,光励起されたフルオレノン系ビスアゾ顔料と電荷輸送材料との光誘起電子移動反応が起こることが,この感光体の電子写真特性の優れている一因であることが解明された(図15)。さらに,この考えを分子設計に活かしカップラー構造の一部に電荷輸送部位であるトリフェニルアミン構造を有するフルオレノン系ビスアゾ顔料[10]が開発され,その優位性が示されている(図16)。

4.3.2 フタロシアニン顔料

色材としてのフタロシアニン系材料は1900年代の初め頃から,合成が行われている。また材料の電子写真的な特性も古くから検討されており[11],不純物の影響,置換基の導入,中心金属の

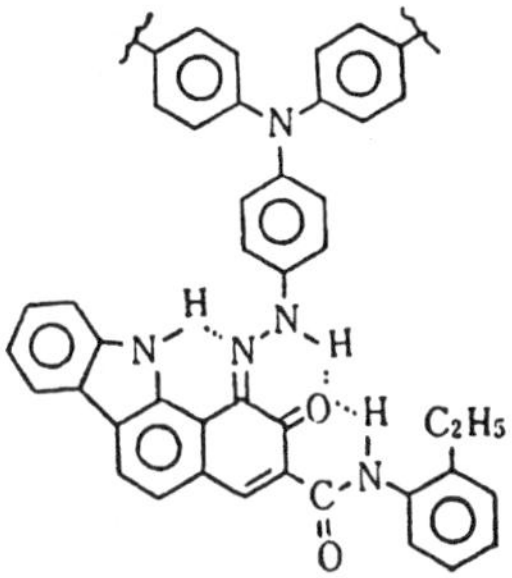

第 2 章　電子写真用感光体

図 12　カルバゾール環を含む水素結合

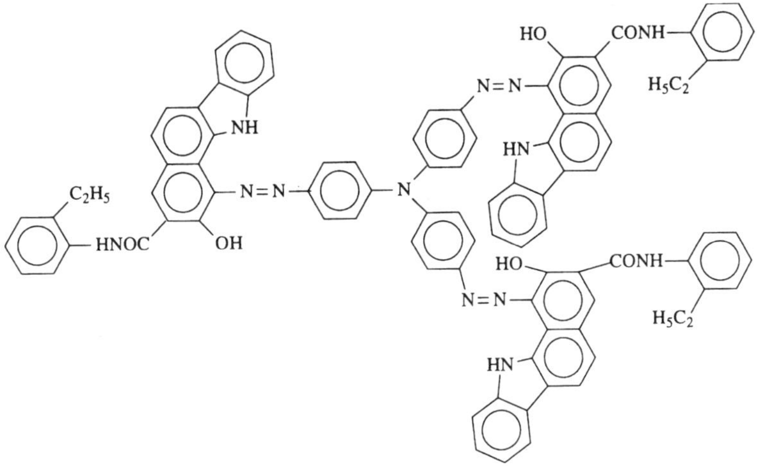

図 13　トリフェニルアミントリスアゾ顔料

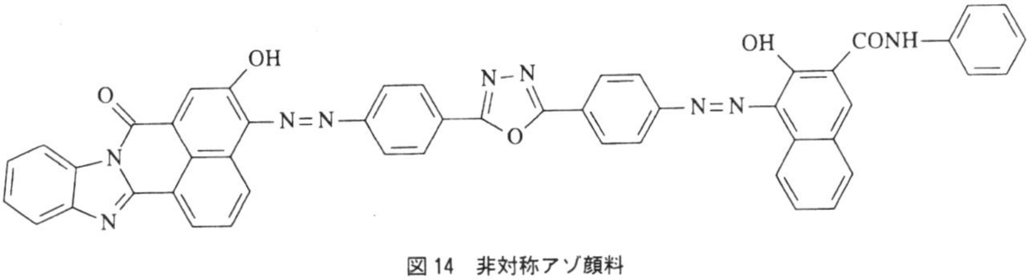

図 14　非対称アゾ顔料

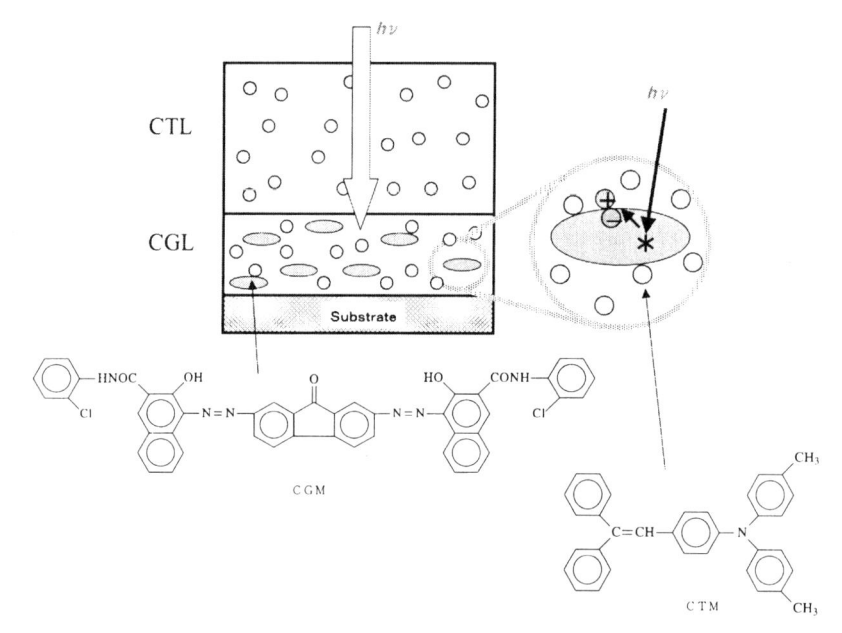

図15 電荷発生メカニズムの模式図

図16 電荷輸送基を有するアゾ顔料

変化など非常に多くの報告がある。フタロシアニン顔料の大きな特徴として種々の結晶型を有することと、その結晶型独特の光学特性、電子写真特性を持つことである。

代表的なものとして銅フタロシアニンのα型、β型、γ型、ε型顔料の電子写真特性が報告されている[12]。α型は帯電性、感度とも悪いのに対し、ε型は帯電性がよく高感度であると報告されている。このため結晶型の制御については、合成方法、合成および精製時の有機溶剤の選定、アシッドペースト処理によりアモルファスにし、その後の処理による結晶型の制御、ボールミリング処理による制御、真空蒸着および有機溶剤処理など種々の方法が検討されている。初期の段階で実用化された物には、X型無金属フタロシアニン、ε型銅フタロシアニンがある（図17）。

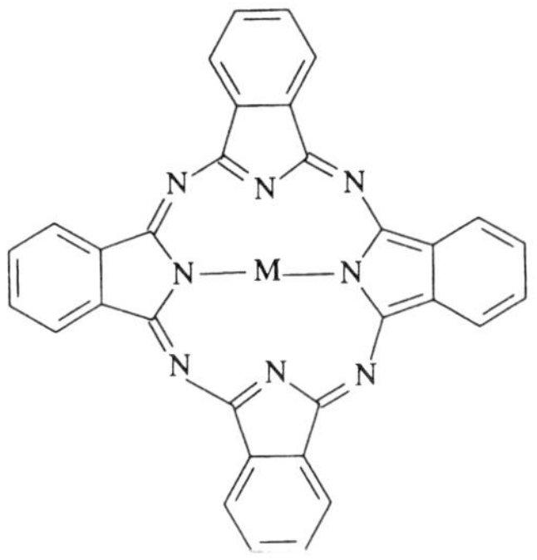

第2章　電子写真用感光体

M－H₂, Cu, Mg, ClAl, TiO, InCl, VO, HOGa
図17　フタロシアニン顔料の例

　現在,半導体レーザーの波長域（800nm前後）で高感度を有していることから多く使われているチタニウムフタロシアニンについても,結晶型を制御する検討とともにその詳細な結晶解析,電荷発生メカニズムの解析が行われている[13]。これらから得られた,最近接2分子が特定の配列を取るためにはフタロシアニン分子は配位子がフタロシアニン平面から一方向にのみ突き出たシャトルコック型が有利であると言う分子設計指針を活かし,新規な顔料の開発が継続され,ヒドロキシガリウムフタロシアニン[14]などが開発され,実用化されている。

4.3.3　その他の顔料

　ペリレン顔料に代表される縮合多環系の有機顔料もOPC用材料として検討されている。ペリレンテトラカルボン酸のジイミド体,ビス-イミダゾール体,アントアントロン顔料,ピロロピロール顔料などを例示する（図18）。

4.4　電荷輸送材料

　電荷輸送材料としては,ホールキャリア輸送材料とエレクトロン輸送材料があり,またそれぞれに低分子化合物と高分子化合物が開発されている。実用上からは材料の特性,製造上の取り扱い等からホールキャリア輸送材料が多く使われている。

4.4.1　低分子型ホールキャリア輸送材料

　低分子型はOPCとして最も多く実用化されているが,使用する場合は,バインダー樹脂（ポリカーボネート樹脂,ポリアリレート樹脂等）との固溶体として層を形成する。キャリアの輸送特性に加え,輸送層の安定性も要求されるが,有機材料の多様性を最大限引き出し,ピラゾリン誘導体,ヒドラゾン誘導体,トリフェニルアミン誘導体,テトラフェニルベンジジン誘導体,ス

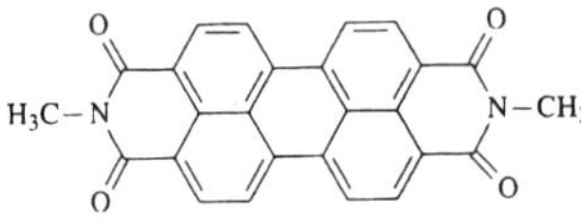

図18 その他の顔料

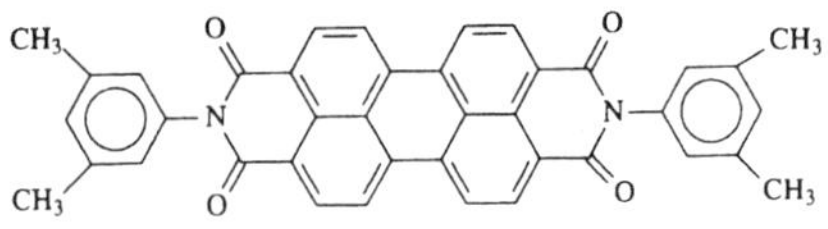

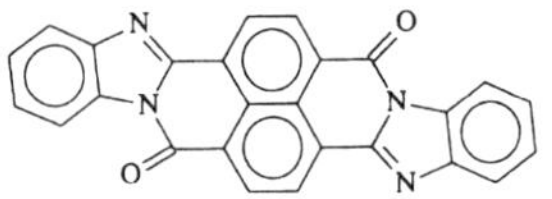

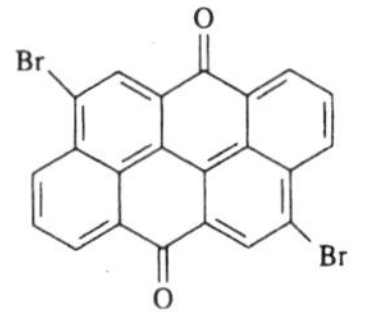

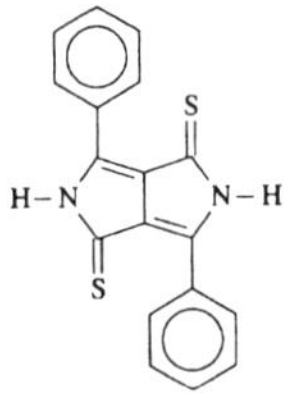

チルベン誘導体等が開発され，実用化されている（図19）。

ホールキャリア輸送特性の分子設計については，分子から分子へのカチオンラジカル状態の移動として捉えられ，電子供与性官能基として，N-フェニルラジカルの優れた化学構造が見出されている。これらについて横山らは「ドリフト移動度と多感応性」，「ドリフト移動度と分子内移動性」の分子設計を出した[15]。また分子内移動性の具体的概念として，中性並びにカチオンラジカルのFrontier軌道における電荷密度の偏りが小さいことが重要であるとしている[16]。

4.4.2 高分子型ホールキャリア輸送材料

前述のように，OPCとして最初に実用化されたPVKはこの高分子型の材料であり，PVKをモデルにした材料開発が当初は活発に行われた（図20）。

比較的最近になり，上記の低分子型ホールキャリア輸送材料の優れた電子写真特性を維持し，かつ輸送層の安定性，機械的強度の向上をめざした縮合型ポリマーが多く開発されている（図21）。またXerox社のグループは，ポリシリレンが非常に優れた材料であることを見出し，新たな分子設計指針を提示した（図22）。

4.4.3 電子輸送材料

電子輸送材料は電子受容性化合物であり，TNFを始めとし，ニトロ基，シアノ基，カルボニ

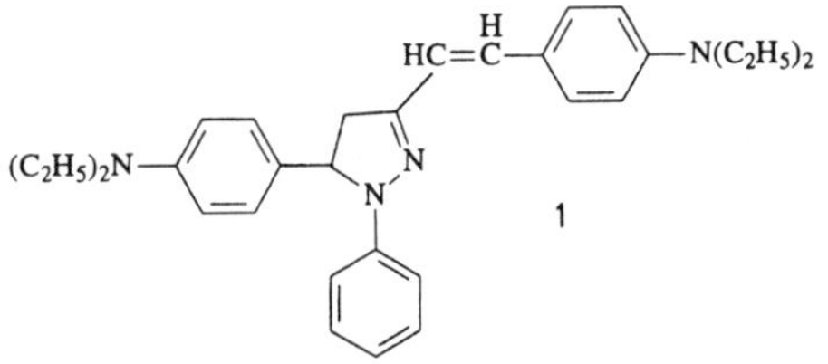

第 2 章　電子写真用感光体

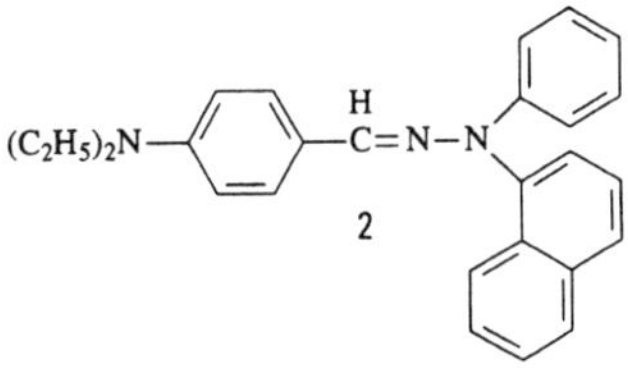

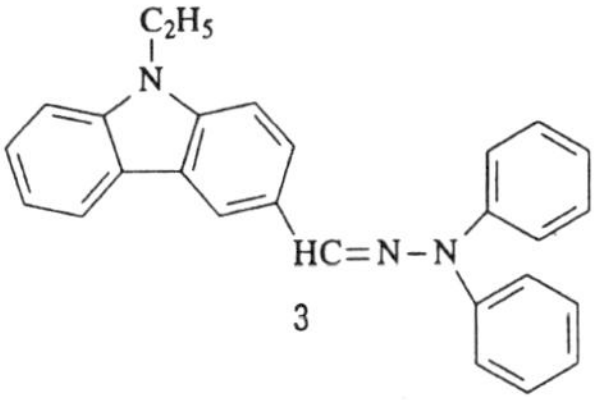

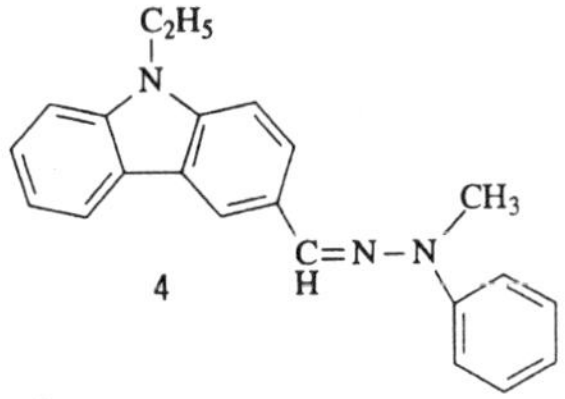

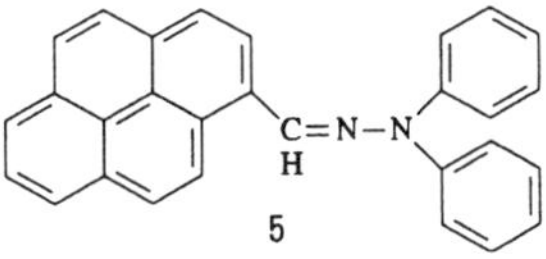

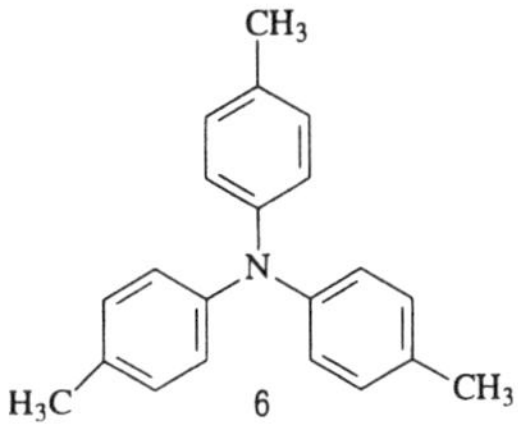

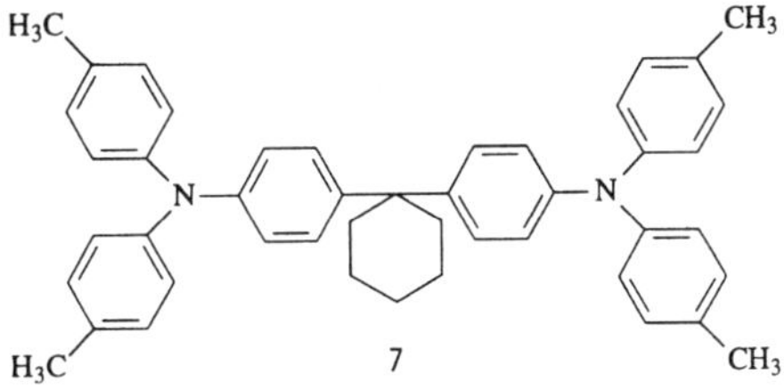

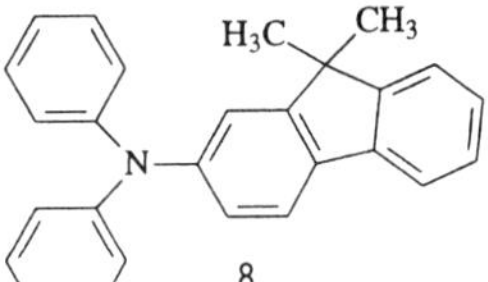

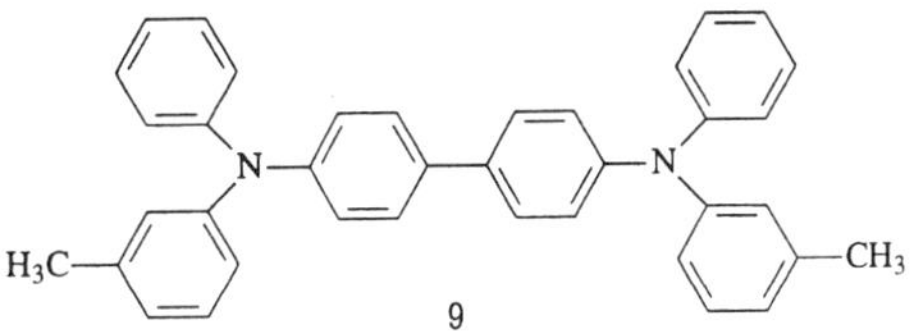

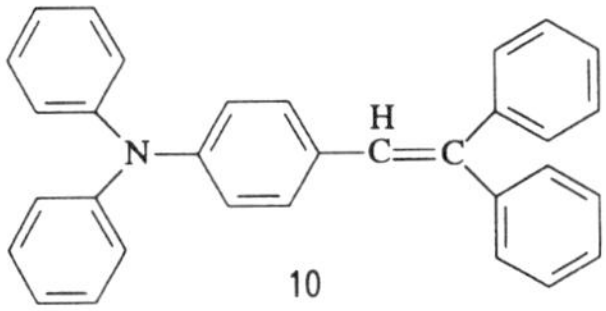

図 19　低分子型ホールキャリア輸送材料

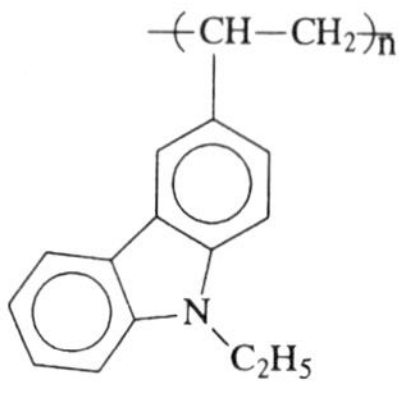

図20 PVKをモデルにした化合物

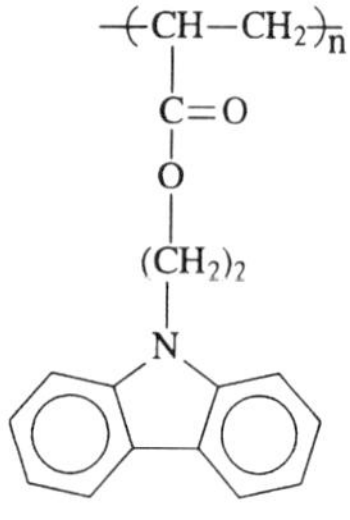

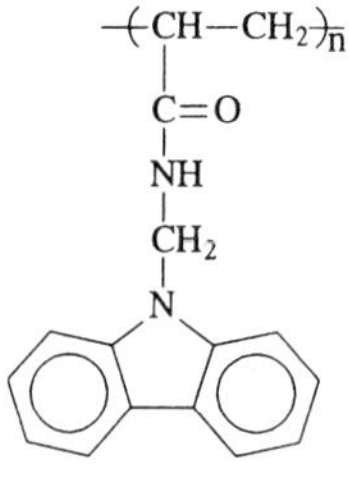

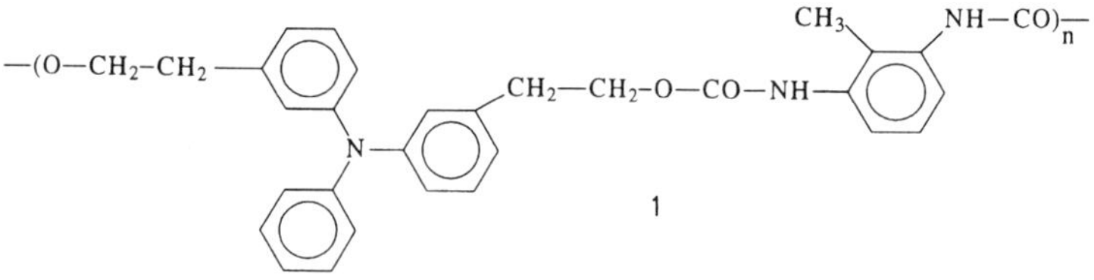

図21 縮合型ポリマー

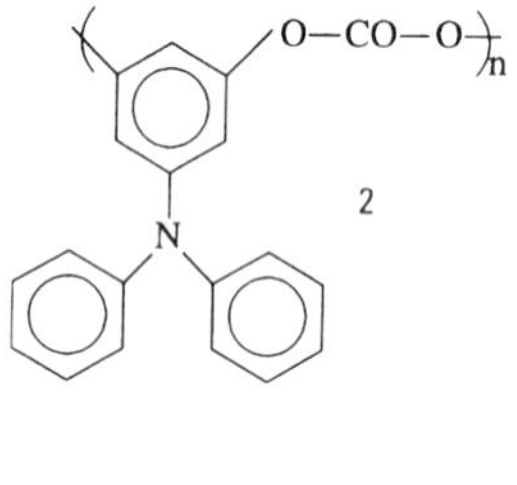

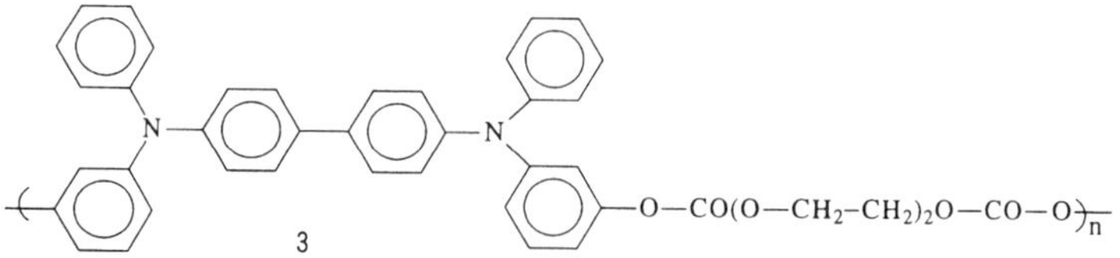

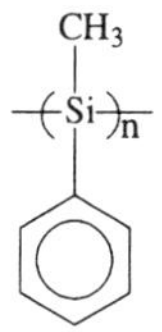

第2章　電子写真用感光体

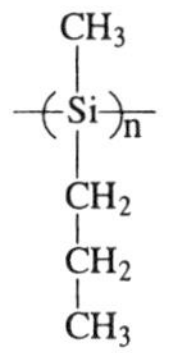

図22　ポリシリレン

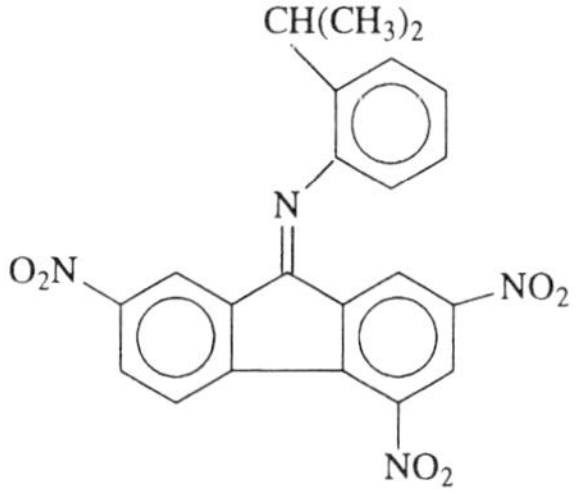

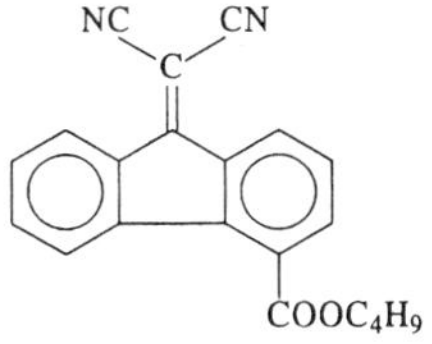

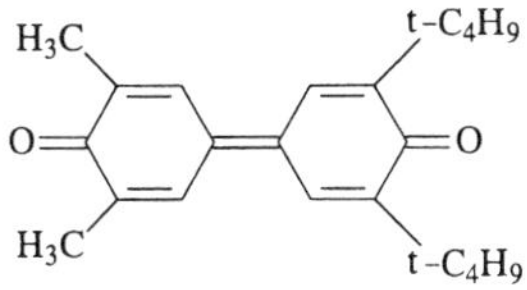

図23　電子輸送材料

ル基等の強い電子吸引性基を複数有する化学構造である。これらの化合物は一般にバインダー樹脂との相溶性が低い場合が多いこと，また構造によっては可視域からLD波長域に吸収を有すること，毒性を有することがあり，主成分として実用化されるには今後の研究開発が必要である（図23）。

5　今後の展開

　電子写真法を用いた複写機が商品化され半世紀以上を経ているが，複写機，プリンターなどの重要なプロセスとしての位置付けは何ら変化していない。このプロセスに用いられるキー材料として，OPC用材料は高感度化，繰り返しに対する安定性，耐久性向上などを，さらに1桁以上向上することが望まれている。電荷発生材料は結晶型により種々の特性が異なるが，分子間相互作用の制御については，合成面からはマイクロケミストリーによる反応場の利用技術，自己組織化材料の分子設計技術などにより，今後大きく進歩すると考えられる領域であり，現在の特性を大きく凌駕する材料が開発される可能性が大きい。

また，電荷発生と電荷輸送の機能分離の設計により電子写真感光体は大きく進歩したが，さらに進んだ機能分離の分子設計等により，新たな市場の要求に対し満足される感光体を提供していくことが期待される。

文　献

1) C. F. Carlson, USP2221776 (1940)
2) 松下電器産業, 特許公報45-4160 (1970)
3) E. Kodak Co., USP3591374 (1971)
4) IBM, USP3484237 (1969)
5) Champ. R. B., Shattuck. M. D., USP3898084 (1975)
6) 橋本充, 電子写真学会誌, 25, 230 (1986)
7) 太田正文, Ricoh Technical Report, No.8, 14 (1982)
8) O. Murakami, T. Uenaka, S. Otuka, S. Aramaki, T. Murayama, Proceeding of IS & T's 7th International Congress on Advances in Non-Impact Printing Technologies, 318 (1991)
9) T. Niimi, M. Umeda, *J. Appl. Phys.*, 76, 1269 (1994); 梅田実, 新美達也, 電子写真学会誌, 35, 110 (1996)
10) T. Shimada, T. Niimi, *Japan Hardcopy*, 2000, 237 (2000)
11) 田村信一, 色材, 58, 528 (1985); 大倉研, 色材, 69, 687 (1996)
12) 熊野勇夫, 電子写真学会誌, 22, 111 (1984)
13) 織田康弘, 本間知美, 藤巻義英, 電子写真学会誌, 29, 250 (1990); A. Watanabe, A. Itami, A. Kinoshita, Y. Fujimaki, IS & T's 9th Congress in NIP. Paper Summaries
14) 大門克巳, 額田克巳, 坂口泰生, 五十嵐良作, Fuji Xerox Technical Report, 12 (1998) (ホームページより)
15) 高橋隆一, 艸林成和, 横山正明, 電子写真学会誌, 25, 16 (1986)
16) 田中聡明, 山口康浩, 横山正明, 電子写真学会誌, 29, 366 (1990)

第3章　有機LED

安達千波矢[*1], 合志憲一[*2], 河村祐一郎[*3]

1　はじめに

　最近，有機発光ダイオード（OLED : Organic light emitting diode）が市場において我々の目に留まる機会が増えてきた。1997年の車載用オーディオに始まり，最近では自発光での視認性の良さから携帯電話のサブディスプレイやデジタルカメラなどのモバイル機器分野の小型ディスプレイとして採用されたことにより，有機LEDがようやく実用化への扉を開いた。今後，最終的には壁掛けTV実現に向けた大型化・長寿命化が目標として掲げられるなか，さらなる高効率化・省エネルギー化が求められるが，実際には現行の素子の効率は使用されている発光材料により大きく制限を受けている。

　これまで励起一重項からの発光（蛍光）を用いる限り電子とホールの再結合により生成される励起子はスピン統計則により，一重項励起子の生成効率は25%を超えず，これがOLEDの効率の限界であると考えられてきた。しかしながら，プラチナ，イリジウムといった重金属錯体系のリン光材料の登場により，効率の理論限界は100%に到達することが実証された[1~4]。その一方でリン光材料を従来の素子構造に適用するのみでは最高の性能を引き出すことはできず，実際にはリン光材料に合わせて他の材料やデバイス構造を再度最適化する必要が生じてきている[5]。本章では，最近有機LEDの中心的研究課題であるリン光デバイスに使用される材料，およびその動作機構について，また究極の光源への応用としての白色化の手法，今後のリン光素子の課題・展望について述べる。

2　OLEDの発光効率

　図1にOLEDの発光量子効率（η_{ext}）の全体像を示す。η_{ext}は，①再結合サイトに達する電子とホールの注入・輸送比率（γ），②電子とホールの再結合による励起子生成効率（η_r），③励起

---

*1　Chihaya Adachi　千歳科学技術大学　物質光科学科　助教授；科学技術振興機構
*2　Ken-ichi Goushi　千歳科学技術大学　物質光科学科；科学技術振興機構
*3　Yuichiro Kawamura　科学技術振興機構

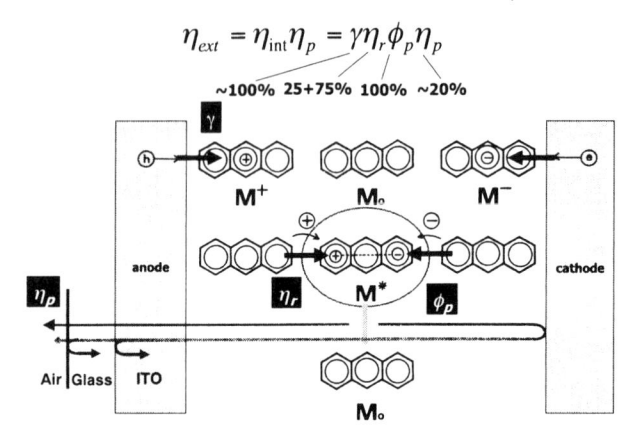

$$\eta_{ext} = \eta_{int}\eta_p = \gamma\eta_r\phi_p\eta_p$$

~100% 25+75% 100% ~20%

図1 有機 LED の発光過程と発光効率

γ : charge carrier balance factor (ratio of e/h), η_r : efficiency of exciton production, ϕ_p : internal quantum efficiency of luminescence, η_p : light out-coupling efficiency

状態からの内部発光量子収率（ϕ_p），④光取り出し効率（η_p）の4つの積からなる。OLED の発光効率を最大にするためには，4つの因子をそれぞれ100%に近づける必要がある。ここで，γ は無機半導体における p/n 接合に類似な p 型層と n 型層の積層構造の形成と，陽極および陰極から有機層への電子とホールのバランスの取れた注入と輸送により実現が可能である。また，ϕ_p は内部発光量子収率の高い材料を用いることにより100%に近い値を得ることができ，これは分子設計により比較的簡単に実現できる。

OLED の量子効率向上における第一の難関は励起子生成効率（η_r）の向上である。電子とホールが再結合する際に，分子内外からの大幅な摂動がない限り，スピン統計則に則り一重項励起状態と三重項励起状態が1：3の割合で形成される。そのため，通常，蛍光材料を用いる限り，η_r は25%の低い値に留まってしまう。しかしながら，リン光材料を用いることができれば，原理的には75%の η_r を得ることが可能になる。さらに，一重項励起子から三重項励起子への変換効率が100%であれば100%の η_r を得ることも可能になる。また，もう1つの難関は屈折率の高い媒体から光を取り出す場合に必ず問題となる素子からの光取り出し効率である。通常のガラス基板上にデバイスを形成した場合，基板であるガラスと ITO 電極との間，ガラスと空気との間の屈折率差によって η_p は〜20%の値に留まり，これが OLED の効率を著しく低下させる要因の1つである。よって，一重項励起状態を利用する蛍光材料を発光分子として用いる限りは，

$$(\eta_{ext}) = (\gamma=100\%) \times (\eta_r=25\%) \times (\phi_p=100\%) \times (\eta_p=20\%) = 5\% \tag{1}$$

第3章 有機LED

と見積もることができ,最大$\eta_{ext}=5\%$に留まる。しかしながら,三重項励起子を発光遷移として利用することができれば,原理的には3倍以上,もしくは系間交差(ISC:Intersystem crossing)の確率が100%であれば,蛍光材料を用いたデバイスよりも最大4倍高い発光効率を得ることが可能となる。

3 リン光材料 I (重原子含有型有機金属化合物)

リン光材料を用いれば高い発光効率が得られることはすでに1990年代の当初に知られていた。ケトクマリン[6],ベンゾフェノン[7]などのカルボニル化合物からのn-π*遷移や,分子内エネルギー移動を経た希土類錯体のf-f遷移由来の発光[8,9]を利用する試みがなされてきたが,室温下での強い発光が観測されないことや,msオーダーの長い発光寿命による励起子-励起子相互作用による失活過程の増大などの影響により,$\eta_{ext}=5\%$を越える高効率素子の構築には至っていない。通常,外部量子効率は1%以下の非常に低い値に留まっていた[6~9]。

現在,OLED用のリン光材料として注目されているのはIr(ppy)$_3$やPtOEPに代表されるイリジウムやプラチナなどの重金属イオンを含有する金属錯体系材料である[10](図2)。電子輸送／発光材料として知られるAlq$_3$も金属錯体に属するが,その発光は有機配位子内のπ-π*遷移に基づく発光(蛍光)であり,先述のスピン統計則上の制限から内部量子効率の上限は25%に留まる。一方,Ir(ppy)$_3$の発光は金属-配位子間の遷移(MLCT:Metal to Ligand Charge Transfer)に帰属され,かつ中心イオンの重原子効果によるISCの促進により,室温下においても高効率のリン光が観測される[11]。同時に発光寿命もμsとリン光としては短い値を示し,イリジウムの重原子効果による強い摂動が遷移の許容化に影響していることを表している。

ここで,緑色リン光材料Ir(ppy)$_3$および赤色リン光材料Btp$_2$Ir(acac)の発光メカニズムを検討するためにPL過程の温度依存性の実験結果を示す[12,13]。実験はIr(ppy)$_3$およびBtp$_2$Ir(acac)を2,6,10wt%ドープした4,4'-N,N'-dicarbazole-biphenyl[CBP]膜において,温度を300Kから5Kまで変化させ,ストリークカメラを用いて発光強度と発光寿命を測定した。Ir(ppy)$_3$およびBtp$_2$Ir(acac)の発光寿命・PL強度の温度依存性および分子構造を図3と図4に示す。積分されたPL強度は温度依存性を全く示さないのに対して,50K以下において発光寿命が急激に長くなる特異な挙動が観測された。一般に非放射失活過程がある場合,発光寿命およびPL強度共に温度依存性を示すことが知られている。この場合,低温になるに従い非放射失活が抑制され発光寿命が長くなったとするならば,発光強度も50K以下において急激に増強するはずである。しかしながら実験結果のPL強度にはそのような依存性が見られない。このことは,Ir(ppy)$_3$の発光寿命の上昇は非放射失活の抑制によるものではないと結論される。また,発光強度が温度依

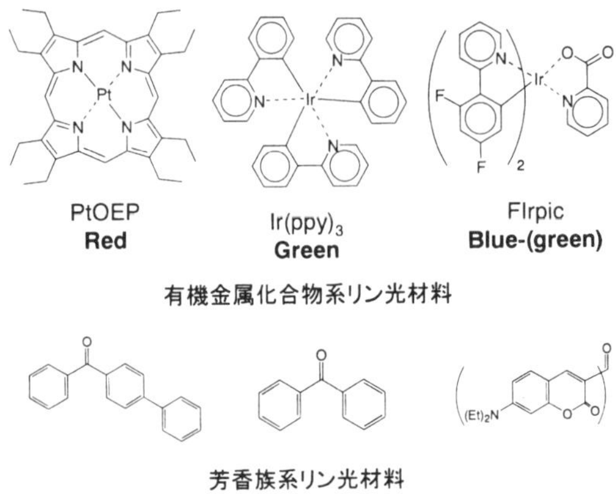
PtOEP
Red
Ir(ppy)$_3$
Green
FIrpic
Blue-(green)
有機金属化合物系リン光材料
芳香族系リン光材料

(a)

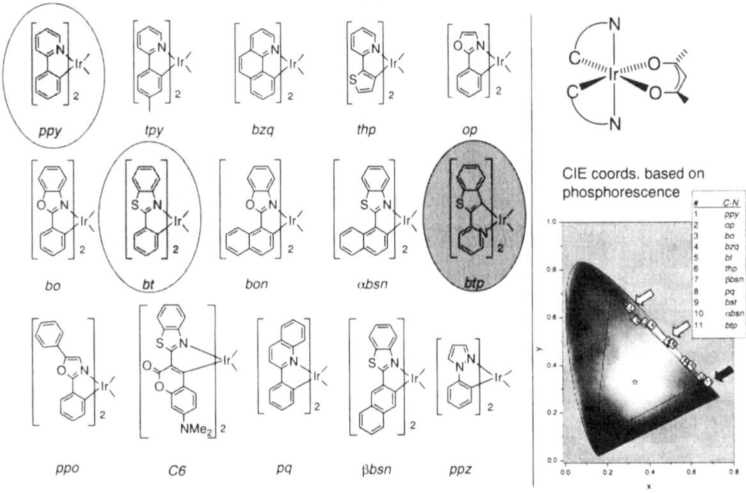
ppy
tpy
bzq
thp
op
bo
bt
bon
αbsn
btp
ppo
C6
pq
βbsn
ppz
CIE coords. based on phosphorescence
C·N
1 ppy
2 op
3 bo
4 bzq
5 bt
6 thp
7 βbsn
8 pq
9 bst
10 αbsn
11 btp

(b)

図2　有機リン光材料(a)とイリジウム系有機リン光材料(b)

存性を示さないことから，Ir(ppy)$_3$およびBtp$_2$Ir(acac)は非放射失活速度が非常に遅いと結論できる。よって，Ir(ppy)$_3$およびBtp$_2$Ir(acac)において，直接励起子が形成されれば原理的には内部量子効率100%のデバイスを作製できる可能性が示唆される。また，積分球による測定結果からもほぼ100%のPL量子効率が確認されている[14]。

リン光材料の多色化も重要な研究課題である。フェニルピリジル骨格を中心に有機配位子のπ

第3章　有機LED

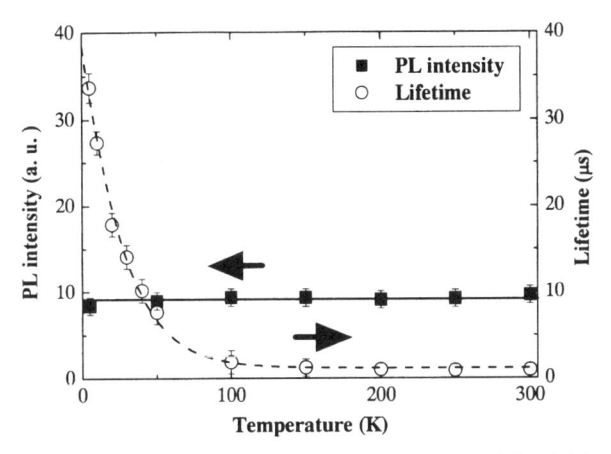

図3　6wt%-Ir(ppy)$_3$：CBP膜中におけるIr(ppy)$_3$のPL強度と発光寿命の温度依存性

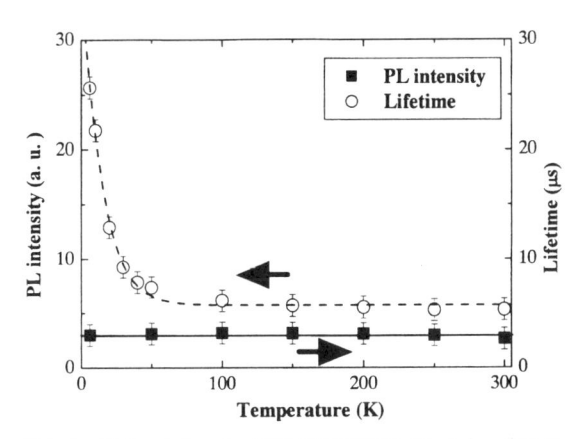

図4　6wt%-Btp$_2$Ir(acac)：CBP膜中におけるBtp$_2$Ir(acac)のPL強度と発光寿命の温度依存性

共役系を変化させることで従来の緑色発光から黄-橙-赤色に発光するイリジウム錯体が精力的に開発され[10]，各色10%前後の外部量子収率，色純度もNTSC値に近いものが得られている（図5）。一方，青色に関しても，フッ素を置換基として導入し，さらに第二配位子としてアセチルアセトンよりも共役系の小さいピコリン酸を用いたFIrpicにおいて470nmの青色リン光[3]が得られている（図5）。

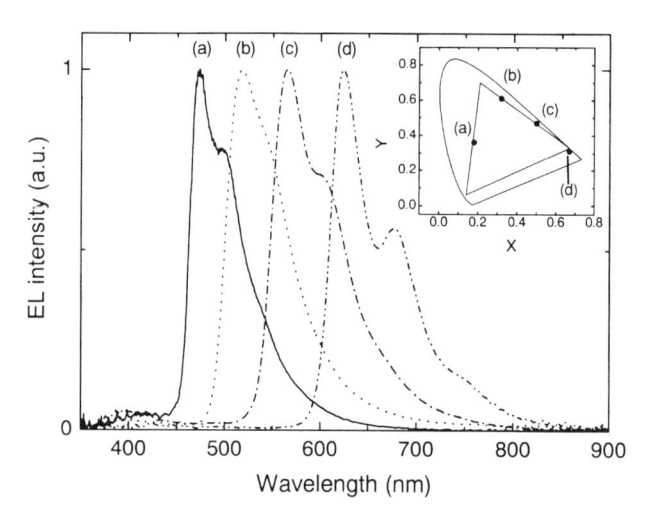

図5 リン光OLEDの発光スペクトル
(a)FIrpic, (b)Ir(ppy)$_3$, (c)Bt$_2$Ir(acac), (d)Btp$_2$Ir(acac)

4 リン光材料II（希土類含有型有機金属錯体）

希土類錯体であるEu(DBM)$_3$phenはIr錯体とは異なる発光メカニズムを持つ。図6にEu(DBM)$_3$phenのエネルギー状態図を示す。Eu錯体の場合，生成された一重項励起状態は項間交差を経て100%三重項励起状態へ変換され，さらに三重項準位の励起エネルギーが中心のEu^{3+}の$^5D_1$準位へDexter型のエネルギー移動を起こし，$^5D_0$への内部緩和後，主に$^5D_0 \rightarrow {}^7F_2$遷移により発光が生じる[9]。従って，原理的には三重項励起子が多量に生成されるELプロセスにおいて高効率な発光が期待できることになる。しかしながら，Eu錯体を発光層に用いたOLEDにおいて2つの大きな問題点が指摘できる。第一に低電流領域において外部量子効率が1%程度の低い値に留まっている点である。第二点は，高電流域において量子効率が著しく減少する点がある。後者は三重項励起子間による消光作用Triplet-Triplet annihilationに基づく励起子消光過程であると考えられ，T-T消滅の理論式とも良好な一致がみられる[9]。

ここで，低電流域において量子効率が1.4%程度に留まっている要因を明確にするためにEu(DBM)$_3$phenをドープしたCBP膜のエネルギー散逸機構について述べる[15]。

Eu(DBM)$_3$phenを1，2，3，5，10wt%ドープしたCBP膜について，温度を300Kから5Kに変化させストリークカメラを用いてPL過渡スペクトルを測定し，Eu^{5+}の$^5D_0$から$^7F_2$への遷移に基づくPL減衰曲線の解析を行った。Eu^{3+}の$^5D_0$から$^7F_2$への遷移に基づく発光寿命および

第3章 有機LED

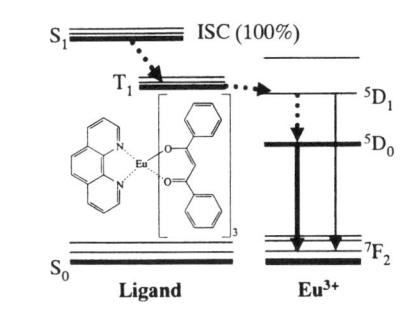

図6 Eu(DBM)$_3$phen のエネルギー失活機構
← radiative transition, ←···internal conversion

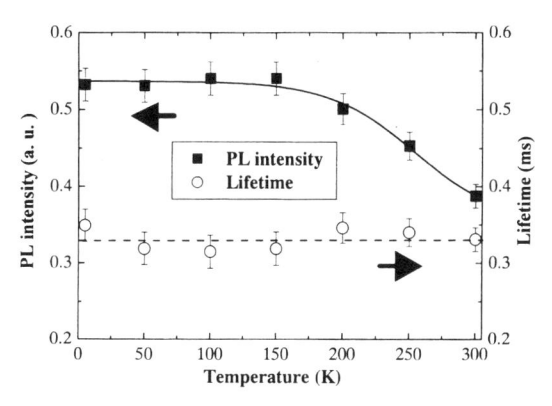

図7 2wt%-Eu(DBM)$_3$phen：CBP 膜における Eu(DBM)$_3$phen の PL 強度と発光寿命の温度依存性

PL強度の温度依存性を図7に示す。Eu錯体も非常に特異な温度依存性を示し，発光寿命は温度依存性を示さず，またPL強度は低温になるに従い増強する挙動が観測された。また，polymethyl methacrylate[PMMA]中に5wt%Eu錯体をドープしてEu^{3+}の$^5D_0$から$^7F_2$への遷移に基づく発光寿命およびPL強度の温度依存性を測定したところ温度依存性を示さないことがわかった（図8）。PMMAは光学的に不活性媒体であり，Eu(DBM)$_3$phenとの間でエネルギー移動を生じない。このことより，Eu(DBM)$_3$phen の配位子および Eu^{3+} の非放射失活は非常に小さいことが結論できる。さらに，CBP 中に Eu(DBM)$_3$phen をドープした場合，発光寿命は温度依存性を示さないのに対し，PL強度は低温になるに従い増強する挙動が観測された。

この原因について，CBP：Eu(DBM)$_3$phen 膜における分子内エネルギー失活過程から考察する。Eu^{3+}からCBPの三重項準位へのエネルギー移動は，Eu^{3+}のエネルギー準位がCBPの三重

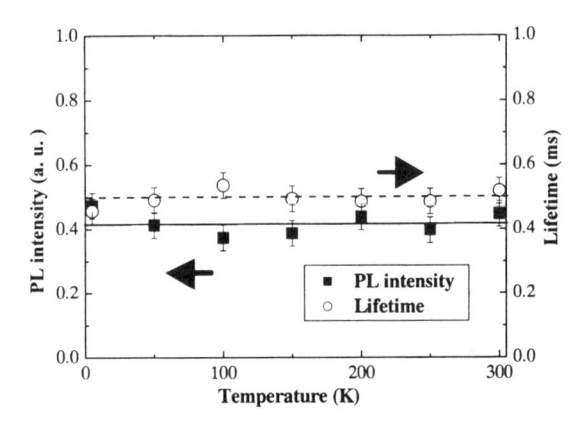

図8 2wt%-Eu(DBM)$_3$phen：PMMA膜におけるEu(DBM)$_3$phenのPL強度と発光寿命の温度依存性

項準位よりも低いことから生じないと言える。一方，Eu(DBM)$_3$phenの配位子の三重項準位からCBPの三重項準位へのエネルギー移動はエネルギーレベルが拮抗しているために十分考えられる。ここで，CBPの三重項準位の方が配位子の三重項準位より高いため，低温になるに従い熱エネルギーによりCBPとのエネルギーギャップを乗り越えられずエネルギー移動速度が減少すると考えられる。その結果，低温になるに従いEu^{3+}の強度が増強されると考える。以上の結果から，Eu錯体においてEL効率が～1％程度に留まっている原因は，配位子の三重項エネルギーがホストであるCBPの三重項エネルギーレベルに拡散して，失活している可能性が高い。希土類錯体は本質的に高い内部発光量子収率を有していることから，エネルギーギャップの広い（三重項エネルギーの高い）ホスト材料の探索により，さらなる高効率化の可能性が期待される。ただし，励起寿命が長いことによる三重項励起子-励起子相互作用は依然として大きな課題として残っており，今後さらなる励起子メカニズム解明が必要である。

5　ホスト材料およびデバイス構造の最適化

前節で述べたとおり，Ir系リン光材料を用いることで電流励起により生成する励起子をすべて発光に関与できることから，励起子生成効率η_rは～100％に達する。高効率発光を実現するためには，リン光デバイスにおいても，基本的な構造設計は蛍光材料を用いた場合と同じであるが，実際には高効率発光を得るために，リン光材料に合わせたキャリヤー輸送層・ホスト材料およびデバイス構造の最適化を行う必要がある。固体薄膜状態で効率のよいリン光を得るためには，蛍

第3章 有機LED

光材料同様，ホスト材料中へのドーピングが有効であるが，ここでホストの選択において，耐久性，キャリア輸送性など基本的な物性に加え，ゲストである Ir(ppy)$_3$ よりも大きな励起三重項エネルギーを有することがエネルギー閉じ込めの観点から必須である。すなわち，ゲスト上で生成した三重項励起子のエネルギーが周囲の分子の励起三重項状態へとエネルギー移動し，無輻射的に散逸してしまうことを防ぐ必要がある。

この発光層内部へのエネルギー閉じ込めのためには，ホスト材料のみならず，ホールおよび電子輸送層の三重項エネルギーレベルも重要なパラメーターとなる。ホール輸送層である TPD および電子輸送層である BCP は何れも 500nm よりも短波長にリン光発光を有することから，520 nm の Ir(ppy)$_3$ の三重項励起子閉じ込めには問題がないと考えられるが，α-NPD や Alq$_3$ の三重項レベルは 600nm 近傍であり，励起子閉じ込めには不十分である。このことは，特にリン光による青色発光を得る際に重要となってくる。

ここで青色リン光材料を例としたホスト・ゲスト分子の設計指針について述べる[16]。代表的な青色リン光材料である FIrpic をドープした CBP を発光層に持つ OLED は外部量子効率が 6% に留まっている。その原因の1つとして，CBP の基底状態と三重項準位のエネルギーギャップが 2.56eV に対し FIrpic の基底状態と三重項準位のエネルギーギャップが 2.62eV と，CBP のエネルギーレベルの方が僅かに低いことによる三重項エネルギーの不十分な閉じ込めが挙げられる[3]。

FIrpic の発光寿命と PL 強度の温度依存性を図9，10 に示す。ここで，発光寿命が2成分存在

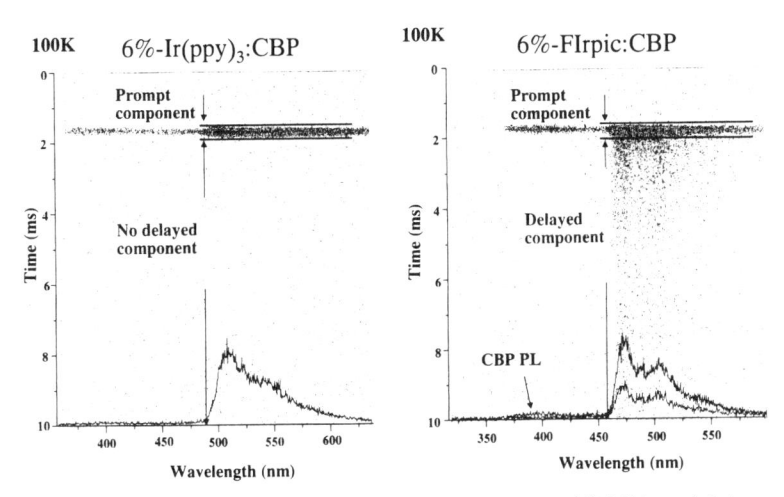

図9 6%-Ir(ppy)$_3$：CBP および 6%-FIrpic：CBP 膜のストリーク像と発光スペクトル
FIrpic では，遅延成分が観測される。

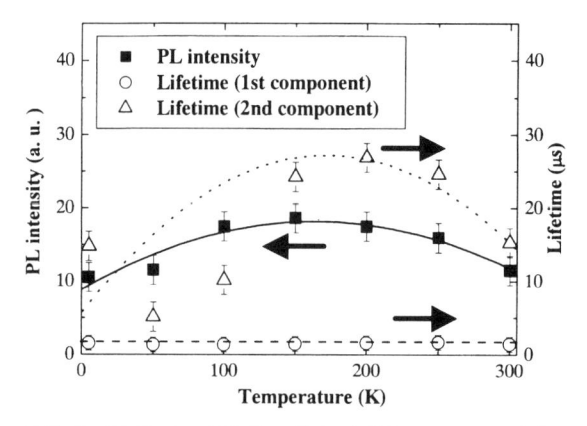

図10 6wt%-FIrpic：CBP films 膜中におけるFIrpic の PL 強度と発光寿命の温度依存性

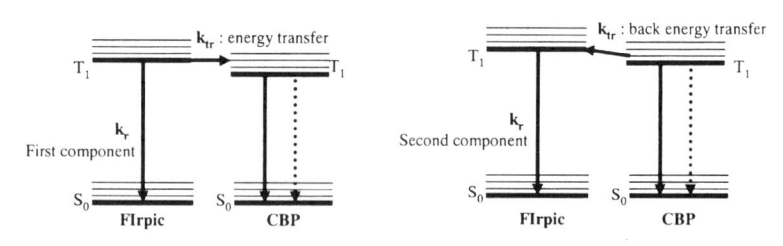

図11 6wt%-FIrpic：CBP films 膜中におけるFIrpic の PL 強度と発光寿命の温度依存性
← radiative transition，←⋯ non radiative transition

するのは，FIrpicの発光メカニズムが2種類存在することを意味する。第1成分は光励起されたCBPの一重項準位からFIrpicの一重項準位へエネルギー移動し，Irの重原子効果により一重項状態から三重項状態へと100%項間交差し，そして発光する(図11(a))。また，この際CBPの三重項準位へ一部のエネルギーがエネルギー移動すると考えられる。そしてCBPの三重項準位からFIrpicの三重項準位へ再びエネルギー移動（back energy transfer）しFIrpicが発光する(図11(b))。この場合，CBPの三重項準位を経由してFIrpicへ励起エネルギーが移動するため第一成分より寿命が長くなると考えられる。よって，FIrpicの三重項準位からCBPの三重項準位へエネルギー移動がある場合，CBPは室温において三重項励起状態の非放射遷移が大きいことからCBPの三重項励起エネルギーは主にCBPで非放射遷移するため，結果としてFIrpicの発光強度は弱くなると考えられる。一方，室温から150K程度の温度領域では，CBPの非放射遷移が抑制

第3章 有機LED

されなおかつ，CBPとFIrpic間のエネルギーギャップを乗り越えられるだけの熱エネルギーがあるため遅れて発光する成分が強く観測されると考えられる。さらに，150K以下になると，さらにCBPの非放射遷移が抑制されるが，FIrpicとのエネルギーギャップを乗り越えられないために再び発光強度が弱くなると考える。このようなPL強度の特異な温度依存性からFIrpic：CBP膜においてFIrpicの三重項エネルギーの閉じ込めが不十分であると言える。よって，ホスト材料によるFIrpicの励起子の閉じ込めが不十分なために発光効率が低い値に留まっていると考えられる。また，ここで注意しなければならないのは，再結合サイトが電子もしくはホール輸送層と発光層の界面近傍で形成されている場合，電子もしくはホール輸送層の三重項準位も考慮しなくてはならないことである。高い三重項準位のホール輸送層材料および電子輸送層材料の開発が高効率化のためには必要となる。

また，使用するホストのキャリア輸送性も高効率化にとって重要なパラメーターである。ホール輸送性ホスト（TPD），電子輸送性ホスト（TAZ, OXD, BCP），bipolar輸送性ホスト（CBP）へリン光材料をドーピングしたOLED特性から，電子輸送性もしくはbipolar輸送性ホストにドーピングを行った場合，高い発光効率が得られることがわかった[2]。このことは，ドープされたリン光分子自体がホール輸送性を有することを示唆している。

OLEDにおける励起子生成機構は，①ホストで励起子が生成されゲスト分子にエネルギー移動する過程と，②ゲスト分子でダイレクトにキャリヤ再結合・励起子生成が生じる場合の2つに大別することができる。ゲストであるリン光材料濃度を変化させた場合，ELスペクトルはゲスト分子の濃度に依存して大きく変化する。通常，①の機構が働いている場合，濃度の減少と共に，ホスト材料の発光が見られるが，リン光デバイスの場合，ホール輸送材料層（HTL）の発光が強くなっていく様子が見られ，このことは，ゲスト分子の濃度が高い場合は，HTLからゲスト分子

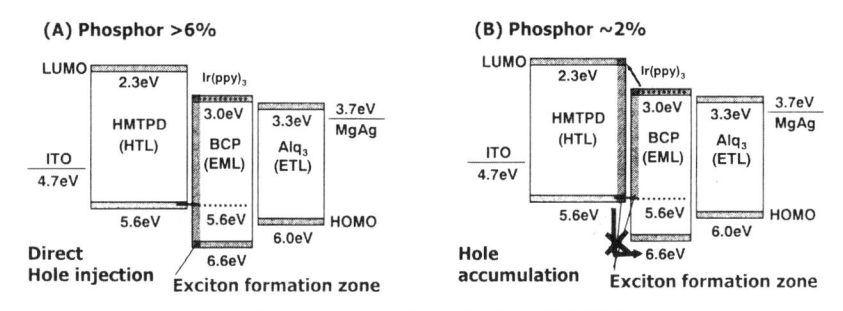

図12 リン光OLEDのキャリヤー注入・再結合過程
(A)ゲスト分子の濃度が高い場合，Ir(ppy)$_3$へダイレクトにホールが注入される。
(B)ゲスト分子の濃度が低い場合場合，Ir(ppy)$_3$へのホール注入が十分に行われずHMTPDで一部キャリヤ再結合が生じる。

図13 リン光OLEDの発光特性

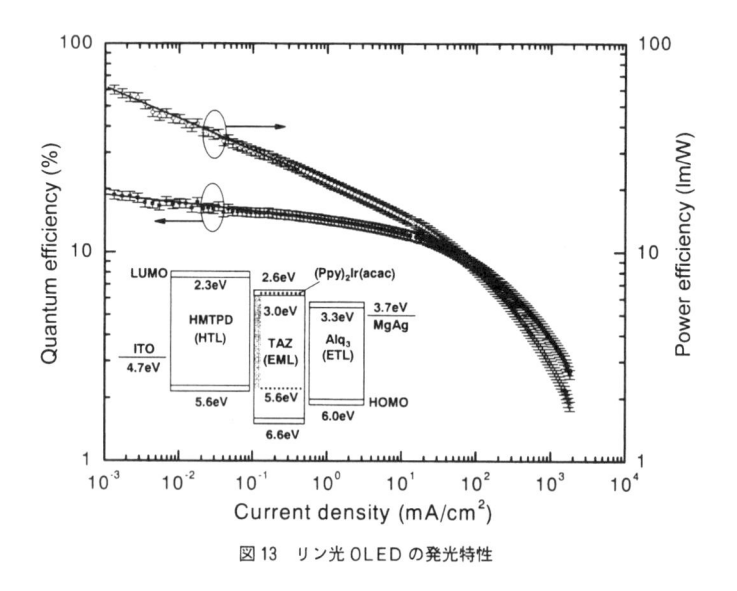

のHOMOレベルにホール注入がダイレクトに生じ,主にホストによって運ばれてきた電子と再結合すると考えられる[17]（図12）。一方,ゲスト濃度が低い場合では,HTL/発光層界面においてゲスト分子へのホール注入サイトが減少するために,ホールがゲスト分子のHOMOレベルに注入できず,逆に電子注入がHTL内部へ生じてしまい,HTL内でも励起子生成が生じてしまうことを意味している。CBPをホストとしたデバイス構造においても同様な発光スペクトルのゲスト分子濃度依存性が見られ,Directな電荷再結合過程と励起子生成がリン光デバイスの特徴的な励起子生成過程である。

これらを考慮し,以下のような構造のデバイスを構築した。ITOを陽極に,ホール輸送層として HMTPD,発光層としてppy$_2$Ir(acac)(12wt%):TAZ共蒸着膜,電子輸送層としてAlqを用い,陰極にMgAg合金を用いたデバイスから,低電流密度域において$\eta_{ext}=19\%$に達する高い量子効率が得られた（図13）[17]。このデバイスの光取り出し効率は$\eta_p=22\%$と見積もられ,先述のように内部量子効率が~100%であることより,電子とホールの注入比率（γ）が87%であると結論付けることが可能である。

6 全リン光性白色デバイス

白色OLEDの開発は,ディスプレイ分野のみならず新しい照明光源としての応用につながる

第3章 有機 LED

重要な研究課題である。リン光材料を使用することにより，緑色で η_{ext}=19%, 60 lm/W 以上の効率が得られることが確認されたことで，照明としての全リン光性白色素子の実現に大きな期待がかかっている。

互いに補色となる 2 成分の発光を調整することで CIE 色度座標上（0.33, 0.33）の白色を得ることが可能であることから，これまでに青色成分に FIrpic および赤色成分に $Btp_2Ir(acac)$ を用いた積層素子で η_{ext}=3.8%, さらに演色性を高める目的で黄色成分として $Bt_2Ir(acac)$ を加えた 3 成分系で η_{ext}=5.2% が報告されている[18]。同様に高分子である PVK 中に 3 成分を分散させた素子においても η_{ext}=2.1% が得られている[18]。高分子への分散系の利点としては溶液プロセス・ドープ濃度の制御があげられるが，ここで PVK へのドープ比率の最適値は青：黄：赤=10：0.25：0.25 と低エネルギーゲストを微量加えるだけで大幅な色度の変化が観測される。このことからリン光ゲスト間での青→黄→赤のエネルギー移動の存在が示唆され，色度の制御にはエネルギー移動を考慮した精密なドープ量の設計が必要であることがわかる。

白色 OLED で特に問題となるのは，多くの場合，発光色が電流密度により変化してしまうことである。リン光デバイスの場合でも図 14 のように電流密度の上昇とともに黄色・赤色のピークの減衰が見られ，発光色は青味を帯びてくる[14]。これは各発光成分の発光寿命が異なるために，現在高電流密度下での失活要因と考えられている T–T annihilation の影響が，長寿命な黄・赤の成分でより顕著であるためであると考えられる。これに対し，バッファ層の挿入による再結合サイトの分配，あるいは同等の寿命を有する材料の開発が検討されている。

白色 OLED の効率は素子内の青色成分の効率に依存する。したがって先述のように高い三重

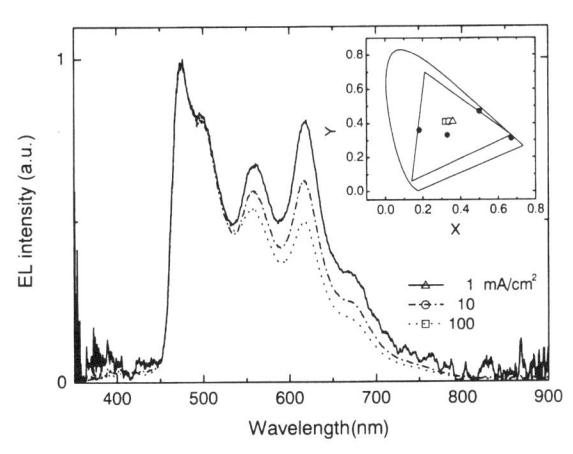

図14 白色リン光 OLED のスペクトル

項エネルギーを有するホスト材料による励起子の閉じ込めが重要であり，CBP 誘導体である CDBP をホストに用いたデバイスで η_{ext}=12％，10 lm/W の効率が報告されるなど[20]，全リン光性白色デバイスの高効率化が進められている。

7 おわりに

積層型の有機 LED が本格的に研究を開始してから 15 年が経過した。特に，リン光材料の登場は OLED の効率に革命的な向上をもたらした。新規材料が既存の系の限界を一変させてしまう好例と言える。今後は青色リン光材料，短波長ホスト材料，ホール・電子輸送材料の開発が引き続き重要な課題となる。有機合成の無限の可能性から，必ずやこれらの性能を満足する材料の開発を行っていきたい。材料本来の性能を引き出すためのデバイス化技術もまた counterpart として重要な技術であることに変わりなく，高効率化・高耐久性・色度安定性すべてを達成しうる技術の完成，さらに材料・デバイス双方の物理の理解が OLED の究極の光源へ道を開くものと期待する。

文　献

1) M. A. Baldo, D. F. O'Brien, Y. You, A. Shoustikov, S. Sibley, M. E. Thompson, S. R. Forrest, *Nature (London)*, **395**, 151 (1998)
2) C. Adachi, M. A. Baldo, S. R. Forrest, *Appl. Phys. Lett.*, **77**, 904 (2000)
3) C. Adachi, M. A. Baldo, S. R. Forrest, S. Lamansky, M. E. Thompson, R. C. Kwong, *Appl. Phys. Lett.*, **78**, 1622 (2001)
4) C. Adachi, Raymond C. Kwong, Peter Djurovich, Vadim Adamovich, Marc A. Baldo, Mark E. Thompson, Stephen R. Forrest, *Appl. Phys. Lett.*, **79**, 2082 (2001)
5) C. Adachi, R. C. Kwong, S. R. Forrest, *Organic Electronics*, **2**, 37 (2001)
6) M. Morikawa, C. Adachi, T. Tsutsui, S. Saito, 51st Fall Meeting, *Jpn. Soc. Appl. Phys.*, Paper 28a-PB-8 (1990)
7) S. Hoshino, H. Suzuki, *Appl. Phys. Lett.*, **69**, 224 (1996)
8) J. Kido, K. Nagai, Y. Okamoto, T. Skotheim, *Chem. Lett.*, 1267 (1991)
9) C. Adachi, M. A. Baldo, S. R. Forrest, *J. Appl. Phys.*, **87**, 8049 (2000)
10) S. Lamansky, P. Djurovich, D. Murphy, F. Abdel-Razzaq, C. Adachi, P. E. Burrows, S. R. Forrest, M. E. Thompson, *J. Am. Chem. Soc.*, **123**, 4303 (2001)
11) C. Adachi, M. E. Thompson, S. R. Forrest, *IEEE J. Selected Topics Quan. Elec.*, **8**, 372 (2002)

12) 合志憲一ほか，第50回応用物理学会関係連合講演会講演予稿集（2003年3月）
13) 合志憲一ほか，第63回応用物理学会学術講演会講演予稿集（2002年9月）
14) Y. Kawamura, C. Adachi (unpublished)
15) 合志憲一ほか，第49回応用物理学会関係連合講演会講演予稿集（2002年3月）
16) 白土雅裕ほか，第49回応用物理学会関係連合講演会講演予稿集（2002年3月）
17) C. Adachi, M. A. Baldo, S. R. Forrest, *J. Appl. Phys.*, **90**, 5048 (2001)
18) B. W. D'andrade, M. E. Thompson, S. R. Forrest, *Adv. Mater.*, **14**, 147 (2002)
19) Y. Kawamura, S. Yanagida, S. R. Forrest, *J. Appl. Phys.*, **92**, 87 (2002)
20) S. Tokito, T. Iijima, T. Tsuzuki, F. Sato, *Appl. Phys. Lett.*, **83**, 2459 (2003)

第4章　色素増感太陽電池
―ナノサイズ酸化チタン膜電極の電子伝導と電子寿命―

中出正悟[*1], 柳田祥三[*2]

1　はじめに

　太陽電池はクリーンなエネルギー源としてますます重要視されてきており，目的にあわせて数々の太陽電池が実用化されてきている。太陽電池は半導体のバンドギャップを利用し，光エネルギーを直接電気エネルギーに変換する。そのエネルギー変換効率は，バンドギャップと光の吸収係数によって大きく決まり，Si，GaAs，CdTe，CIGSなどの半導体をベースに研究開発，実用化がなされてきた。これらの太陽電池は10%から30%以上の高い変換効率を達成しており，長期安定性も良い。しかしながら，特に製造過程でコストがかかり，普及への課題となっている。

　有機材料を使った太陽電池も平行して研究されてきており，いくつもの光-電気エネルギー変換が可能な機構が報告されてきた。しかし光の吸収係数が低いことなどによる変換効率の低さから，実用化を目指した開発までにはなかなか発展しなかった。その中で，1991年にスイス，ローザンヌ工科大学のGrätzel博士らが報告した色素増感太陽電池（DSC）は，約10%の変換効率を示している[1]。この効率はアモルファスSi太陽電池の効率に匹敵し，現在実用化に向けた開発が進んでいる。この太陽電池では，可視光に対して透明である多孔質状の酸化チタン電極に色素を担持させることにより，可視光で吸収領域を持たせ，かつ実効吸収係数を上げることに成功している。この太陽電池の中での電子伝導を図1に示す。この系では色素中で光励起された電子が酸化チタンの伝導帯へ注入され，色素中のホールは，ポーラス電極を満たしている溶液中のレドックス対によって対極まで運ばれる。今までのところ，最も高い変換効率は，溶媒にI^-/I_3^-レドックス対と，カウンターカチオンとして，約0.1Mのリチウムイオンと約0.6Mのイミダゾリウムイオンを用いたものから得られている。DSCの中では，酸化チタン電極の電子伝導は主に拡散により，また溶媒中のヨウ化物イオン種は，拡散と電子ホッピングもしくは交換機構（Grotthus-type電子移動機構）により電子輸送されている。この高い変換効率は，ヨウ化物イオンの拡散の寄与に加えて，ナノサイズ多孔質膜中の電子拡散が吸着した電解質によって促進されること，そして酸化チタンに注入された電子の寿命が長いことに由来する。

---

*1　Shogo Nakade　ノキア・ジャパン㈱　ノキア・リサーチセンター　リサーチエンジニア
*2　Shozo Yanagida　大阪大学大学院　工学研究科　物質・生命工学専攻　教授

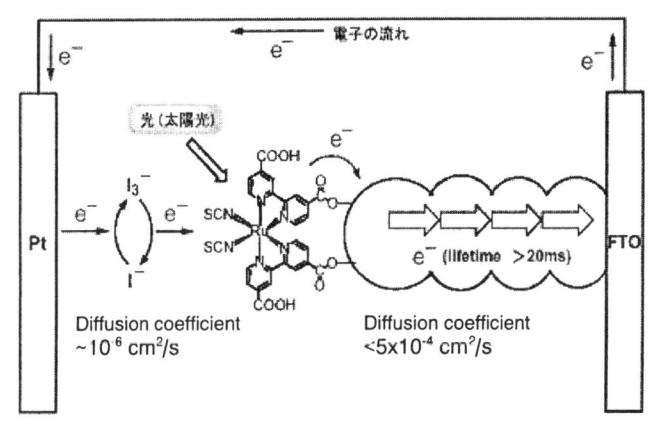

第4章 色素増感太陽電池

図1 色素増感太陽電池の動作機構

太陽電池の変換効率を決める上で，電子の拡散長は重要な要素の1つである。光励起された電子を外部回路へ取り出すためには，電子は励起された場所から集電電極材まで，電極中を移動しなければならない。その間にホールと再結合する確率が高ければ，変換効率は低下する。ここで，再結合するまでに移動することのできる距離である拡散長は，電子の拡散係数 D と再結合寿命 τ を使い $\sqrt{D\tau}$ と表すことができる。ナノ構造酸化チタン電極中の電子拡散長は，マイクロメーターオーダーであり，有機半導体のそれよりも極めて大きい。本章では色素増感太陽電池における，電子拡散係数と再結合寿命に焦点を絞り，それらを決定する要素について解説する。

2　電子伝導

有機溶媒を使うDSCの場合，I^- のカウンターチャージとして高濃度のカチオンが溶液中に存在する。この場合，電解質カチオンは吸着することで，酸化チタン電極中の電子を遮蔽する。ポーラス電極を構成する酸化チタンは直径が10～20nmのものが最適として使用されるが，このサイズは半導体電極と溶液の界面の電位差から生じる空乏層が電位勾配をつくるには小さすぎる。これらの考察から，電子伝導は拡散が支配していると考えられてきた[2,3]。よって，酸化チタン電極のコンダクションバンド中の電子の密度 $n(x,t)$ は，微分方程式にして，

$$\frac{\partial n(x,t)}{\partial t} = D\frac{\partial^2 n(x,t)}{\partial x^2} + G(x,t) - R(x,t) \tag{1}$$

と表すことができる[3]。ここで，D は電子拡散係数，G は光励起電子の生成率，R は再結合率，x は透明電極からの距離，t は時間である。ホール密度，つまり電解液中のヨウ素濃度を十分高くした場合，ホール伝導は光電流に対し，律速とはならない。よって，太陽電池からの電流は，集電電極/酸化チタン電極界面での電子密度勾配から，

$$J = qD \frac{dn(x,t)}{dx}\bigg|_{x=0} \tag{2}$$

と表すことができる。

2.1 電子拡散係数

電子の拡散係数を測定する場合，光励起した電子が電流として測定されるまでの時間と，それまでに移動した距離から求めることができる。どのような光源でも光強度に対して時間変化のあるものならば，測定と解析は可能であるが，いくつかの実験上の工夫により解析の煩雑さを避けることができる。励起光源にはパルスレーザーや，光強度をサイン波に変調したものが使われることが多い。またどのような光源でも，膜厚に対して十分大きく照射面積をとることにより，電子伝導は空間上1次元の問題として扱うことができる。

測定する電子移動時間に対して，十分短いパルス波を使うことにより，式(1)の G 項を無視することができ，吸収係数の高い波長を選ぶことにより，電子密度の初期条件をデルタ関数で表すことができる。またパルス波のみを光源につかう場合，レドックス対を使わず，電子を直接励起，ホールを電解液の酸化によって埋めるといった系も考えられ，拡散長より薄い電極を使うことにより R 項をも無視することができる。この場合，式(1)は最も単純な形になり，微分方程式も容易に解ける。電極膜厚を L としたとき，境界値条件として，集電体に接していないほうでは，$dn(L,t)/dt = 0$，集電側では $n(0,t) = 0$，すなわち電子が集電体に到達した瞬間，電子が電極から取り出されるとした場合，過渡電流は式(1)と(2)から，

$$J = \frac{qNL}{4\sqrt{\pi Dt^3}} \exp\left(-\frac{L^2}{4Dt}\right) \tag{3}$$

となる。ここで q は素電荷，N は光励起された電子数である。これを実験データにフィッティングさせることにより，拡散係数を求めることができる。また過渡電流の特徴点である，電流のピークが現れる時間 t と膜厚から簡単に $D = L^2/6t$ と求められ[4]，この他にも，電流の減衰を指数関数でフィッティングさせ，その時定数 τ_c から $D = L^2/2.35\tau_c$ とも求められる[5]。図2に実験データと式(3)を使いフィッティングさせた電流応答を示すが，良い一致が得られている。また，パルス光の強度を変えたときの過渡電流応答から求めた電子拡散係数を図3に示す。ここまで，拡散係数を定数として考察してきたが，ここで見られるように，電子拡散係数が光強度依存，すなわち

第4章　色素増感太陽電池

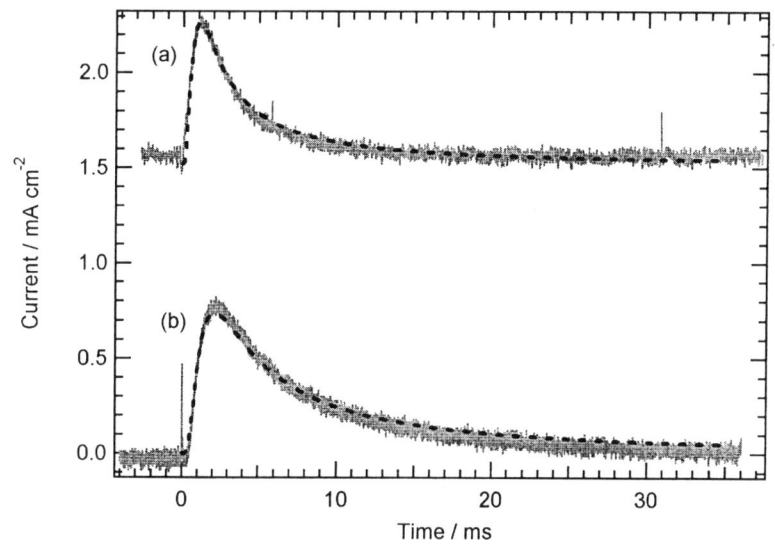

図2　色素担持多孔質 TiO₂ 電極からのパルスレーザーに対する過渡電流応答
破線は式(3)をフィッティングさせた結果を示す。
(a)色素増感太陽電池に定常光を照射しつつ，パルスレーザーを照射。
(b)0.7M LiClO₄ を含むエタノール溶液に浸した電極に UV パルスレーザーのみを照射。

電子密度依存を持つ。この場合，式(1)の拡散係数を，定数ではなく，この依存性も含めなければならない。この問題は，後でもう一度取り上げたい。

　光源をサイン波に変調する場合，ロックインアンプや Frequency Response Analyzer などを使うことにより，非常に小さい光強度による電流が検出できる。そのため，ほぼ定常状態を保ったまま測定できるようになる。このような光源を使う方法は Intensity Modulated Photocurrent Spectroscopy (IMPS) と呼ばれている[6]。微小電流から拡散係数を求めることができるということは，電子密度依存の拡散係数を測定する上で有利になる。すなわち，電極中の電子密度を，定常光（バイアス光）を照射することによりコントロールし，その状態で，サイン波で変調された小さい光強度の光を照射する。この場合，微分方程式(1)の G 項は $(I_0+I\mathrm{Sin}(\omega t))\exp(-\alpha x)$ となる。ここで I_0 はバイアス光の光強度，I は変調された光源の振幅，α は実効吸収係数である。拡散係数は，変調された光強度が小さいために，それによる電子密度の変化には依存せず，定常光の光強度のみに依存すると考えられる。実験上は，照射光と応答電流の位相差と振幅を測定し，式(1)からの解をフィッティングさせて拡散係数を求める。また実験結果は，複素平面にプロットしたときに第4象限に半円となって現われ，その最低点を与える角周波数 ω と膜厚 L から，拡散

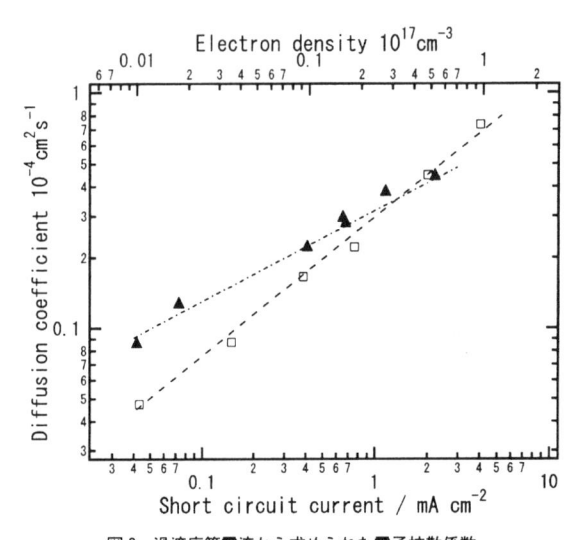

図3 過渡応答電流から求められた電子拡散係数
(▲)は定常光を照射せずに過渡電流応答から求めたもの。(□)は定常光下で測定した電流応答から求めた拡散係数。

係数は $D=L^2\omega/4$ と見積もることができる[7]。パルス波とサイン波を使って拡散係数を測定した結果が報告されているが，どちらからも同じ結果が得られている。また解析上では，パルス波での結果はサイン波での結果を逆フーリエ変換したものである[5]。

さて，バイアス光を使う場合，ホール輸送層が必要となり，また光源の選択の制限から色素担持された電極には使いやすいが，表面吸着の拡散係数への影響などを調べる場合など，バイアス光を使用せず，UVパルス光源のみから拡散係数を求めたい場合がある。そこで，バイアス光の影響を調べるため，同じ色素担持した酸化チタン膜中の電子拡散を，UVパルスを使い式(3)から求めた場合と，バイアス光下，可視光パルスレーザーにより式(3)で求めた場合を比べた。図3に示すように，これらからほぼ同じ結果が得られ，また酸化チタン膜の違いによる拡散係数の違いについても，両方の実験から同じ傾向が得られた。この一致は，電子密度依存の拡散係数を，電子密度が大きく変わっても，ある程度定数として近似できることを示す一方，式(1)でのモデルが十分系を表せていないことを示唆する。例えば，チャージトラップの影響による拡散係数の偏差や，短絡状態での電極中のFermi levelの勾配の影響は式(1)に含まれていない。

2.2 メソポーラスTiO₂電極の電子拡散係数を決定する要素

図3において，特徴的な点は，メソポーラス酸化チタン中の電子拡散係数は非線型に電子密度

第4章 色素増感太陽電池

に依存し，拡散係数は，単結晶の酸化チタン中のそれに比べて数桁以上小さい。これらの特徴は，酸化チタンのバンドギャップ中に多くのトラップサイトが存在すると想定することにより説明できる。トラップサイトの生成原因は特定されていないが，結晶欠陥の他に表面に存在するアモルファス層に起因するものや，表面吸着に起因すると考えられる。トラップサイトが多く存在する場合，電子は頻繁にトラップに捕獲される。捕獲されている時間はエネルギー準位によって決まる。電子は，熱によってトラップサイトから伝導帯へ励起され，拡散を続ける。各トラップでの捕捉状態は Fermi-Dirac 分布に従うと考えられ，よって電子密度が上がるにつれて，トラップにあまり捕獲されずに拡散する電子が増える。これが，電子密度依存の拡散係数となって現れる[5, 8]。

2.2.1 酸化チタン電極のモルフォロジーの影響

結晶欠陥や不純物，表面のアモルファス層の状態は，トラップの分布や密度と大きく関係があると考えられ，それらは，粒子の作製方法や電極を作製するときの温度に影響を受けると予想できる。ここでは出発原料として $TiCl_4$ から合成されたもの (S1)，$Ti(iProO)_4$ から合成されたもの (S2)，また市販の粒子 (P25) からナノポーラス状の酸化チタン膜を作製し電極の電子伝導特性の違いについて調べた[9]。表1にそれぞれの粒子と条件で作られた電極の特徴を示す。電子拡散係数は UV パルスのみによる過渡電流応答から求めた。

図4に電子拡散係数の測定結果を示す。S1から作られた電極が最も高い拡散係数を示し，続いて P25，S2 の順番になった。ポーラス電極の表面積の焼結温度依存を測定したところ，S1，P25は温度を450度まで上げても，表面積に変化はあまり見られなかったが，S2の表面積は大きく低下した。これはこの粒子の焼結が進み易いことを示していると考えられる。TEM 観察から，S2には他より厚いアモルファス層が存在することが示唆され，焼結し易さと関係付けられる。電子伝導の視点から見ると，アモルファス層はトラップサイトの原因や，粒界での伝導率の低下を引き起こし，結果として S2 は S1 や P25 よりも低い電子拡散につながる。

太陽電池に使われる酸化チタン粒子は 10～20nm と非常に小さいため，比表面積が大きい。このことからもしトラップが存在するならば，表面に多く存在するだろうと予想されてきた。もしこの仮説が正しければ，酸化チタンの粒径を大きくすれば，比表面積とともにトラップ密度も減り，その結果，電子拡散係数は向上することが期待できる。そこで，$TiCl_4$ から粒径の違う酸化

表1 電極の特性

Sample ID	Structure	Size (nm)	Porosity (%)	Surface ($m^2 g^{-1}$)
S1	Anatase	19	53	70
S2	Anatase/Brookite=8/2	12	38	118
P25	Anatase/Rutile=8/2	21	60	54

値は450度で焼結された電極から測定されたもの。

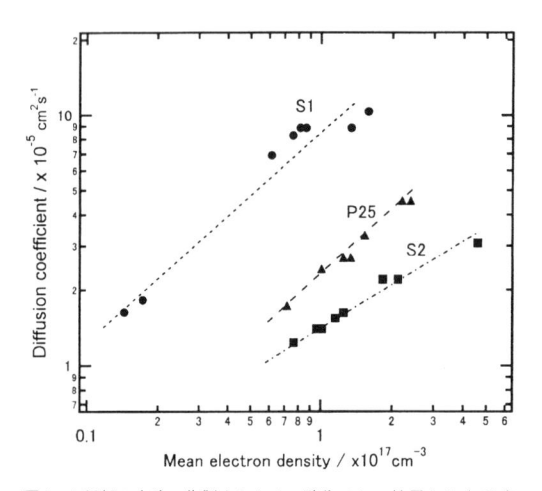

図4 3種類の方法で作製されたナノ酸化チタン粒子からなる多孔質電極中の電子拡散係数
横軸は電極中の平均電子密度を示す。

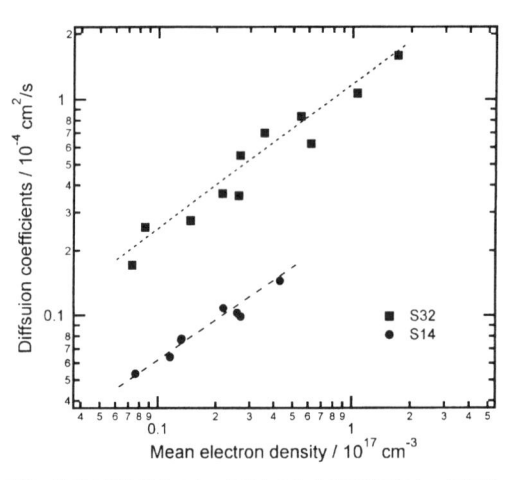

図5 粒径の違う酸化チタン粒子からなる多孔質電極中の電子拡散係数
S14は平均粒径が14nm, S32は平均粒径が32nm。

第4章 色素増感太陽電池

チタンを作製し，それを用いた電極中での電子拡散を調べた[10]。図5に粒径が14nm（S14）と32nm（S32）の酸化チタンから作製された電極中の拡散係数を示す。14, 19, 32nmの粒径で比較した場合，粒径が大きくなるにつれ，拡散係数は向上した。拡散係数の上昇率は表面積の減少率と違いがあり，粒子間の結合の数にも最適値があると考えられる。つまり結合の数が多すぎても，電子は粒界で散乱され，少な過ぎれば電気抵抗が大きくなる。

2.2.2 酸化チタン電極の焼結温度の影響

色素増感太陽電池の1つの応用として，フレキシブルプラスチック基板を用いた太陽電池が考えられる。一般的に酸化チタンの焼結には450〜550度の温度が使われているが，フレキシブルプラスチック基板の場合，150度以下にする必要がある。しかし，低温焼結膜を使った太陽電池の変換効率は低い。そこで低温焼結膜中の電子拡散を調べた[9]。実験には上記の3種類の酸化チタン粒子を用いた。結果は同じ粒子を使ったものでは，低温焼結膜の拡散係数は低く，3種類の中ではP25中の拡散係数が最も低かった。この場合，P25が最も粒子どうしの結合が進まず，粒界の抵抗が問題になる。粒子間の抵抗を減らすため，低温処理では，圧力[11]を加えながら焼結させることや電着[12]などが試みられている。

2.2.3 吸着色素の影響

酸化チタン電極の表面処理により，電極表面のトラップサイトをコントロールできることが報告されてきている。DSCにおいて，電極表面には色素やカチオンが吸着しており，これらも電極中の電子拡散へ影響を与えると考えられる。粒径依存の拡散係数を調べた電極に，色素を吸着させ，拡散係数を調べた。その結果，色素吸着による拡散係数の向上が見られ，増加率は粒径が小さい方が大きかった。これは表面に存在していたトラップサイトが色素吸着により埋められ，そのトラップサイトの減少率は表面積に比例したと説明できる。ただ，いずれの場合も，拡散係数の光強度への依存度は変わっておらず，このことはトラップサイトが粒子内部や粒子結合界面にも存在することを示唆しており，酸化チタン粒子の製法とともに拡散係数向上の設計をすることが望ましい[13]。

2.2.4 アンバイポーラー拡散

電解液中のカチオン濃度が拡散係数に影響を与えることは，Solbrandらによって報告され[14]，その現象はアンバイポーラー拡散によって説明できることがKopidakisらによって提案された[15]。実際，電極中の電子密度を一定に保ちつつ，カチオン濃度を変化させたときの拡散係数はアンバイポーラー拡散，

$$D = \frac{n+p}{n/D_p + p/D_n} \tag{4}$$

によってうまく説明できる[16]。ここで，D_n, D_p, n, pは，負電荷，正電荷それぞれの拡散係数

と密度である。この式(4)は、電子密度がカチオンの密度よりも小さくなれば、拡散係数は電子の拡散係数に近づくことを意味する。逆に、カチオンの密度が小さければ、拡散係数はホールの拡散係数に近づく。カチオンの拡散係数が電子のそれより小さい場合、十分なカチオン密度がなければ、電子拡散も遅くなる。

3 電子の再結合寿命

色素増感太陽電池中での電子の再結合寿命は、光強度によって大きく変わり、数十ミリ秒から、1秒以上にわたる。これは他の太陽電池と比べても非常に長い。この長い寿命により、DSCの中では十分な長さの拡散長が達成できている。DSCの中での再結合は、酸化チタンから色素カチオンと再結合する場合と、I_3^-、またはホール輸送層のホールと再結合するケースがある。いずれの場合も電子は酸化チタン中のホールとは再結合せず、電極の表面を越えて再結合する。このことは表面処理により、寿命を大きくコントロールすることができる。これはSiなどの無機半導体を使った太陽電池とは大きく異なる点である。

3.1 電子寿命とは

電子密度が式(1)によって表すことができる場合、その解と過渡電流応答から寿命を求めることも可能である。しかし過渡応答時間が寿命に比べて非常に短い場合、ほぼ全ての電子が電流として取り出され、測定上電流応答から再結合の寄与を区別することは難しい。そこで、ここでは主に、開放電圧の変化から、寿命を導く方法を考えたい。

開放電圧は電極中の伝導帯中の電子密度 n を使い、

$$V_{OC} = (k_B T/q) \text{Log}(n/n_0) \tag{5}$$

と関係付けられ、開放電圧の減少と再結合による電子密度の減少が対応する。ここで、k_B はボルツマン定数、T は温度である。電子の再結合の確率は、再結合反応に依存するが、単純に電子密度に比例する場合、電子寿命 τ を使って、

$$dn(x,t)/dt = -n(x,t)/\tau \tag{6}$$

と表される。ここに光励起による電子の生成項 $G(x,t)$ と電子の拡散の項を足したものが電極中の電子密度を表す。ここで励起光の波長を、吸収係数の小さいものを選ぶことにより、電子生成率を膜中で一様とみなすことができる。そのとき、拡散項を無視することができ、微分方程式は、時間依存のみを扱えばよい。照射光を切った後の電子密度は、式(6)から、そのときの開放電圧の減衰を式(5)と比べることにより寿命を求めることができる。

測定系や測定装置の問題などにより、なるべく定常状態で測定したい場合、サイン波で変調し

第4章 色素増感太陽電池

た光を使うことは有効である。このような方法は Intensity Modulated Photovoltage Spectroscopy (IMVS) と呼ばれている[17]。この場合、式(6)は変調された光励起による電子の生成項を足し、

$$dn(x,t)/dt = -n(x,t)/\tau + I\sin(\omega t)\exp(-\alpha x) \tag{7}$$

となる。測定は定常光の照射に変調した光を印加し、開放電圧の位相差と振幅を測定する。LEDやダイオードレーザーなどが、光源に使いやすい。また変調させる光強度を定常光の数%以下にする場合、色素増感太陽電池からの電圧の振幅は μV のオーダーでの測定が必要となる。測定結果を複素平面にプロットしたとき、IMPS と同様、第4象限に半円となって現れ、虚数軸に沿って最小点を与える周波数 f から、寿命は $\tau = 1/(2\pi f)$ と求められる。また、Zaban らは、開放電圧の減衰から求めた寿命が、IMVS から得られた結果と一致することを報告している[18]。

3.2 電子寿命を決定する要素

図6に色素増感太陽電池中の電子寿命の測定結果例を示す。寿命は照射光強度が増加するに従い、非線型に短くなる。この現象は I^-/I_3^- レドックス対と電極中の電子が2電子反応を起こすためと考えられてきた。しかしp型半導体や1電子反応のレドックス対をホール輸送層に使った場合でも、同様の傾向が測定され、この光強度依存が2次反応に由来するものとは考えにくい。一方、Nelson は再結合過程を電極中の電子拡散のし易さから光強度依存の寿命をモデル化した[18]。

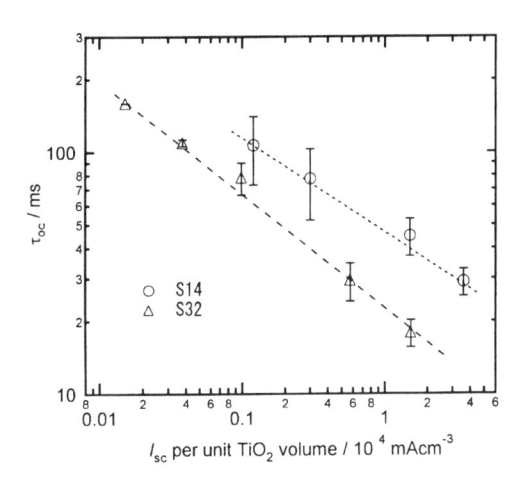

図6. 図5で測定された電極を使った色素増感太陽電池での電子再結合寿命
横軸は短絡電流値を電極膜厚で割ったもの。縦軸 τ_{oc} / ms、横軸 I_{sc} per unit TiO_2 volume / 10^{-4} mAcm^{-3}、○ S14、△ S32

ここでは，光強度が増すにつれ，電子拡散は早くなり，その結果ホールと出会う確率も増すために寿命が短くなったと考えられる。実際，拡散係数の早い電極を使った太陽電池は，寿命が短い傾向が見られる。拡散長の視点では，電子の拡散係数を上げるだけでは，その分電子寿命の低下を招き，単純には変換効率の向上には寄与しないことを意味する[19]。

3.2.1 酸化チタン電極の表面処理

再結合を抑制させる1つの方法に，電極表面にエネルギーバリアを設けることがある。酸化チタンのバンドギャップよりも大きいバンドギャップを持つ半導体を電極表面に薄く成長させることによって，酸化チタン中の電子に対しポテンシャルバリアーをつくり，外にあるホールとの再結合を防ぐ。

Tennakoneらは，SnO_2/ZnO 粒子混合膜で，ZnO層が SnO_2 粒子の上に成長し，再結合を抑制していると考察している[20]。Durrantらは，Al_2O_3 や ZrO_2 などの酸化物半導体の層を成長させ，寿命との相関を調べた。膜厚が厚くなるにつれ寿命は長くなるが，厚くなりすぎると，色素からの注入電子数が減ることを報告している[21]。

また表面に tert-butylpyridine を吸着させることにより，物理的にホール層を酸化チタン表面と接触させないことも有効である。Greggらは，酸化チタンの表面をポリマーで覆うことにより寿命を長くできることを報告している[22]。

3.2.2 カチオンの種類と濃度

電解液を使う色素増感太陽電池の場合，カチオンも再結合寿命に影響を与えうる。Peletらはカチオンを変えたときの色素カチオンの I^- による還元の依存性を測定している[23]。その中で Li^+ は酸化チタンの表面に吸着し，I^- とペアを作り，結果カチオン寿命を短くしていると考察している。色素カチオンの還元が I^- によって速やかに行われない場合，酸化チタン中の電子との再結合の確率が上がり，結果，太陽電池の効率を下げる。このことは，ホール輸送層を設計する上で考慮しなければならないが，同時に透明導電性ガラス・電解質界面の挙動解明も需要であろう。

3.2.3 ホールの担い手

高い変換効率を与える DSC は有機溶媒にヨウ素化合物を溶解したものを用いており，この有機溶媒の揮発性が，実用上重要な長期耐久性に対して問題を引き起こしている。この問題に対し，有機溶媒のゲル化[24]，溶融塩を溶媒にしたもの[25]，有機ホール伝導体[26]，無機p型半導体[27] などをホール輸送層へ用いることが検討されており，徐々に有機溶媒を用いた太陽電池の変換効率に近づいている。

Krügerらは，有機ホール輸送体（spiro-MeOTAD）をホール伝導層に使ったDSCにおいて，寿命を調べているが，その寿命は有機溶媒に I^-/I_3^- レドックス対を使ったものに比べ短かった[7]。またヨウ素以外のレドックス対を使った系も報告されてきているが，いずれもヨウ素を使った太

第4章　色素増感太陽電池

陽電池に比べ効率が低い。これは電子が半導体表面に移動してきても，I_3^- とは比較的再結合しにくいことを意味する。I^-/I_3^- レドックス対以外では，酸化チタン粒子の間から露出している透明導電膜からの，電子‐ホール再結合が大きな問題となることからも，I^-/I_3^- レドックス対が非常にこの太陽電池に適していることが分かる。

有機ホール輸送体は伝導度が低いものが多く，ホール濃度も有機溶媒中の I^-/I_3^- レドックス対のように増加させることは難しい。ポリエチレンジオキシチオフェン（PEDOT）は高い導電性を持つホール輸送体であり，イオン性液体と共用した DSC が試みられている[28]。変換効率はまだ低いが，TiO_2/Dye/PEDOT 界面での再結合の制御に，有機溶媒を使った DSC で用いた方法を使うことにより，変換効率は上がってきている。

酸化チタン中の電子拡散から再結合寿命を考察してみると，spiro-MeOTAD の場合，拡散と寿命は直接関係しているように見えるが，I^-/I_3^- レドックス対を使った場合必ずしも対応せず，光強度の増加に伴い，拡散長が長くなる場合もある。つまり拡散係数の光強度の伴う増加ほど寿命が減少しない。これは電子と I_3^- との反応が，電子拡散のみによって決まらず，酸化チタンの Fermi レベルに依存することを示唆する。このことは，今後電子寿命の制御の方法について考える上でヒントとなるであろう。

4　おわりに

ナノ材料系は極めて分子的挙動をするため有機と無機の区別はすべきでない。色素増感太陽電池におけるメソポーラス・ナノ構造 TiO_2 で構成され，電解質で覆われたミクロンサイズ膜厚の電極中の電子伝導と電子寿命について解説した。過去約10年で，TiO_2 膜電極における電子伝導と再結合の機構の理解は深まってきており，いくつもの要素から現在の DSC の高変換効率を説明できる。特に DSC における TiO_2 膜電極では，電子拡散係数は低いが，再結合寿命が非常に長く，光吸収に対して十分な電極膜厚と同程度以上の電子拡散長を与えている。DSC の実用化に関しては，高効率を保ちつつ，長期安定性の向上が必要である。I^-/I_3^- レドックス対に代わる有機半導体系の導入が望まれる。有機半導体をホール輸送層に用いる研究は，ホール輸送系の電子拡散と増感色素系界面との電子注入の向上を計る必要がある。そのためには，有機半導体の特性向上と同時に，ナノ構造酸化チタン界面の制御，有機半導体を導入するメソポーラス構造の制御がこれからの課題であろう。

文 献

1) B. O'Regan, M. Grätzel, *Nature*, **353**, 737 (1991)
2) K. Schwarzburg, F. Willig, *J. Phys. Chem. B*, **103**, 5743 (1999)
3) F. Cao, G. Oskam, G. J. Meyer, P. C. Searson, *J. Phys. Chem.*, **100**, 17021 (1996)
4) A. Solbrand, H. Lindström, H. Rensmo, A. Hagfeldt, J. Olsson, S.-E. Lindquist, *J. Phys. Chem. B*, **101**, 2514 (1997)
5) J. van de Lagemaat, A. J. Frank, *J. Phys. Chem. B*, vol.105, 11194 (2001)
6) P. E. de Jongh, D. Vanmaekelbergh, *Phys. Rev. Lett.*, **77**, 3427 (1996)
7) J. Krüger, R. Plass, M. Grätzel, P. J. Cameron, L. M. Peter, *J. Phys. Chem. B*, **107**, 7536 (2003)
8) J. Nelson, *Phys. Rev. B*, **59**, 15374 (1999)
9) S. Nakade, M. Matsuda, S. Kambe, Y. Saito, T. Kitamura, T. Sakata, Y. Wada, H. Mori, S. Yanagida, *J. Phys. Chem. B*, **106**, 10004 (2002)
10) S. Nakade, Y. Saito, W. Kubo, T. Kitamura, Y. Wada, S. Yanagida, *J. Phys. Chem. B*, **107**, 8607 (2003)
11) H. Lindström, A. Hölmberg, E. Magnusson, S.-E. Lindquist, L. Malmqvist, A. Hagfeldt, *Nano Lett.*, **2**, 97 (2001)
12) T. Miyasaka, Y. Kijitori, T. N. Murakami, M. Kimura, S. Uegusa, *Chem. Lett.*, **2002**, 1250 (2002)
13) S. Nakade, S. Y. Saito, W. Kubo, T. Kanzaki, T. Kitamura, Y. Wada, S. Yanagida, *Electrochemistry Communications*, **9**, 804 (2003)
14) A. Solbrand, A. Henningsson, S. Södergren, H. Lindström, A. Hagfeldt, S.-E. Lindquist, *J. Phys. Chem. B*, **103**, 1078 (1999)
15) N. Kopidakis et al., *J. Phys. Chem. B*, **104**, 3930 (2000)
16) S. Nakade, S. Kambe, T. Kitamura, Y. Wada, S. Yanagida, *J. Phys. Chem. B*, **105**, 9150 (2001)
17) G. Schlichthorl, S. Y. Huang, J. Sprague, A. J. Frank, *J. Phys. Chem. B*, **101**, 8141 (1997)
18) A. Zaban, M. Greenshtein, J. Bisquert, *Chem. Phys. Chem.*, **4**, 859 (2003)
19) N. Kopidakis, K. D. Benkstein, J. van de Lagemaat, A. J. Frank, *J. Phys. Chem. B*, **107**, 11307 (2003)
20) K. Tennakone, P. K. M. Bandaranayake, P. V. V. Jayaweera, A. Konno, G. R. R. A. Kumara, *Physica E*, **14**, 190 (2002)
21) E. Palomares, J. N. Clifford, S. A. Haque, T. Lutz, J. R. Durrant, *J. Am. Chem. Soc.*, **125**, 475 (2003)
22) B. A. Gregg, F. Pichot, S. Ferrere, C. L. Fields, *J. Phys. Chem. B*, **105**, 1422 (2001)
23) S. Pelet, J.-E Moser, M. Grätzel, *J. Phys. Chem. B*, **104**, 1791 (2000)
24) W. Kubo, K. Murakoshi, T. Kitamura, S. Yoshida, M. Haruki, K. Hanabusa, H. Shirai, Y. Wada, S. Yanagida, *J. Phys. Chem. B*, **105**, 12809 (2001)
25) W. Kubo, S. Kambe, S. Nakade, T. Kitamura, K. Hanabusa, Y. Wada, S. Yanagida, *J.*

Phys. Chem. B, **107**, 4374 (2003)
26) U. Bach, D. Lupo, P. Comte, J. E. Moser, F. Weissörtel, J. Salbeck, H. Spreitzer, M. Grätzel, *Nature*, **395**, 583 (1998)
27) K. Tennakone, G. R. R. A. Kumara, A. R. Kumarasinghe, K. G. U. Wijayantha, P. M. Sirimanne, *Semicond. Sci. Technol.*, **10**, 1689 (1995)
28) Y. Saito, T. Kitamura, Y. Wada, S. Yanagida, *Synth. Met.*, **131**, 185 (2002)

第5章　二次電池材料

青木良康[*]

1　はじめに

　1971年に東工大の白川博士らはアセチレンを特殊な条件で重合し，銀白色の光沢を有するポリアセチレンフィルムを合成した。続いて1977年にはこのフィルムにドナーまたはアクセプターをドーピングすることにより，電気伝導度を10^3S/cmと10桁以上増加させて，金属的伝導度を持たせることに成功した[1]。以後，導電性高分子合成の研究が活発となった。

　さらに1980年には，白川と共同研究を続けていたペンシルバニア大学のDr. MacDarmidは，導電性高分子に電解液中で電圧をかけると電解液中のイオンがドーピングされることを見出し，ポリアセチレンがポリマー二次電池の電極材料に適用できることから，導電性高分子の二次電池材料への応用が精力的に行われ始めた。

1.1　二次電池材料として研究されている代表的導電性高分子

　ポリアセチレンが電解液中のイオンをドーピング，脱ドーピングすることが発見されて以来，導電性高分子の二次電池電極としての研究は活発となった。

　これらの二次電池電極としての代表的な導電性高分子の電気化学的性質を以下に示す。

1.1.1　ポリアセチレン

　ポリアセチレンは前述のように，ドーピングにより導電率は向上するが，ドーパント濃度6%位でMaxとなる。また，電気化学的ドープ，脱ドープの可逆性が良くなく，ドープ状態で放置した場合の自然脱ドープが大きい等，二次電池用電極としての性能は決して満足できるものではないが，初めて二次電池用電極として研究された材料であり，しかも，p型，n型ドープも可能な導電性ポリマーであることは注目に値する。

1.1.2　ポリピロール，ポリチオフェン

　ポリピロール，ポリチオフェン等は複素5員環系導電性ポリマーと呼ばれ，種々の置換体を作ることが知られている（図1）。

　ポリピロールは，ドープ，脱ドープの可逆性が良好で，二次電池用電極に使用した場合，ほぼ

---

[*]　Yoshiyasu Aoki　昭栄㈱　研究開発センター　部付部長

第5章 二次電池材料

〈ポリピロールとその置換体の例〉
(a) ポリピロール
(b) ポリメチルピロール
(c) ポリN-アルキルピロール

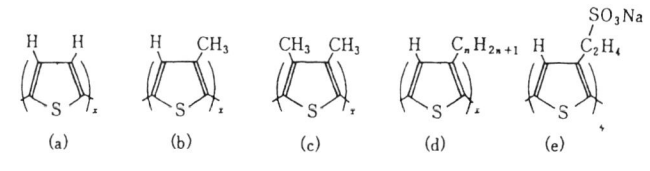

ポリチオフェンとその置換体の例
(a) ポリチオフェン
(b) ポリ(3-メチルチオフェン)
(c) ポリ(3,4-ジメチルチオフェン)
(d) ポリ(3-アルキルチオフェン)
(e) ポリ(3-チオフェン-β-エタンスルフォネール)

図1 ポリピロール,ポリチオフェンとその置換体の例

100%の充放電効率を示す。ドープ可能量もポリアセチレンに比べ大きく,単位重量当たりの充電量は60mAh/g程度が可能である。また,ドープ状態での安定性はポリアセチレンに比べると格段に良く,室温保存で10～20%の自己放電率である。

これに対し,ポリチオフェンはドープ,脱ドープの可逆性はポリアセチレンよりは良好であるが,100%とはいかず,また,ドープ状態での安定性はポリピロールより劣る。

1.1.3 ポリアニリン

ポリアニリンの電気化学特性はポリピロールより優れており,ドープ,脱ドープの効率は100%で,充電可能容量は100mAh/gを超える大きなものとなっている。ドープ状態での安定性も良好で自己放電率は5%／月程度である。

P型ドープのポリアニリンを正極に用いた二次電池はブリジストンとセイコーがコイン型で製品化した。しかし,容量密度が低いため,二次電池としては受け入れられず,現在では実用化されていない。

このように,二次電池用電極材料としての導電性高分子の研究は継続されているものの,軽量,薄型等の利点はあるが,エネルギー密度が低いことが最大の欠点で,狭義の二次電池としては,まだまだ実用になるものは見出されていない。しかし,電気化学キャパシタなどのエネルギーデ

バイスを広義の二次電池としてみた場合には，導電性高分子の利点が活かされるところが多く，最近ではこの点に注目した研究開発が盛んであり，かつ実用化されているものがある。

1.2 電気化学キャパシタ用材料としての導電性高分子

リチウムイオン二次電池で代表される高エネルギー密度二次電池は携帯電話，ノートパソコン等の携帯機器用電源として広く使用されており，携帯機器の昨今の伸びはこれらの二次電池が開発されたことによると言っても過言ではない。しかし，これらの二次電池は充放電反応時のイオンのドープ，脱ドープの速度が速くなく，エネルギー密度は大きいもののパワー密度の面で問題となる用途もある。

このようなパワー密度を重視する用途，例えば放電負荷変動対応用途や電気自動車，燃料電池車などのエネルギー回生時の充電負荷変動対応などには電気二重層キャパシタが検討されている。しかし，電気二重層キャパシタは活性炭などの炭素材料表面と電解液界面に形成される電気二重層を充放電に利用しているため，電極のバルク全体を利用する電気化学反応と比較すると極端にエネルギー密度が低いという問題がある。

導電性高分子をエネルギー貯蔵電極として用いる多くは，π共役結合によるイオンのレドックス反応を充放電に利用するものであるから，電気二重層キャパシタに比べエネルギー密度が高くなる可能性をもっているばかりか，イオンのドープ，脱ドープのスピードも速くできる等の利点が考えられる。この点に注目して導電性高分子を電気化学キャパシタの電極材料としての研究が盛んになってきている。

1.2.1 ポリアニリン

ポリアニリンはリチウムイオン二次電池の正極材料としても検討された優れた特性を有する導電性高分子である。

ポリアニリンはイオン性ポリマーであるため，硫酸などの酸性水溶液中やプロトンを含む非水溶媒中ではp型ドーピングに伴うレドックス反応時にアニオンに加えてプロトンの移動も起こる。ポニアニリンのレドックス反応式を図2に示した。このように，低い電位側で起きるプロトネーション/脱プロトネーションが，高い電位ではキノイド構造の生成・消失に伴うドーピング/脱ドーピングが起こる。低い電位側を利用して，p型ドープタイプのポリアニリンを正極，負極にそれぞれ用いた電気化学キャパシタ例が報告されており，電圧は0.4V程度と低いが数百万サイクルの可逆性があるとされている[2]。

1.2.2 ポリピロール

ポリピロールは電気化学キャパシタ材料として検討されている導電性高分子の中で，比較的高い容量密度を有することに加え，電子伝導度が10〜100Scm^{-1}とポリアニリンに比べ約1桁高い

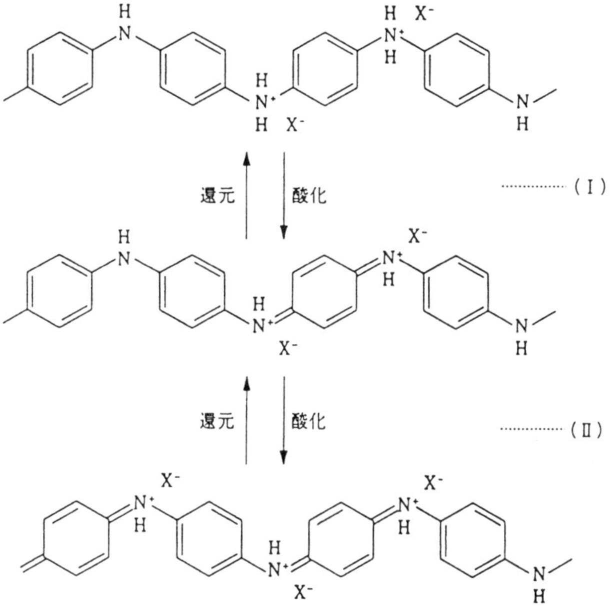

第5章 二次電池材料

図2 ポリアニリンの酸化還元反応

といった高い電子伝導性を示すことが知られている。

　ポリピロールの場合，電極内部での電荷移動が高速であるため，イオン拡散速度が向上することにより，高いパワー密度を有する電気化学キャパシタになる可能性を持っている。しかし，ポリピロールもポリアニリン同様p型ドーピングのみレドックス反応には適用できず，具体的に検討されている電気化学キャパシタではp型ドープタイプのポリピロールを正極，負極にそれぞれ用いている例が報告されている[3]。このキャパシタはサイクル特性も比較的良好で2万5千回後も容量減少が少ないと報告されているが，しかしながら，p型ドープタイプを正極，負極に用いているため，電圧は低く，得られるエネルギー密度が低い点が欠点である。

1.2.3 ポリチオフェン

　ポリチオフェンやその誘導体はポリアニリン，ポリピロールとは異なり，n型ドープ，p型ドープ可能な導電性高分子である。

　ポリチオフェンは種々の誘導体を持つことが知られている。理論的には置換基をもつと分子量が大きくなり，理論エネルギー密度は低下するので，置換基を持たないポリチオフェンのほうが，容量的には好ましい。しかし，置換基を持たないポリチオフェンは厚膜ではn型ドーピングが起

$$\{\underset{S}{\overset{CH}{\bigcirc}}\}_n + nC_{surface} + nyM^+A^- \underset{Discharge}{\overset{Charge}{\rightleftarrows}} n(C^{-y}_{surface}/M_y^+) + \{\underset{S}{\overset{CH}{\bigcirc}}^{+y}A_y^-\}_n$$

式(1) 活性炭/ポリ-3-メチルチオフェン系電気化学キャパシタの反応式

こりにくいので，置換基を持ったポリチオフェン誘導体が電気化学キャパシタ材料として検討されている。

ポリチオフェン誘導体を使用した電気化学キャパシタの研究例はPFPT（ポリ3-(4-フルオロフェニル)-チオフェン）をトリフルオロメタンスルホン酸テトラアンモニウムを電解質としたアセトニトリル電解液中で約3Vの電圧が得られ，活物質当たりのエネルギー密度が39Wh/kgであるとの報告がある[4]。また，ポリ-3-メチルチオフェンを正極に，活性炭を負極に用いた電気化学キャパシタも報告されている。一般に導電性高分子はN型ドープを安定的，可逆的に行える材料は限られているため，負極に活性炭を用いる考えは，これまでの導電性高分子キャパシタの問題解決の一手段として注目されるものである[5]。

この系の全反応は式(1)で示され，負極に用いた活性炭は単に電気二重層のみでなく，電解質のドーピングをも担っているとも言われている。

1.2.4 ポリインドール系導電性高分子

π共役系導電性高分子の1つであるポリインドールは，これまで提案されていたポリアニリン，ポリピロール，ポリチオフェン誘導体と同程度の理論容量密度を有しているが，そのレドックス電位は約0.7～1.0V vs. Ag/AgClと，これまでの水溶液系電気化学キャパシタに比べ高く，これらの誘導体が研究されている[6]。

インドール三量体を正極に，ポリフェニルキノキサリンを負極に用いた水溶液系電気化学キャパシタは硫酸水溶液中で1.2Vの起電力を有する報告がある[7]。

1.2.5 ポリアセンを正極・負極に用いた電気化学キャパシタ

有機半導体のポリアセンを電極材料として開発した歴史は古く，1981年にカネボウ㈱がフェノール樹脂の熱縮合で得られたポリアセン系有機半導体の導電性を発見し，それを電極材料として開発した（PAS）。1990年には，このPASを正負両極に用いたコイン形PAS電池（キャパシタタイプ）を開発し，前述の市場での要求に応えてきた。

1971年に東工大の白川らは，アセチレンを特殊な条件で重合し，銀白色の光沢を有するポリアセチレンフィルムを合成した。続いて1977年には，このフィルムにドナーまたはアクセプターをドーピングすることにより，電気伝導度を10^3S/cmと10桁以上増加させて，金属的伝導度を持たせることに成功した。以後，導電性高分子合成の研究が活発となり，電池材料への応用も精

第5章　二次電池材料

力的に行われてきた。

このような背景のもとに，ポリアセチレンの欠点であった化学的安定性に着目して，種々の研究を重ねた結果，1981年にカネボウ㈱はフェノール樹脂を熱縮合することによりポリアセンの合成に成功した[8]。ポリアセンは一元グラファイトと呼ばれる一連の物質の一種で分子構造から見て，化学的安定性が期待されるものである。

この合成したポリアセンのH/C原子数比測定の結果，ポリアセチレン（H/C=1.0）とグラファイト（H/C=0）の中間に位置している[9]（図3）。また，X線回折測定から炭素原子の配列は近距離秩序は保たれているが長距離秩序は認められないため，写真1に示すような一種のアモルファ

ポリアセチレン　　　　　　　　　　　　　　　　　H/C=1
（CH）

ポリアセン　　　　　　　　　　　　　　　　　　　H/C=0.5
（C_2H）

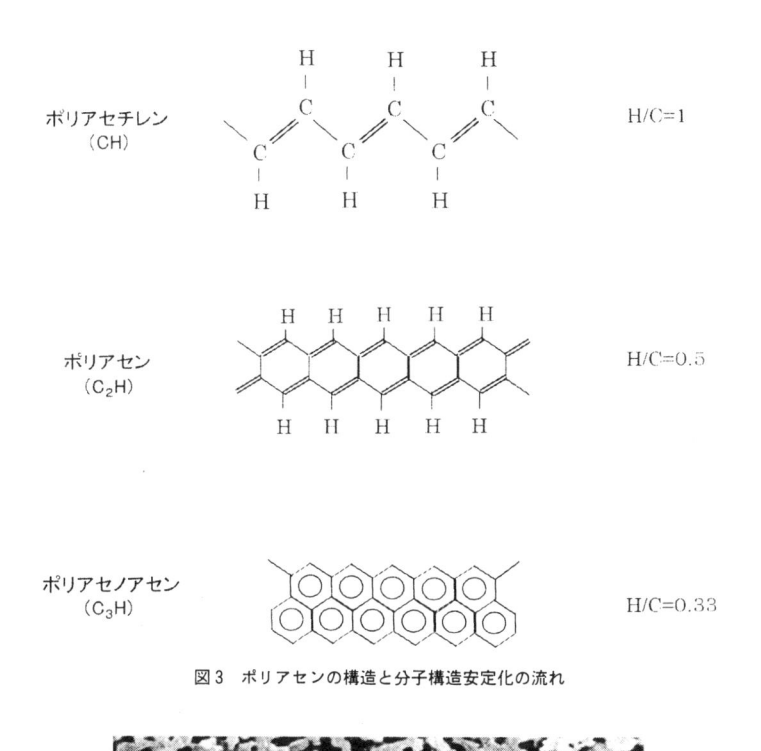

ポリアセノアセン　　　　　　　　　　　　　　　　H/C=0.33
（C_3H）

図3　ポリアセンの構造と分子構造安定化の流れ

写真1　ポリアセンの電子顕微鏡写真

ス半導体であるといえる[10]。PASをヨウ素ガスに接触させるとヨウ素がドーピングされ，p型の半導体となり，電気伝導度が5桁上昇する[9]。また，ナトリウムテレフタレートのテトラヒドロフラン溶液で処理すると，ナトリウムがドーピングされn型の半導体となり，電気伝導度が7桁上昇する[11]。このようにポリアセンはp型，n型の両ドーピングが可能である。さらに，ヨウ素，ナトリウムのようなイオン半径の小さなドーパントだけでなく，テトラフルオロボレートのようなイオン半径の大きなドーパントまでスムーズにドーピングできる等優れた特性を有している。

1.2.6 ポリアセンキャパシタの実用化例

導電性高分子を電気化学キャパシタの電極材料への応用は種々研究されているが，具体的に実用化されている例は少なく，現在カネボウ／昭栄で製造販売されているボタン型，円筒型ポリアセンキャパシタの実用化例を以下に示す（写真2）。

(1) ボタン形ポリアセンキャパシタ

ステンレス製の負極缶に負極PAS電極を導電性接着剤で配置し，ステンレス製の正極缶に同様に正極PAS電極を配置して，正負電極間はガラス繊維でなるセパレータで隔離し，電解液を含浸した後，正負極缶をガスケットで電気的に隔離し，正極缶をカールして密封した構造となっている（図4）。

写真2 ボタン型ポリアセンキャパシタの製品例

第5章　二次電池材料

このように作られたボタン型ポリアセンキャパシタの特徴は，

① 高容量

フェノール樹脂を熱縮合により賦活して比表面積を高くしたポリアセン（PAS）を正極（p型ドープ），負極（n型ドープ）に用いており，従来の電気二重層キャパシタでの電極表面の電気二重層のみならず，電解液中のイオンのPASへのドーピング，アンドーピングを利用して充放電を行うため，充放電特性は電気二重層キャパシタに酷似しているが，容量密度が高いのが特徴である。また，従来の二次電池のように酸化還元電位での充電電圧のしきい値がなく，最大電圧値（2.5V）以下ならば，任意の電圧で充放電が可能である（図5）。

② 長いサイクル寿命

充放電時の結晶構造変化が従来の二次電池に比べて極めて少ないので，充放電サイクル寿命が長い（図6）。

③ 高い耐久性

充放電時の結晶構造変化が従来の二次電池に比べて極めて少ないので，過充電，過放電に対する耐久性が大幅に優れている（図7）。

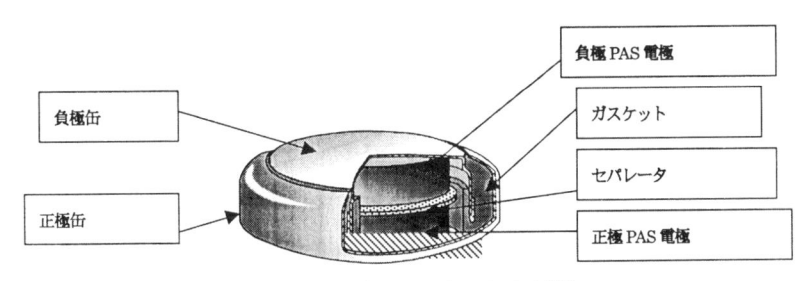

図4　ボタン形ポリアセンキャパシタの構造

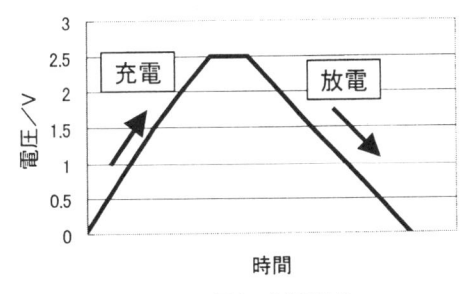

図5　PAS電池の充放電曲線

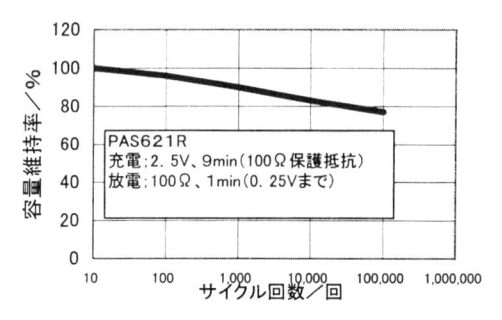

図6 サイクルにおける容量維持率変化

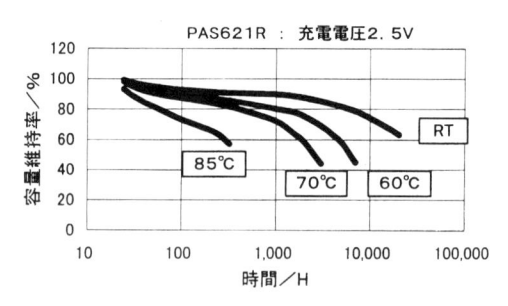

図7 連続充電温度と容量維持率の関係

④ リフロー耐熱性

熱的に安定なポリアセンを電極に使用し，無機材料セパレータと耐熱性の高いガスケットを用い，高い封止技術と極低湿の製造環境により，リフロー半田を可能とし，最終製品の製造の効率化とコストダウンに貢献できる。さらには，特殊なガスケット材料，電解液，セパレータ等の耐熱性を高め，封止技術により，環境に優しい鉛フリーハンダリフローをも可能としている。

(2) 円筒型ポリアセンキャパシタ

ボタン型と同様にフェノール樹脂を熱縮合により賦活して比表面積を高くしたポリアセン（PAS）を正極（p型ドープ），負極（n型ドープ）に用いており，薄膜化した電極を作製することにより，ポリアセンへの電解質イオンのドープ，脱ドープが容易に行えるため，高容量に加えて，内部抵抗が小さくできるのが特徴である。図8に大電流パルス放電時の放電曲線を示す。このように大電流放電時に電圧降下が少ないキャパシタができ，導電性高分子を電気化学キャパシタ材料に用いる目的の，パワー密度を重視する用途－放電負荷変動対応用途や電気自動車，燃料電池車などのエネルギー回生時の充電負荷変動対応等－に適したキャパシタを提供するものであ

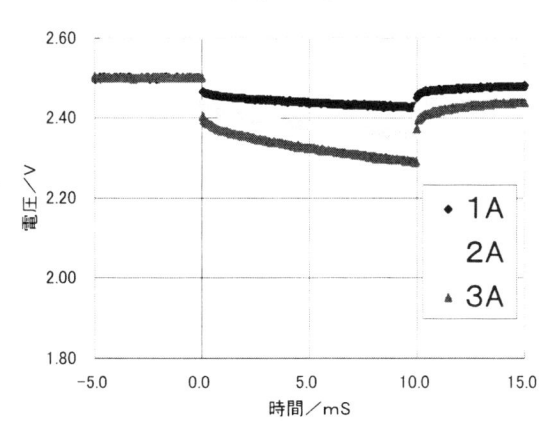

図8 円筒型ポリアセンキャパシタの重負荷パルス特性
（$\phi 8 \times 15$；1F）

る。

1.3 今後の導電性高分子の電極材料への展開

以上，導電性高分子のエネルギー貯蔵用電極としての代表的な検討例を述べてきた。

導電性高分子は重金属等を含まず，環境に優しい材料であるが，現在実用化あるいは検討中のものは，まだまだそのエネルギー密度は決して満足されるものではない。今後のさらなる実用化に向けての課題としては，エネルギー密度の向上と化学的，電気化学的安定性や熱的安定性の向上を含め数多くの超えるべき課題が多い。しかし，これらの課題を克服すれば，環境に優しく，安全性が高く，しかも急速充放電の可能なエネルギーデバイスが構築でき，自然エネルギー貯蔵デバイスや，燃料電池車，電気自動車などへの適用等，環境負荷低減への役割が期待できる。

文　献

1) H. Shirakawa, E. J. Louis, A. G. MacDarmid, C. K. Chiang, A. J. Heeger, *J. Chem Soc.*, 578（1977）
2) D. Belanger, X. Ren, J. Davey, F. Urib, S. Gottesfeld, *J. Electrochemical Soc.*, **147**, 2923（2000）

3) S. Suematsu, Y. Oura, H. Tsujimoto, H. Kanno, K. Naoi, *Electrodhim. Acta*, **45**, 3813 (2000)
4) A. Rudge, J. Davey, I. Raistrick, S. Gottesfeld, *J. Power Source*, **47**, 89 (1994)
5) A. Di Fabio, A. Giorgi, M. Mastragostino, F. Soavi, *J. Electrochemical Soc.*, **148**, A845 (2001)
6) S. Trasatti, P. Kurzwell, *Platin. Metal. Rev.*, **38**, 46 (1994)
7) 西山利彦, 原田学, 金子志奈子, 紙透浩幸, 黒崎雅人, 中川裕二, NEC技報, **53**, 10 (2000)
8) S. Yata, U. S. Patent No.4601849, July (1986)
9) K. tanaka, K. Ohzeki, T. Yamabe, S. Yata, *Synth. Met.*, **9**, 41 (1984)
10) S. Yata, K. Sakurai, T. Osaki, Y. Inoue, K. Yamaguchi, K. Tanaka, T. Yamabe, *Synth. Met.*, **38**, 185 (1990)
11) K. Tanaka, M. Ueda, T. Koike, T. Yamabe, S. Yata, *Synth. Met.*, **25**, 265 (1988)

第6章　コンデンサ材料

小松昭彦[*1], 桜井美成[*2], 柴 哲夫[*3]

1　はじめに

本章では，電解コンデンサに有機半導体を応用したアルミニウム（Al）固体電解コンデンサの技術について述べる。

電子機器や家電製品に使用されているコンデンサは，電子回路においてフィルター作用やバイパス作用，電気の充放電特性など重要な役割を担っている。コンデンサは，製品の用途や電気特性によって使い分けられ，セラミックコンデンサ，アルミニウム電解コンデンサ，タンタルコンデンサ，有機，金属化有機フィルムコンデンサ等の種類がある。表1に各種類のコンデンサの特徴を簡単に示した[1]。

2002年（1月～12月）の国内コンデンサ生産実績の内訳を図1に示した。セラミックコンデンサは，生産数量が約219億個／月（全体の約90％），金額が約186億円／月（全体の約45％）で生産数量と金額の両方で1番である。次いで，生産数量約16億個／月（全体の約6.5％），金額約134億円／月（全体の約32％）のアルミニウム電解コンデンサが続く[2]。コンデンサの市場において，アルミニウム電解コンデンサは，国内の生産実績でセラミックコンデンサに次いで第

表1　各種コンデンサの特徴

	Al電解コンデンサ	セラミックコンデンサ	タンタルコンデンサ	フィルムコンデンサ
誘導体	酸化アルミニウム	チタン酸バリウム系	酸化タンタル	ポリエチレンテレフタレートなど
特徴	・小形で大容量 ・安価 ・被膜の修復性有り ・有限寿命	・小型 ・無極性 ・周波数特性良好 ・温度，DC電圧により静電容量の変動大	・小型・大容量 ・長寿命 ・周波数特性良好 ・比較的高価 ・高温使用時での電圧軽減有り	・無極性 ・絶縁抵抗が高い ・周波数特性良好 ・耐熱性に難 ・比較的高価

[*1]　Akihiko Komatsu　ルビコン㈱　第2研究部　部次長
[*2]　Yoshishige Sakurai　ルビコン㈱　第2研究部
[*3]　Tetsuo Shiba　ルビコン㈱　第2研究部

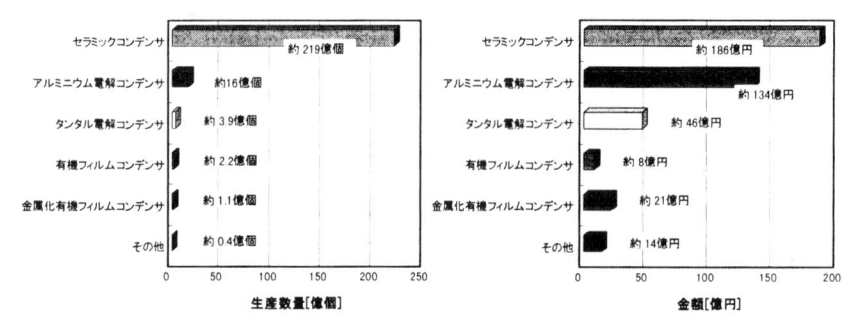

(1) コンデンサ（固定）国内生産実績（生産数量）　(2) コンデンサ（固定）国内生産実績（金額）

図1　2002年月平均（1月〜12月）国内コンデンサ生産実績
（参考資料：電波新聞，2003.5.2付掲載「JEITA『2002年電子工業生産実績表』」より）

2番目に位置している。

　アルミニウム電解コンデンサは，内部素子の陰極としてイオン伝導の電解液を使用したコンデンサで，大容量かつ安価であることから，産業機器や電化製品に幅広く使用されている。しかし，他の種類のコンデンサに比べて抵抗成分（コンデンサの等価直列抵抗：ESR）が大きく，かつ低温条件下では抵抗成分が増大する特徴があるため，ESRを重視する回路への使用が制限されたり，電解液が封口部材を透過して外部へ飛散することによりコンデンサ素子が乾燥（ドライアップ）し，容量減少やESRの増大など機能低下（有限寿命）を起こすため高信頼製品への使用が難しいこと等，アルミニウム電解コンデンサには電解液に起因する特性上の問題がある。

　近年，アルミニウム電解コンデンサにおいては，パソコンやゲーム機をはじめとするマルチメディア機器やデジタル機器，スイッチング電源等の用途において，低インピーダンス，低ESR，大容量等のコンデンサ特性の要求が益々強くなっている。低ESR，長寿命化の課題を克服するため，長年に亘って電解液や封止材の研究が行われてきた。その一方で，電解液の替わりに，高電導性（電子伝導体）の電荷移動錯体や導電性高分子（有機半導体）を陰極に使用したコンデンサの研究開発が行われてきた。有機半導体を陰極に使用したコンデンサは，イオン伝導の電解液を使用した従来のものに比べてESRが低く，電解液のような外部飛散も起きないので長寿命も期待できる。使用する有機半導体の形状が固体であることから，有機半導体と電極にアルミニウムを使用したコンデンサを有機半導体アルミニウム固体電解コンデンサ，あるいはアルミニウム固体（導電性高分子）電解コンデンサと呼んでいる。

　1983年頃，三洋電子部品㈱が，アルミニウム電解コンデンサの電解質にTCNQ錯塩を使用したアルミニウム固体電解コンデンサ（名称：OSコン）を商品化した。その後，日通工㈱，松下電子部品㈱，日本カーリット㈱が導電性高分子を電解質に使用したアルミニウム固体電解コンデ

ンサを相次いで製品化した。アルミニウム固体電解コンデンサは、ESR が極めて低く、優れた周波数特性と半永久的な寿命特性を有する高性能コンデンサとして、それまでのアルミニウム電解コンデンサの特性面での課題を克服し、パソコンやデジタル機器、モバイル機器など、高付加価値の製品に使用されるようになった。

2 アルミニウム電解コンデンサの基本構造

コンデンサは、電気を貯める誘電体と、それを挟み込むように密接する正極と負極の3つの基本材料で構成される。アルミニウム電解コンデンサの内部構造を図2に、基本構造と等価回路図を図3に各々示す。電極にアルミニウムを使用し、陽極においては、その表面に耐電圧を維持できる厚さの酸化アルミニウム（Al_2O_3）（誘電体）皮膜を形成し、高容量の陰極箔の表面にも必要に応じて誘電体皮膜を形成する。電解液を含んだ隔離紙（セパレータ紙）を、陽極箔と陰極箔の間に介在させて巻回したものをコンデンサ素子とし、その素子を金属ケースに入れ封口ゴムとケースで封入する。アルミニウム電解コンデンサの静電容量については、粗面化処理（エッチング処理）によりアルミニウム電極箔を拡面して大容量化を実現している。また、巻回構造はコンデンサの体積あたりの容量を増大させる方法の1つである。

図3の等価回路図中のアルミニウム電解コンデンサの陽極の容量成分 C_A には、陽極酸化によって形成した酸化アルミニウム皮膜の誘電体が寄与している。また、陰極の容量成分 C_C については、電極表面上に、自然酸化によって形成された耐圧の低い酸化アルミニウム皮膜の誘電体が寄

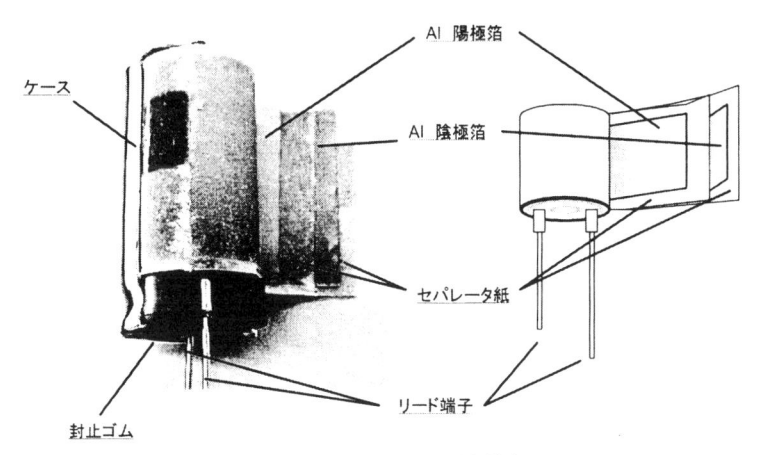

図2　Al 電解コンデンサの内部構造

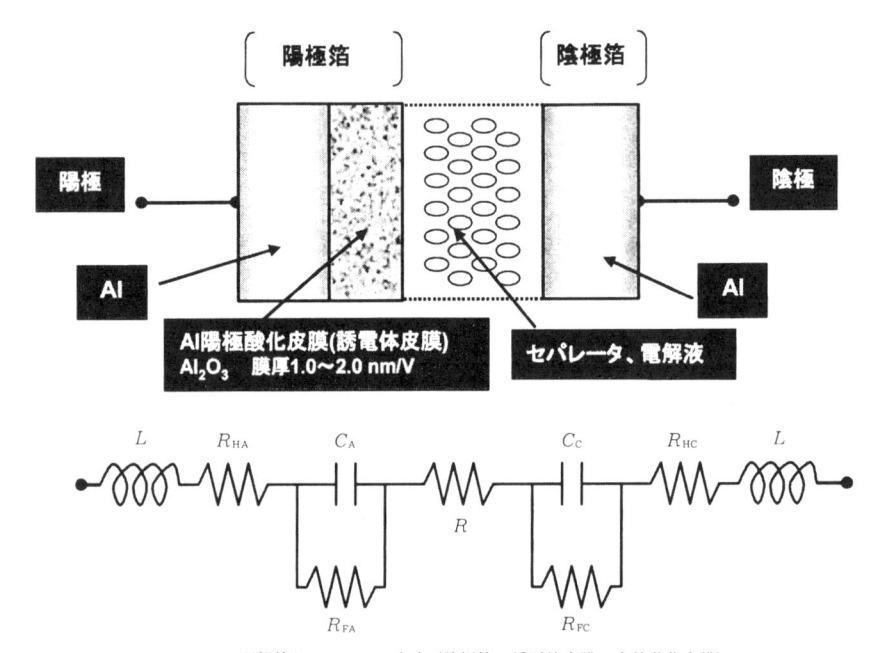

C_A, C_C：理想的なコンデンサ成分（陰極箔の誘電体皮膜は自然酸化皮膜）
R：電解液とセパレータの抵抗成分
L：リード線端子間と電極箔のインダクタンス
R_{HA}, R_{HC}：陽極、陰極のリード線および電極箔の抵抗成分
R_{FA}, R_{FC}：陽極箔と陰極箔の酸化皮膜の抵抗成分

図3　Al電解コンデンサの基本構造とその等価回路

与している。アルミニウム電解コンデンサでは，陰極箔は電気導入のための電極として外部電極と電解液を接続する役目をしている。電解液は，電極箔の細かいエッチング孔の奥深くまで浸透して，陽極箔表面の誘電体皮膜と陰極箔との間の通電媒介となり，事実上の陰極としての役割を担っている。アルミニウム電解コンデンサのインピーダンスの大きさを左右する抵抗成分（ESR）は，使用されている電解液の比抵抗と，電解液を保持するために電極間に介在しているセパレータ紙（セルロース繊維）の物理的な抵抗成分が主な要因となっている。ESRは図3の等価回路図で示している抵抗成分（R）に相当する。図中の抵抗成分（R）以外のコンデンサを構成する材料の抵抗は，（R）と比べると非常に小さい値である。すなわち，陽極箔や陰極箔のように原料がアルミニウムの電極抵抗や，外部電気導入のためのリード線の抵抗等，金属材料に起因している抵抗の値は非常に小さくコンデンサのESRに及ぼす影響は極めて小さい。

3 固体電解質の特徴と種類

アルミニウム電解コンデンサには,約50年の歴史がある。アルミニウム電解コンデンサの低インピーダンス化と長寿命化というテーマは,製品化以来検討され続けてきた重要な課題である。電解液やセパレータの低抵抗化や密封性の高い封止材等が継続して検討されているが,活性の高い高電導性電解液とアルミニウム電極箔との化学反応の影響が深刻であること,高温放置下では電解液の高い蒸気圧が要因となって,コンデンサの内部圧力が上昇し容器や封止部の破損が起き易くなること,ドライアップ現象が不可避であること等の問題はまだ解決に至っていない。

このような背景の中で,電解液の代わりに高導電性が期待できる有機半導体を使用する検討が行われてきた。有機半導体は高導電性でかつ電解液のようなドライアップが起きないので,長期間良好な電気特性を維持できる。

表2に,アルミニウム電解コンデンサに使用する電解質(電解液)の電気特性を示した。有機半導体(固体電解質)は従来使用されてきた電解液に比べて,10〜1,000倍以上の高い導電特性を有している。

表2 コンデンサに使用される電解質の電気特性

比抵抗 [Ω·cm]	電気伝導度 [S/cm]	電解質	コンデンサ
0.01	100		
0.1	10	導電性高分子 (有機半導体) ・ポリピロール系 ・ポリチオフェン系	導電性高分子 アルミニウム 固体電解コンデンサ (巻回型・積層型)
1	1		
10	0.1	電荷移動錯体 (有機半導体) ・TCNQ錯塩	有機半導体 アルミニウム 固体電解コンデンサ (OS コン)
100	0.01	無機電解質 ・二酸化マンガン	固体電解コンデンサ (タンタル コンデンサ等)
200	0.005	電解液 ・エチレングリコール溶媒系 ・非水溶媒系	アルミニウム 電解コンデンサ

3.1 TCNQ錯塩

有機半導体の中で，固体電解質として最初にコンデンサに実用化されたものが，電荷移動錯体のTCNQ錯塩である[3~5]。図4にアルミニウム電解コンデンサに使用される代表的なTCNQ錯塩の構造式を示した。N-n-ブチルイソキノリンと7,7,8,8-テトラシアノキノジメタンで構成されるTCNQ錯塩（電荷移動錯体）は，中性分子の電子供与性化合物（ドナー）と電子受容性化合物（アクセプター）から構成されており，ドナーからアクセプターへ電荷が移動する電子伝導体である。

TCNQ錯塩

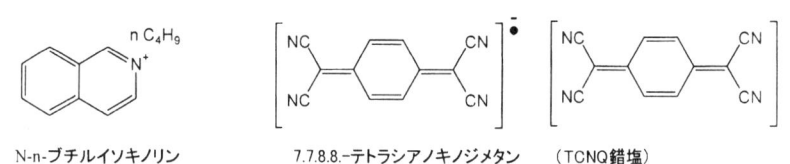

N-n-ブチルイソキノリン　　7.7.8.8.-テトラシアノキノジメタン　　（TCNQ錯塩）

導電性高分子

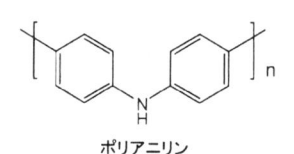

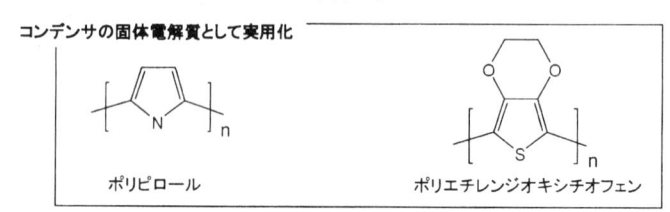

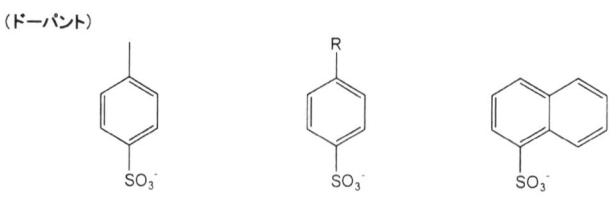

ポリアニリン

コンデンサの固体電解質として実用化

ポリピロール　　ポリエチレンジオキシチオフェン

（ドーパント）

各種スルホン酸イオン

図4　Al固体電解コンデンサに使用される導電性固体電解質

第6章 コンデンサ材料

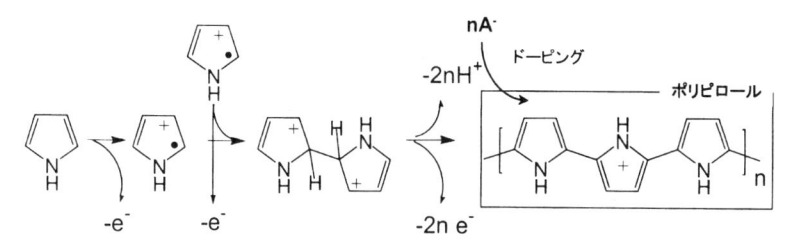

図5 導電性高分子の重合反応

　この時，コンデンサに使用されているTCNQ錯塩の電導度はおよそ0.1～1S/cmである。

3.2 導電性高分子

　TCNQ錯塩のアルミニウム固体電解コンデンサが実用化された後，さらに電気特性が優れたポリアセチレン[6]やポリピロールのような導電性高分子を応用したコンデンサが検討された。
　そして，複素環化合物のポリチオフェンやポリピロールをドーピングして導電特性を向上させた導電性高分子が注目されるようになった[7]。図4にコンデンサ用として検討されている導電性高分子を示す。現在，π共役性高分子に代表されるポリピロール，ポリエチレンジオキシチオフェンが実用レベルにある。これらの導電性高分子の一部は，アルミニウム固体電解コンデンサだけでなくタンタル固体電解コンデンサにも使用されている。導電性高分子の特徴は，TCNQ錯塩よりも耐熱性が良好で電導率も高いことである。アルミニウム電解コンデンサの電解質として使用した時のポリピロールやポリエチレンジオキシチオフェンの電導度は約1～100S/cmである。導電性高分子ポリピロールの簡単な重合反応式を図5に示す。

4　アルミニウム固体電解コンデンサの構造

　有機半導体は，熱安定性に優れているため，電気回路基板に実装するチップ品にも適している。図6に有機半導体を使用したアルミニウム固体電解コンデンサの構造を示す。アルミニウム固体電解コンデンサは，従来のアルミニウム電解コンデンサの構造を踏襲した形状のものと，電極を積層してチップ化した角型チップ形状のものがある。
　図6の上図は，従来のアルミニウム電解コンデンサのVチップ形（04形）のアルミニウム固体電解コンデンサである。コンデンサ素子には，従来のアルミニウム電解コンデンサのものを使用している。陽極箔と陰極箔の間にセパレータを介して巻回したコンデンサ素子に，電解液の代わりに有機半導体を素子中に充填（含浸）して，ケースに封入した構造になっている。下図は，

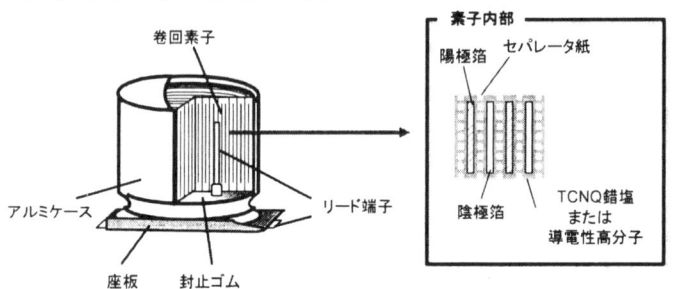

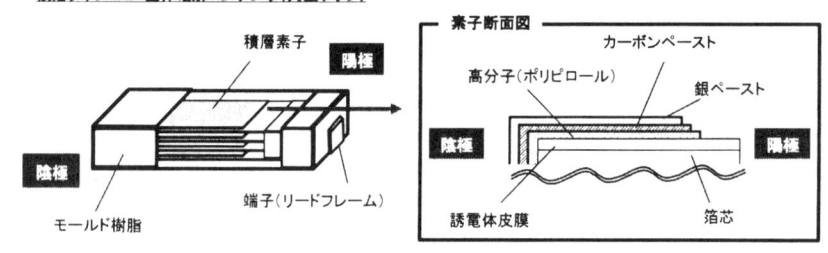

図6 Al 固体電解コンデンサの構造

板（箔）形状の電極で構成されたコンデンサ素子を積層したチップ形コンデンサである[8]。誘電体皮膜を有する陽極箔表面上に有機半導体層を形成し，さらにその上にカーボン塗膜層，陰極となる銀ペースト層を順次形成したコンデンサ素子を複数枚積層し，外部電極のリードフレームに接続して樹脂モールドで外装した構造になっている。

5 アルミニウム固体電解コンデンサの製造方法

アルミニウム固体電解コンデンサは，陽極電極表面にある酸化アルミニウムの誘電体皮膜上に有機半導体層を形成し，陰極の電極を取り出して製造する。アルミニウム固体電解コンデンサの製造においては，この有機半導体の充填工程または層形成工程の方法が非常に重要な技術である[9]。ここではTCNQ錯塩について1種類，TCNQ錯塩よりも高い導電性を有する導電性高分子について2種類の方法を示す[10, 11]。

第6章　コンデンサ材料

5.1　加熱溶融による TCNQ 錯塩の充填

アルミニウム電解コンデンサにおいて，1970年代頃から，コンデンサの固体電解質として有機半導体である TCNQ 錯塩[3]が検討されていたが，製品化までには至らなかった。

1980年代に入って，三洋電機㈱の丹羽氏らは，従来のアルミニウム電解コンデンサと同じ構成のものを使用して，TCNQ 錯塩を固体電解質としたアルミニウム固体電解コンデンサの製品化に成功した。巻回構造のコンデンサ素子に，TCNQ 錯塩を熱分解点付近で液状化させて電解質を含浸し，冷却，再結晶化させてコンデンサ素子の内部に過不足なく TCNQ 錯塩を充填するという画期的な手法を開発した[4, 5]。

5.2　電解重合法[10]による導電性高分子層の形成

導電性高分子の電解重合は，主に積層構造（積層タイプ）のアルミニウム固体電解コンデンサに用いられている合成方法である。モノマーとしてはチオフェンやピロールなどの複素環化合物が使用される。高性能で安定したコンデンサ特性を維持するためには，高導電性でかつ均一で緻密な導電性高分子層を形成するための技術が非常に重要となる。電解重合法は，モノマーと支持電解質を溶解した溶液の中で，誘電体皮膜上に正電荷をかけて重合体を析出，成長させながら導電性高分子層を形成する方法である。重合溶液組成，印加電圧，時間，重合温度，ドーパント化合物の種類等の重合条件によって，導電性高分子の電導度や性状は変化する。また，酸化アルミニウムの誘電体皮膜は非常に脆く，重合時に受けるダメージで破壊される場合があるので，導電性高分子の重合条件の選択には特に注意が必要である[12〜15]。

5.3　化学重合法による導電性高分子層の形成

化学重合は，誘電体に与えるダメージは比較的小さいが，重合に長時間を要することが特徴である。酸化剤を使用して重合するので，電解重合のような装置は不要である。この重合方法はアルミニウム電解コンデンサのような巻回素子に導電性高分子を充填するのに適している。コンデンサの巻回素子にモノマーと酸化剤の溶液を含浸し，この素子を加温することで化学反応を促進させて，素子内部で重合反応を活発にして導電性高分子を充填する方法である。

化学重合に使用される導電性高分子のモノマーは，ピロールやエチレンジオキシチオフェンが用いられる。化学重合には，鉄の酸化作用を利用した，スルホン酸系化合物の鉄（Ⅲ）塩が重合開始剤（酸化剤）として用いられる。スルホン酸系化合物は重合終了後，導電性高分子のドーパントとして作用する[17, 18]。

このような方法で有機半導体を充填または層形成した各々のコンデンサ素子を用いて，図5の構造に基づいた工程を経てアルミニウム固体電解コンデンサを製造する。

6 アルミニウム固体電解コンデンサの特性

同一サイズで静電容量が100μFのアルミニウム電解コンデンサと，導電性高分子を使用したアルミニウム固体電解コンデンサの電気特性を図7と図8に示した。

20℃におけるインピーダンス（$|Z|$）の周波数特性を図7に，またESRの温度特性を図8の上図に，容量の温度特性を図8の下図に各々示した。図7について，導電性高分子を使用したアルミニウム固体電解コンデンサのインピーダンス（$|Z|$）は，周波数に対して理想的な曲線を示している。これに対して，電解液を使用したアルミニウム電解コンデンサは，高周波数側で電解液の大きい抵抗成分により理想的なインピーダンス曲線から外れ，100kHzにおけるインピーダンス値はアルミニウム固体電解コンデンサに比べて約30倍も大きい。

導電性高分子の導電性は温度に対して非常に安定である。図8上図のESR比が示すように，−55℃から105℃までアルミニウム固体電解コンデンサのESRは殆ど変化していない。また1kHzにおける容量の温度特性も極めて安定している。

アルミニウム電解コンデンサの電解液の代わりに，有機半導体を使用したアルミニウム固体電解コンデンサは理想的な電気特性を得られるようになった。しかし，アルミニウム固体電解コンデンサにおいて，電気特性の面では著しい特性改善が見られたがアルミニウム電解コンデンサの課題の全てが克服されたわけではなく，逆に特性が劣る面も出てきている。例えば，耐電圧であ

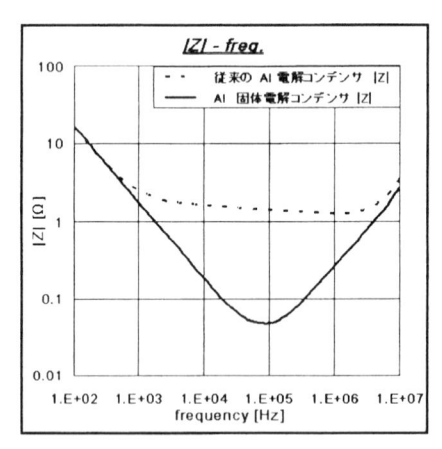

図7 インピーダンス $|Z|$ の周波数特性比較（20℃）
6.3wV-100μF品 Al電解コンデンサ（φ6.3×L6.0）
4wV-100μF品 Al固体電解コンデンサ（φ6.3×L6.0）

第6章 コンデンサ材料

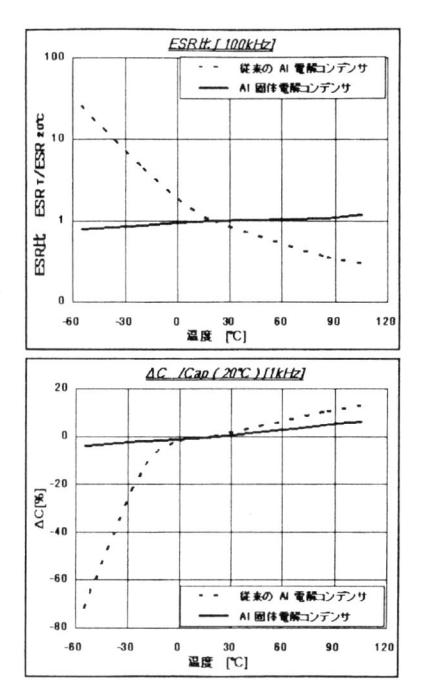

図8 ESRおよび静電容量の温度変化特性（-55℃～105℃）
6.3wV-100μF品 Al電解コンデンサ（φ6.3×L6.0）
4wV-100μF品 Al固体電解コンデンサ（φ6.3×L6.0）

るがアルミニウム固体電解コンデンサは，現在35wV（試作レベル）が最高電圧である。500wVの耐圧があるアルミニウム電解コンデンサと比べると，現在のレベルはその1/10以下程度である。また，固体電解質になったために，アルミニウム電解コンデンサが元々持っていた誘電体皮膜の自己修復特性が低下して，内部ショートを起こし易いという新たな問題も発生している。表3にアルミ電解コンデンサとアルミ固体電解コンデンサの特徴を比較したものを示した。

7　アルミニウム固体電解コンデンサの今後の課題

コンデンサの電解質にTCNQ錯塩や導電性高分子を用いたアルミニウム固体電解コンデンサは，低ESRで優れた温度特性と長寿命特性を有することから，高周波ノイズ除去，DC-DCコンバータの出力平滑，高速マイクロプロセッサユニットへの電源供給用などの高信頼性，高付加価値製品の回路に使用され，今後の電子回路にとって必要不可欠な電子部品なると思われる。そ

表3 Al電解コンデンサとAl固体電解コンデンサの特性比較

	Al電解コンデンサ	Al固体電解コンデンサ
長所	①小形で大きい静電容量が確保できる。 ②電解質の構成材料が安価である。 ③誘電体皮膜に欠損を生じた場合，欠損を修復する特性がある。 ④過電圧印加時はOpenとなり，他の電子部品に負担をかけない。 ⑤高い使用電圧を確保できる。	①小形でも非常に低いE.S.R.を有する。 ②固体電解質であるため長寿命(半永久)である。 　(電解液のような外部飛散が起こらない) ③構成材料が耐熱性に優れている。 ④低温でも良好な電気特性。 　(温度特性が優れている)
短所	①E.S.R.が大きい。 　(電極箔面積が小さい小形品は特に大きい) ②電解液が外部に飛散する(Dry Up)ので有限寿命。 ③耐熱性を持たせるためには特殊な技術が必要。 ④低温条件下では特性の変動が大きい。	①電解質の構成材料が高価である。 ②故障時は発熱を伴う。 ③コンデンサの最高使用電圧が低い(25～35V)。 ④誘電体被膜の修復性が乏しい。 ⑤製造工程が複雑。

して，その用途をさらに拡大するためには，湿度対策，高耐電圧化，高容量化，低コスト化，安全性の確保等の課題を克服するための継続的な検討が必要である。

文　献

1) 永田伊佐也, 電解液陰極アルミニウム電解コンデンサ, 日本蓄電器工業㈱ (1997)
2) 電波新聞, 2003年5月2日号
3) 特許公報昭50-15303
4) 特許第1494345号
5) 特許第1618771号
6) T. Ito, H. Shirakawa, S. Ikeda, *J. Polym. Sci. Polym. Chem. Ed.*, **12**, 11 (1974)
7) 特許第1868722号
8) 工藤康夫, 応用物理, **71**, 4, 430 (2002)
9) 伊佐功, NIKKEI NEW MATERIALS, 1989年1月30日号, 48 (1989)
10) 佐藤正春, 別冊化学, 7月号, 109 (2001)
11) 直井勝彦, 町田健治, 色材協会誌, Vol.75, No.3, 124 (2002)
12) M. Ibrahim, Y. Liang-Tse, B. Rene, C. R. Hebd, *Seances Acad. sci.*, Ser. C, **279**, 931 (1979)
13) 工藤康夫, 新田幸弘, 工業材料, Vol.50, No.6, 44 (2002)
14) 特許公報平4-67767
15) 特許公報平4-74853

第 6 章　コンデンサ材料

16)　特許公報平 5-63009
17)　特許公報第 2721700 号
18)　特許公報第 3040113 号

第7章 圧電・焦電材料

高橋芳行*

1 圧電性・焦電性の基本概念[1~6]

1.1 誘電体の分類

　誘電体に応力・歪みや温度変化を与えたときの電気的な挙動は，図1のように分類される。系に中心対称性がある場合には，応力・歪みや温度変化を加えても分極は現れない。しかし中心対称性がない系では，応力・歪みを加えることによって分極が現れる。これが圧電性である。中心対称性のない系には，極性を持つ場合と極性はないが光学活性を持つ場合がある。極性を持つ系については，温度変化によって分極が変化する。これが焦電性である。さらに極性が電場を加えることによって反転するものが強誘電体である。強誘電体の定義については，自発分極が熱平衡状態で安定に存在し，かつ複数の等価な方向を持っていて，電場によってたやすく自発分極の向きが変えられるもの，あるいは自発分極を失う二次相転移があるものとする狭義の定義もあるが，ここではより緩やかに，準安定であっても反転可能な残留分極を持つものも含めることにする。

1.2 高分子材料の圧電・焦電性[5, 7]

　高分子材料についてみると，多くの高分子は絶縁体すなわち誘電体である。炭素鎖と置換基間

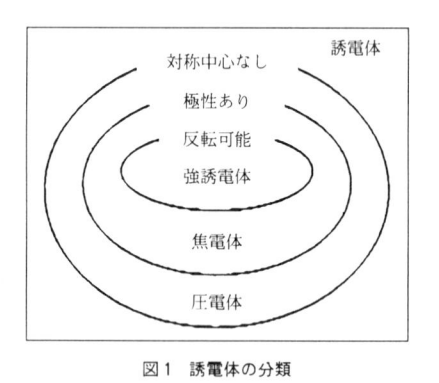

図1　誘電体の分類

＊　Yoshiyuki Takahashi　東京理科大学　理学部　化学科　助手

第7章　圧電・焦電材料

や側鎖に永久双極子を持つものも多いが，多くの場合永久双極子が互いに打ち消しあう結晶を作ったり，非晶性であったりして，系が中心対称を持ち，非圧電体である。しかし，耐絶縁破壊性が高く，ガラス転移点付近で高い電場を加えることができる一部の高分子では，非晶性であっても電場によって誘起された分極が凍結されて，準安定な極性を持つことができ，圧電・焦電性の高分子となる。ただし，分極の反転を示す非晶性高分子の存在については，まだはっきりしていない。これに対し，極性の結晶を作る結晶性高分子には，その分極を電場によって反転することのできるものが見出されている。ただし，現在のところ，ごく限られた高分子にのみ強誘電性が確かめられている。このほか，圧電体として光学活性炭素を持った高分子が知られている。もともとは，生体高分子についてずり応力に対し圧電性が知られていた。中心対称のない光学活性分子については，延伸によって配向させることにより，ずり圧電性が現れる。

本章では，最も広範に研究されているフッ化ビニリデン系高分子について詳述する。

1.3　基本定数の定義[6, 7]

圧電定数は，弾性的変数（応力 X_j，歪み x_j，$j=1 \sim 6$）と電気的定数（電場 E_k，電気変位 D_k，$k=1 \sim 3$）の間の結合係数である。独立変数の組み合わせによって，以下のような定数がある。

$$d_{kj} = \left[\frac{\partial D_k}{\partial X_j}\right]_E = \left[\frac{\partial x_j}{\partial E_k}\right]_X \tag{1}$$

$$e_{kj} = \left[\frac{\partial D_k}{\partial x_j}\right]_E = -\left[\frac{\partial X_j}{\partial E_k}\right]_x \tag{2}$$

$$g_{kj} = \left[\frac{\partial E_k}{\partial X_j}\right]_D = \left[\frac{\partial x_j}{\partial D_k}\right]_X \tag{3}$$

$$h_{kj} = -\left[\frac{\partial E_k}{\partial x_j}\right]_D = \left[\frac{\partial X_j}{\partial D_k}\right]_x \tag{4}$$

測定法によって，境界条件が異なるため，どの係数を測定しているのかについて注意しなくてはならない。例えば，試料の両端を1方向に引っ張って応力 X_1 を加えた際に表面に生じる電荷応答 D_3 を測定すると，d_{31} が得られる。このとき，電荷測定のために試料の両面の電位差は0に保たれており，したがって境界条件として E を一定にしていることに対応する。さらに，応力は試料の1方向にのみ働いており，他の二方向には力を加えていないので $X_2=X_3=0$ に保っていることになる。一方，基板に固定した試料を上から押した際に表面に生じる電荷を測った場合には横方向への歪みはおきないので，$x_1=x_2=0$ であり，x_3 のみを与えて D_3 を測る，すなわち e_{33} の測定に対応することになる。

1方向に引っ張って生じる電荷を測定する場合について，上記の圧電率の定義式のうち(1)式を

用いると，圧電基本式

$$\begin{cases} D_3 = \varepsilon E_3 + d_{31} X_1 \\ x_1 = d_{31} E_3 + s_{11} X_1 \end{cases} \tag{5}$$

が得られる。ε は $X=0$ における誘電率，s は $E=0$ における弾性コンプライアンスである。境界条件として，例えば $x_1=0$ すなわち試料が変形しないように両端をクランプして長さを固定した場合では，電場の印加によって応力 X_1 が生じることになる。圧電基本式(5)の第二式より生じる応力は $X_1 = -d_{31} E_3 / s_{11}$。したがって，第一式より圧電応答が加わって，$D_3 = \varepsilon E_3 + d_{31} X_1 = \varepsilon E_3 - d_{31}^2 E_3 / s_{11} = \varepsilon (1 - d_{31}^2 / \varepsilon s_{11}) E_3$ となり，$X_1=0$ のとき，すなわち試料が自由に変形できるときに比べて誘電率が $1 - d_{31}^2 / \varepsilon s_{11}$ の因子だけ小さくなることがわかる。

電気的定数と弾性的定数の間の結合の強さを表す量に，電気機械結合定数 k がある。これは，試料に与えた電気的エネルギー E_e に対して，圧電効果によって弾性的エネルギー E_m に変換される比率を表すもので，

$$k = \sqrt{\frac{E_m}{E_c}} \tag{6}$$

と定義される。これは，逆に弾性的エネルギーを与えた際に電気的エネルギーに変換される割合とおなじになる。例えば，フィルム状試料を引っ張った際に電荷が現れる場合の電気機械結合定数は，

$$k^2 = \frac{d_{31}^2}{\varepsilon^X s_{11}^E} \tag{7}$$

の形になる。この量を用いると，先に述べたクランプ試料の誘電率は $\varepsilon^x = (1-k^2) \varepsilon^X$ となる。

焦電率は温度 T に対する電気変位 D_3 の変化率

$$p_3 = \left[\frac{\partial D_3}{\partial T} \right]_E \tag{8}$$

として定義される。

2 強誘電性高分子[5, 8~12]

2.1 強誘電性

前節で述べたように，強誘電性とは自発分極を持ち，電場によってその向きを変えることのできる性質である。それを特徴づける量として，残留分極量，分極を反転するために必要な電場の強さ，分極反転にかかる時間，誘電率，圧電率，焦電率がある。

簡便に強誘電特性を測定する手段として，D-E ヒステリシス測定がある。これは，交流の電

第7章 圧電・焦電材料

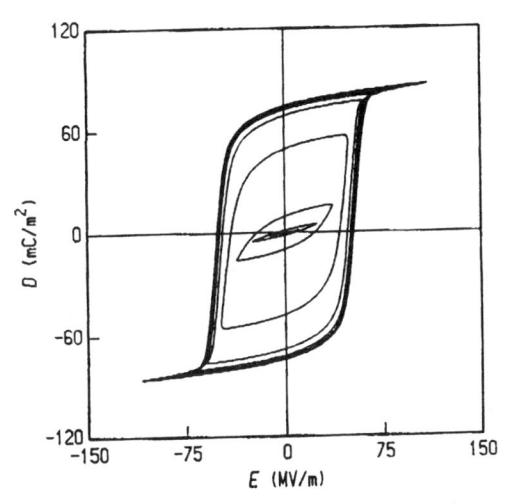

図2 VDF/TrFE(65/35)共重合体の D–E ヒステリシス曲線[8]

場 E を試料に加え，生じる電気変位すなわち単位面積あたりの電荷応答 D を測定して，D を E に対してプロットしたものである．図2に代表的な強誘電性高分子であるフッ化ビニリデン－トリフルオロエチレン共重合体の例を示す[8]．この図から，電場によって分極の向きが反転する様子がわかる．すなわち，電場がある強さになると急激に分極の方向が反転し，やがて飽和する．また，その後電場を取り除いても有限の値 P_r にとどまる．横軸切片 E_c を抗電場と呼び，反転に必要な電場の程度を表す量であるが，加える交流電場の周波数が大きくなると抗電場も大きくなる量である．P_r は残留分極といい，試料が持つ強誘電的な分極量を表す．このようにして，D–E ヒステリシス測定によって，強誘電体の基本的な量である残留分極量および反転に必要な電場の強さがわかる．ただし，実際の試料においては，絶縁の不良や不純物等による導電性が含まれることがあり，ヒステリシス曲線が丸みを帯びることがある．その程度が著しい場合には，導電成分を差し引く補正を行ってヒステリシス曲線を出すことがあるが，導電性の非線形性が，見かけ上 D–E ヒステリシスに類似したパターンを与えることがあるため，ヒステリシス曲線のみから強誘電性を持つと結論することには注意が必要である．

試料に階段波状の電場を加え，その際に生じる電気変位の時間発展を測定するスイッチング測定を行うと，分極の反転と電気伝導性による見かけの電荷応答を時間依存性から分離することができる．この測定からは，分極の反転を特徴づける時間（スイッチング時間）がわかるため，記憶素子などに用いる場合に必要な反転の速さの知見が得られる．図3に例を示す[8]．

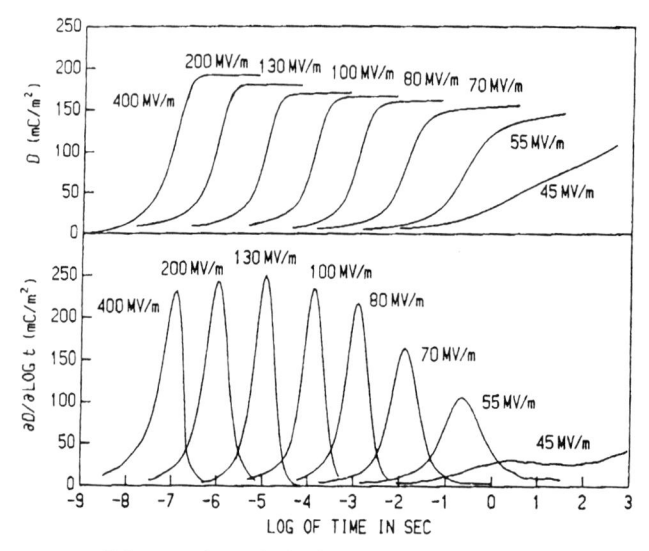

図3　VDF/TrFE(65/35)共重合体のスイッチング特性[8]

　強誘電性は，自発分極が安定に存在する状態であるが，温度を変化させることで構造相転移が起こり，分極を持たない状態に転移する場合がある。これを強誘電相転移と呼び，その転移点をキュリー温度 T_c と呼ぶ。分極の温度安定性の意味からも重要である。転移に伴って，誘電率が異常を示す。図4に誘電率の温度依存性の例を示す。このように，相転移に伴い，双極子の協同的な揺らぎによって誘電率の増大が起こる。そのために，転移点が近づくにつれて誘電率の変化の他，残留分極量の変化等が起こる。一旦転移点以上に温度が上昇すると，自発分極が失われてしまい，その後冷却によって再び強誘電相に転移しても，種々の分極方向を持った領域（分域）が多数形成して，試料全体としての残留分極量は0になってしまう。

　このほか，圧電率，焦電率が重要な量であるが，これについては，別項で述べる。

　無機物質では，主にセラミックスとして非常に多種類の強誘電体が知られており，実用的にも広く使われているが，有機物ではそれほど多数は知られていない。高分子材料では，フッ化ビニリデン系の高分子がほとんど唯一の強誘電体であったが，その後ポリアミド系の高分子にも，試料の調整条件によって強誘電性が発現することが見出されている。また，強誘電性を示す液晶も知られており，これは表示素子などに実用化されている。

第7章 圧電・焦電材料

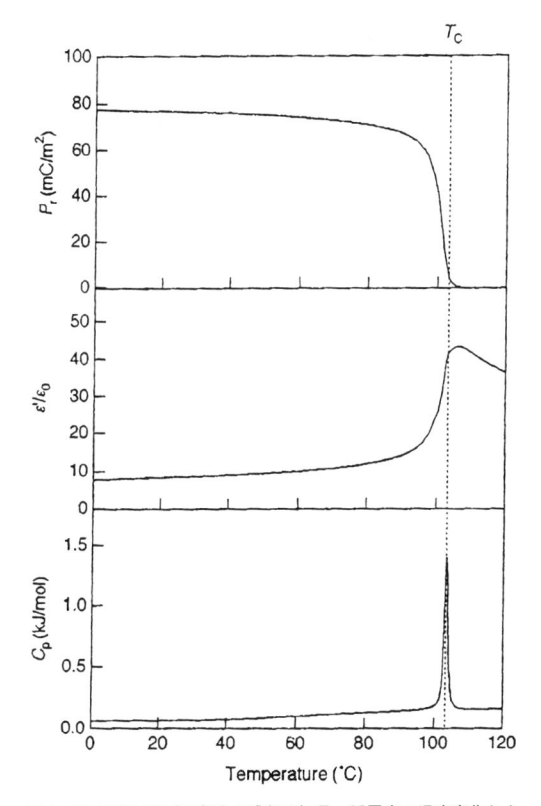

図4 VDF/TrFE(65/35)の残留分極量，誘電率の温度変化および DSC 曲線（昇温測定）

2.2 フッ化ビニリデン系高分子

ポリフッ化ビニリデン PVDF が大きな圧電性を持つことが発見されて以来[13]，強誘電性高分子の研究はわが国において精力的に行われてきた。特に，フッ化ビニリデンとトリフルオロエチレンの共重合体は，優れた特性を持ち，いまだにそれを凌駕する強誘電性高分子は見つかっていない。

フッ化ビニリデン-トリフルオロエチレン共重合体 P(VDF/TrFE) の結晶構造を図5に示す[14]。化学構造としては，VDF(CH_2CF_2) と TrFE($CHFCF_2$) がランダムに重合し，頭頭尾尾結合は数％程度とされているので，平面ジグザグ構造をとると炭素－フッ素間および炭素－水素間の電気陰性度の差に由来する双極子が分子内で同一方向に並ぶことになる。これらが平行に並んで結晶を

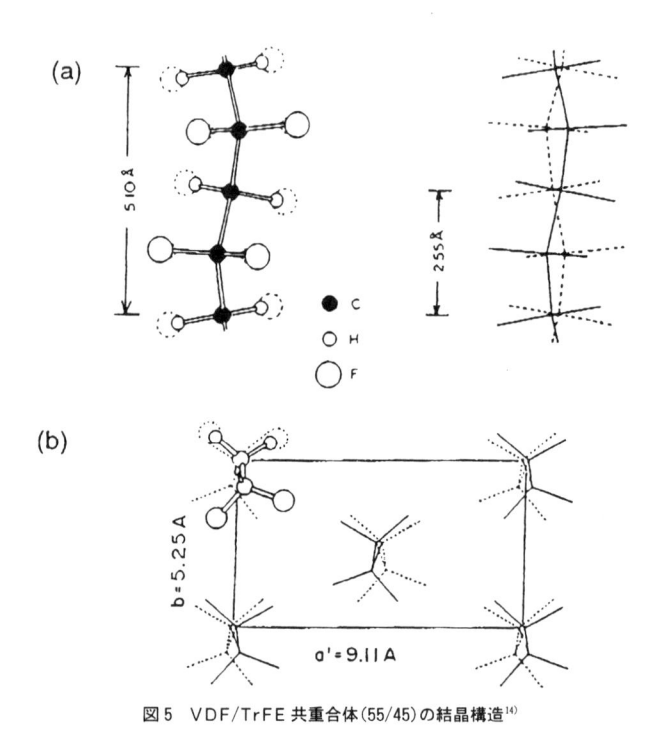

図5 VDF/TrFE 共重合体(55/45)の結晶構造[14]

作るため，非常に大きな極性を持つ結晶を作る。その結果，PVDF について $130mC/m^2$ の自発分極量が計算されている。実際に測定で得られる残留分極量の VDF 分率依存性を図6に示す[10]。化学構造からは VDF 分率100%の PVDF が最も残留分極量が大きくなるはずであるが，実際には VDF 分率が高い共重合体および PVDF については，結晶化度が低下してしまうため，残留分極量が低くなる。これは，わずかに含まれる頭頭尾尾結合のために結晶化度が制限されるためであるが，共重合体では適度に TrFE が混在することで，結晶中における分子鎖の運動性が高くなり，かえって結晶化度が高くなるものと考えられる。VDF 分率70%前後の共重合体では結晶化度90%以上になる場合があり，実際最も大きな残留分極量を与える。

これに加えて，PVDF では水素とフッ素のわずかな原子半径の違いのために，平面ジグザグ構造ではなく TGTG'の分子鎖形態をとった分子鎖が反平行にパッキングする結晶形が最も安定であるため，そのままでは強誘電性を示さない。延伸によって，PVDF を強制的に平面ジグザグ構造に転移させることはできるが，適度に TrFE を含む共重合体では，溶液・融液から直接平面ジグザグ構造の強誘電相が生成する点も有利である。

第7章 圧電・焦電材料

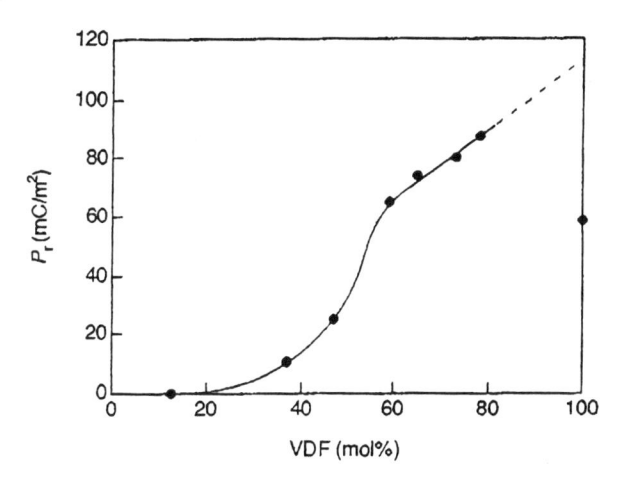

図6 残留分極量のVDF分率依存性[10]

PVDFは融点が180℃程度にあり，強誘電相から直接融解してしまうが，TrFE共重合体において，VDF分率が80%以下になると，融点以下にキュリー点が現れる。図7はVDF分率に対する相図である[10]。VDF分率が50%以下になると，昇温時と降温時の転移点の差がなくなり，転移が二次性を示すようになる。さらにVDF分率が低下すると，強誘電性が失われてゆく。前項において図4に示したように，誘電率が極大を示す温度において残留分極が消滅している。この転移点以上では，ゴーシュ結合が熱的に励起され，分子鎖の形態が乱れた状態でパッキングした結晶となっており，もはや自発分極は持たない。また，分子鎖の運動性が非常に高いため，結晶中で分子鎖が鎖軸方向に滑り拡散し，その結果として結晶化度が非常に高くなる。また，高分子結晶の特徴であるラメラ晶の厚さも100nm以上に厚くなる。

スイッチング特性は前掲の図3に示したように，非常に鋭い反転挙動を示し，また反転速度も非常に速い。スイッチング時間 τ_s の電場 E 依存性は図8のようになり[8]，指数則，

$$\tau_s = \tau_{s0} \exp\left[\frac{E_a}{E}\right] \tag{9}$$

に従う。ここで，τ_{s0} は E 無限大極限のスイッチング時間であり，定数 E_a を活性化電場と呼ぶ。比較のために他の強誘電体のスイッチング時間を合わせて示してある[16, 17]。

有機半導体の応用展開

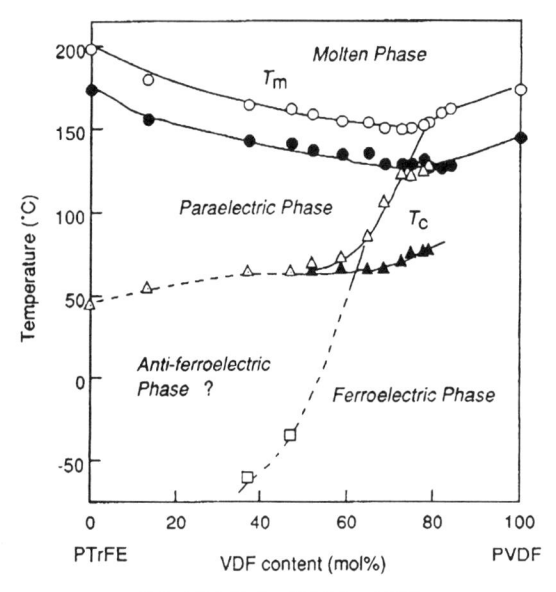

図7　VDF/TrFE 共重合体の相図[10]
白抜きは昇温時，黒塗りは降温時の転移点を示す。

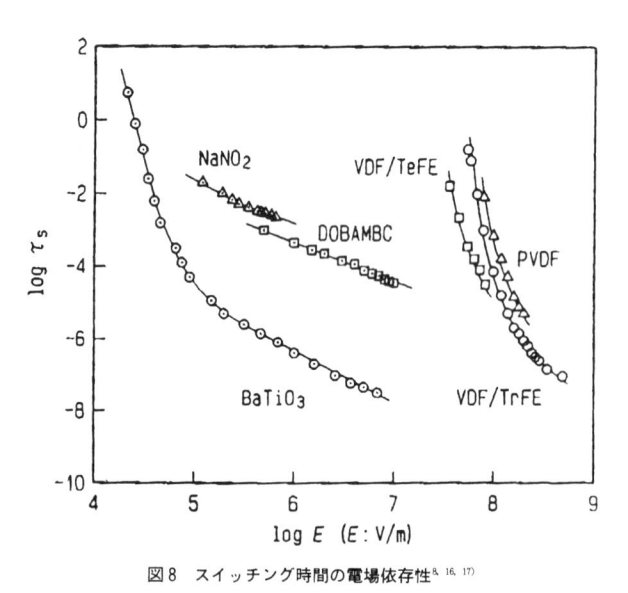

図8　スイッチング時間の電場依存性[8, 16, 17]

第 7 章　圧電・焦電材料

3　圧電材料[7]

PVDF や VDF/TrFE 共重合体は分極処理によって極性を持つから，焦電体となる。したがって，焦電性および圧電性を示す。分極処理に必要な電場は VDF/TrFE 共重合体の場合 80MV/m 程度で，交流電場を試料に印加することで分極処理を行うことができる。PVDF については，前節で述べたとおり延伸処理が必要であり，また分極処理を十分に行うためには 200MV/m 程度まで電場を加える必要がある。

分極処理の方法には，電極を試料フィルムの両面に蒸着して交流電圧を加える方法と，電極板上にフィルムを置き，上面直上に針状電極をおいて減圧下で高電圧を印加し，コロナ放電を行う方法がある。後者の方法では試料表面に蓄積した電荷が強い電場を作るほか，試料の温度を高めることで分極処理がなされる。

図 9 は PVDF の圧電率 d_{31}, d_{32}, d_{33} の残留分極量 P_r 依存性である[7]。このように圧電率は残留分極と比例していることがわかる。一方，VDF/TrFE 共重合体では図 10 のようになり[7], P_r の増大に対して飽和傾向になる。これは，図に一緒に示したように，ヤング率 $1/s_{11}$ が P_r の増大に伴って大きくなっているためと考えられる。そこで，ポアソン比を仮定して，e 定数に換算した結果を図 11 に示した[7]。このように，e_{33} は分率にかかわらず P_r に比例しており，一方 e_{31} は 0

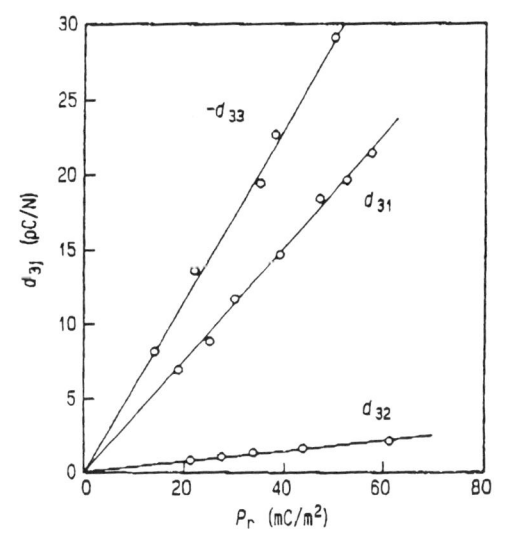

図 9　PVDF の圧電 d 定数の P_r 依存性[7]

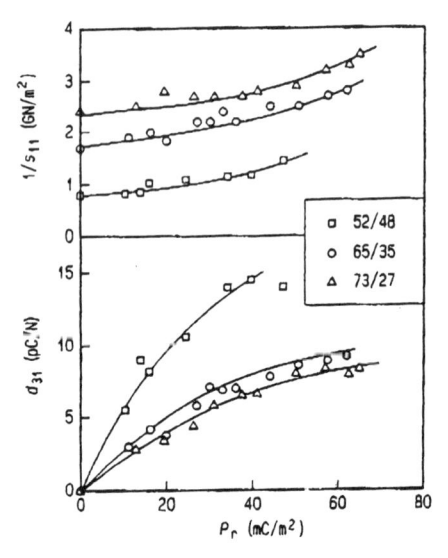

図10 VDF/TrFE 共重合体のヤング率および圧電率の P_r 依存性[7]

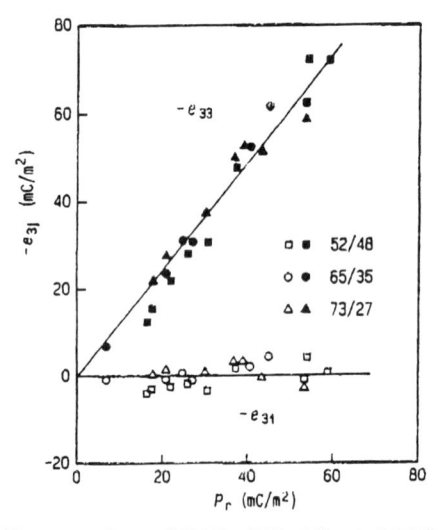

図11 VDF/TrFE 共重合体の圧電 e 定数の P_r 依存性[7]

であることがわかる。このことから，VDF/TrFE共重合体の圧電性は，厚み方向すなわち分極方向の歪みによって引き起こされていることがわかる。さらに，$e_{33} \sim -P_r$ であることから，圧電性は変形によって分極の密度が変化することに由来する寸法効果による寄与が大きいことが推測されている。

圧電性高分子としては，このほかシアン化ビニリデン系の共重合体が大きな圧電性を示すものとして知られているほか，ポリペプチドなど光学活性高分子もずり圧電性を示す材料として研究されている。

4 焦電材料

焦電率は自発分極の温度変化に由来する。図12に各フッ化ビニリデン系高分子の焦電率の残留分極依存性を示す[7]。この場合も，それぞれの高分子について比例関係が成り立っていることがわかる。

焦電応答は，電気変位 D_3 の温度依存性であるが，境界条件として通常は応力 X を一定にとる。その場合，温度変化によって熱膨張がおこり，歪み x が発生するから，焦電率 p_3 を次のように分けることができる。

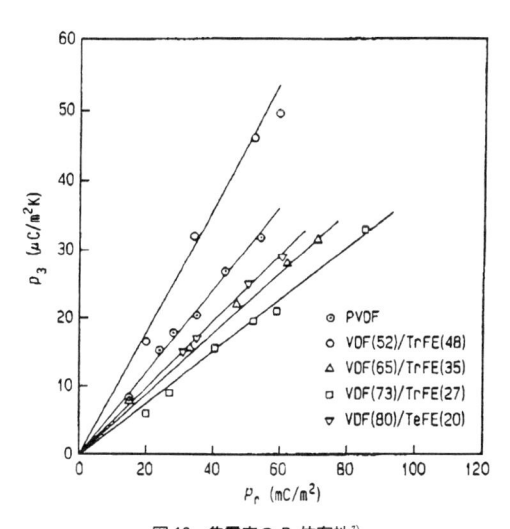

図12 焦電率の P_r 依存性[7]

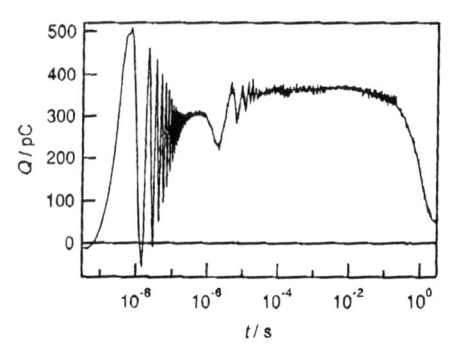

図13 VDF/TrFE 共重合体(75/25)の焦電応答曲線[15]

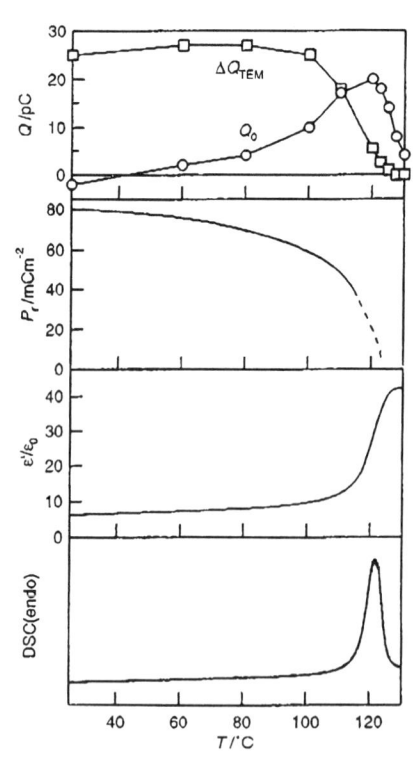

図14 VDF/TrFE 共重合体(75/25)の焦電応答[15]
瞬間応答および振動成分の温度依存性を残留分極量,誘電率および DSC 曲線と比較。

第7章 圧電・焦電材料

$$p_3 = \left[\frac{\partial D_3}{\partial T}\right]_X = \left[\frac{\partial D_3}{\partial T}\right]_x + \sum_{j=1}^{6}\left[\frac{\partial D_3}{\partial x_j}\right]\left[\frac{\partial x_j}{\partial T}\right] = p_3^x + \sum_{j=1}^{6} e_{3j}\alpha_j \tag{10}$$

ここで,第1項は歪み一定のもとでの焦電率で,焦電一次効果と呼ぶ。第2項は熱膨張率 α_j により生じた圧電項であり,焦電二次効果と呼ぶ。

試料フィルムに短いレーザーパルスを照射して,急激な温度変化を与えると,急激な熱膨張によって,試料に振動が生じる。その際の電荷応答の時間変化を測定すると,この振動に伴って二次効果が振動的に生じるため,電荷応答は一次効果と振動項である二次効果の重ね合わせとして得られる。その例を図13に示す[15]。これより波形分離によって振動項を分けることができ,焦電一次効果と二次効果を分離して得ることができる。図14にその結果を示す[15]。一次効果に対応する瞬間応答 Q_0 は室温付近では小さく,キュリー点に近づくにしたがって次第に増大する。一方,二次効果による成分 ΔQ_{TEM} は残留分極量に似た温度依存性を示している。このように,焦電率の発現は,室温付近では主に熱膨張による効果であるが,転移点近傍では分極量の減少による寄与が大きいことがわかる。

文　　献

1) 三井利夫編著, 強誘電体, 槇書店 (1969)
2) ストルコフ・レヴァニューク, 強誘電体物理入門, 吉岡書店 (1997)
3) M. E. Lines, A. M. Glass, "Principles and Applications of Ferroelectrics and Related Materials", Oxford (1977)
4) 中村輝太郎, 強誘電体と構造相転移, 裳華房 (1988)
5) 和田八三久, 高分子の電気物性, 裳華房 (1987)
6) 池田拓郎, 圧電材料学の基礎, オーム社 (1984)
7) T. Furukawa, *IEEE Trans. Electr. Insul.*, **24**, 375 (1989)
8) T. Furukawa, *Phase Transitions*, **18**, 143 (1989)
9) 小田島晟, 田代孝二, 日本結晶学会誌, **26**, 103 (1984)
10) T. Furukawa, *Adv. Col. Int. Sci.*, **71-72**, 183 (1997)
11) R. G. Kepler, R. A. Anderson, *Adv. Phys.*, **41**, 1 (1992)
12) H. S. Nalwa Ed., "Ferroelectric Polymers", Dekker (1995)
13) H. Kawai, *Jpn. J. Appl. Phys.*, **8**, 975 (1969)
14) K. Tashiro *et al.*, *Polymer*, **29**, 4429 (1988)
15) Y. Takahashi *et al.*, *Mat. Res. Soc. Symp. Proc.*, **600**, 83 (2000)
16) H. L. Stadler, *J. Appl. Phys.*, **33**, 3487 (1962)
17) I. Hatta *et al.*, *J. Phys. Soc. Jpn.*, **18**, 1229 (1963)

第8章　有機半導体レーザ

市川　結[*]

1　はじめに

　現在，100種類を越えるレーザ色素が販売されている。1種類の色素でおよそ10数ナノメートルから数十ナノメートル程度，色素によっては100数十ナノメートルにもおよぶ発振波長域を有し，さらに色素の交換により，その波長可変域は可視光域を中心に紫外光領域から赤外光領域まで，およそ330nmから1300nmまでほぼ連続的である。この非常に優れた波長可変性と波長選択性がレーザ活性材料としての有機色素の魅力である。また，有機レーザ活性材料は大きな利得係数をもち，低しきい値，高効率レーザ発振が可能であることが知られている。このように有機材料は，レーザ活性材料として極めて有用なものである。

　一方，半導体材料としての有機材料は，ここ数年で急速にその地位を固めてきた。代表的な有機半導体デバイスとして，有機発光ダイオード（LED），有機薄膜トランジスタ，有機太陽電池などが上げられるが，これらデバイスの詳細については他章で取り上げられているのでここでは述べない。これら有機半導体デバイスの中でも，有機LEDの進歩は目覚しく，近年，有機材料による電流－光変換が効率100％で行えることが示され[1]，また，数A/cm^{2}程度の電流密度で有機デバイスを駆動可能であることが示された。有機材料のレーザ活性材料としての高い有用性と，その極限的な電流光変換効率を合わせ考えると，電流駆動有機固体レーザ（有機半導体レーザ）が現実的な研究開発課題となることは自明であろう。有機半導体レーザは，色素レーザと半導体レーザの特徴を併せ持つ近紫外から近赤外光領域にわたる広波長帯域をカバーするコンパクトなコヒーレント光源になると考えられ，さらに有機材料の特徴である柔軟性や，塗布や蒸着などの低温プロセスへの高い適合性が生かされれば，プラスチック基板などを用いてフレキシブル半導体レーザデバイスを作製することも可能になると予想される。このように有機半導体レーザは非常に魅力的なオプトエレクトロニクスデバイスになると考えられ，近年，研究開発が盛んに行われるようになってきた[2～15]。本章では，有機半導体レーザ実現にむけた研究開発の現状を概観し，今後の展望について述べる。

＊　Musubu Ichikawa　信州大学　繊維学部　機能高分子学科　助手

第8章 有機半導体レーザ

2 レーザ活性材料

　一般に，有機材料の蛍光スペクトルは，励起状態での分子の構造緩和に由来するエネルギー安定化のため，吸収スペクトルと比較してストークスシフトと呼ばれる低エネルギーシフトを示す。すなわち，有機分子は図1に示すような四準位系のレーザ材料となり，本質的に低しきい値発振が期待できる。実際に，先に述べたように多くの有機分子がレーザ活性を示し，色素レーザとして用いられている。今後，色素レーザを有機半導体レーザへと発展させるためには，後述の理由により，低電流密度駆動でのレーザ発振を可能とする低しきい値レーザ材料の開発が重要となってきている。

　レーザ活性材料の光増幅率（A）は，レーザ媒体の利得係数（g）と活性光路長（d）を用いて以下のように与えられる。

$$A = \exp(gd) \tag{1}$$

ここで，利得係数（g）は分子の誘導放出断面積（σ_{SE}），反転分布密度（ΔN）を用いて，$g = \sigma_{SE} \Delta N$ で与えられる。より小さな励起エネルギーで大きな利得係数を得ることが，低しきい値発振につながるわけであるから，分子の誘導放出断面積が大きく，また，より低励起エネルギーで大きな反転分布密度を得ることが重要である。

　通常，レーザ色素は，蛍光状態である第一励起一重項状態がレーザ活性準位（図1中のIIIの準位）であり，比較的大きな輻射遷移速度定数（$\sim 10^9 \, \mathrm{s}^{-1}$）を持つため，誘導放出断面積が大きく高活性なレーザ材料である。しかしながら，簡単なレート方程式による解析から明らかなように，

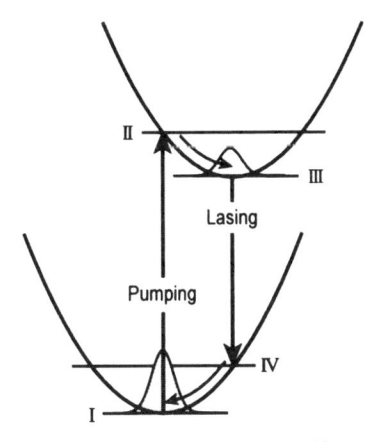

図1　レーザ色素のエネルギーダイアグラム

反転分布生成効率はレーザ活性準位の寿命に比例するため，レーザ色素の反転分布生成効率は，レーザ色素の輻射遷移速度が速いことに対応し，小さくなる傾向がある．すなわち，誘導放出断面積と反転分布生成効率はトレードオフの関係にある．誘導放出断面積はアインシュタインの B 係数，反転分布生成効率に関連する輻射遷移速度はアインシュタインの A 係数であたえられるので，よく知られた関係式 $A/B = 8\pi h\nu^3/c^3$ から，電子遷移の低振動数化すなわち長波長化でトレードオフは軽減され，低しきい値レーザ発振が可能になると理論的には予測される．しかし，電子遷移の低エネルギー化により無輻射遷移確率が増大し，逆に励起状態寿命が減少する可能性が高いため，低しきい値レーザ発振のためには，電子遷移の長波長化とあわせ，分子内振動モード，特に，C-H などの高エネルギー振動モードの減少が重要となる．

半古典的アプローチにより上記のような低しきい値レーザ色素の設計指針が与えられるが，実際の系では，利得のほかに吸収や散乱による損失があり，レーザ活性媒質の基底状態や励起状態など，種々の状態の吸収がしきい値を大きく左右していると考えられる．また，有機半導体レーザを考えた場合，活性材料は固体状態で使用されるので，凝集体の形成などによる濃度消光が原因でレーザ活性を失う場合が考えられる．以上のことから，低しきい値レーザ材料の設計には材料スクリーニングが重要であることが示唆される．次に筆者らの研究グループで行った低しきい値レーザ材料開発に関する研究を示す．

高分子 LED の材料として有名なポリ-p-フェニレンビニレン（poly-p-phnylene vinylene；PPV）誘導体は，固体状態でも非常に優れた発光量子収率を示し，また電荷輸送性にも優れることから，スチリルベンゼン誘導体は有機半導体レーザの活性コア材料として有望な材料系の 1 つと考えられる．そこで，種々のスチリルベンゼン誘導体を合成し，そのレーザ発振特性を調べた[16]．試料作製と評価方法を簡単に記す．ガラス基板上に材料単独膜を 100nm 真空蒸着により堆積することにより，有機層をコアとし，空気およびガラス基板をクラッドとする薄膜スラブ導波路を形成する．窒素ガスレーザ（波長 337nm，パルス幅 500ps，繰り返し周波数 10Hz）を励起光源とし，ND フィルタにより調光したのち，シリンドリカルレンズを用い $1\times5mm^2$ のサイズに絞り込み，有機層上方から垂直に入射させた．試料からの導波発光は素子端で検出した．レーザ特性の評価は導波発光の利得による狭線化の程度により評価した．

評価を行ったスチリルベンゼン誘導体を図 2 に示し，また結果を表 1 に示す．LD1〜4 が利得狭線化を起こした発光，いわゆる増幅された自然放出光（Amplified Spontaneous Emission；ASE）を示した．特に LD1 は材料単独膜において極めて良好な利得狭線化特性を示した．表 1 を見る限り，利得狭線化が観測された材料と，観測できなかった材料の間に発光特性（相対 PL 強度，ストークスシフトなど）の明確な相関は見られない．強いてあげるとすれば，やはり発光収率が重要なようである．一方，分子構造との相関には特徴的な点が見られた．ASE の発生が

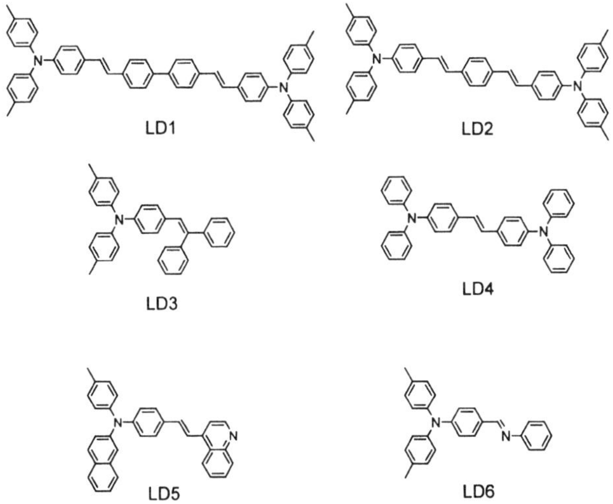

第8章 有機半導体レーザ

図2 単独薄膜状態で高い蛍光性を有するスチリルベンゼン誘導体

表1 スチリルベンゼン誘導体薄膜の光励起導波発光の利得狭線化と発光特性

材料	しきい値 (kW/cm^2)	FWHM (nm)	PL 極大波長 (nm)	相対 PL 強度	ストークスシフト (nm)
LD1	6.0	4.8	477, 505	405	76
LD2	26.2	4.0	482, 515	200	71
LD3	43.0	6.3	476	208	101
LD4	21.4	3.0	440, 469	93	76
LD5	—	—	520	246	108
LD6	—	—	468	24	99

観測された材料は,分子の対称性が高く,またヘテロ環や共役窒素原子を持たないものである。この結果は,分子間相互作用の強弱の観点で整理することができる。ヘテロ環や共役窒素原子は分子間相互作用を促進し,蛍光の自己消光を誘起する。対称性の低下は分子内に双極子を誘起し,分子の凝集を促進する。一方,ASEが観測された材料のほとんどは,両末端のトリフェニルアミン基を有しており,ジフェニルアミン基がその大きな立体障害により分子凝集を効果的に抑制しているものと考えられる。よく知られているレーザ色素であるクマリンやローダミンは,材料単独固体膜ではASEを示さず,ヘテロ環や極性基を持つため分子間で強く相互作用する。

また,表2および図3に示すように,スチリルベンゼン誘導体以外にも優れたレーザ活性を示す有機材料が報告されている。いずれの系も有機LEDの発光層として利用されているか,もし

表2 代表的な有機半導体レーザ活性材料のしきい値

活性材料	しきい値 (kW/cm^2)	報告者
DCM : Alq	0.4	Forrest[24]
DCM II : NAPOXA	0.085	Dodabalapur[40]
LD1 : P-TPD	0.5	Taniguchi[37]
BuEH-PPV	3	Heeger[6]
BEH-PPV : m-EHOP-PPV	0.5	Heeger[7]
BP1T (single crystal)	54	Taniguchi[14]

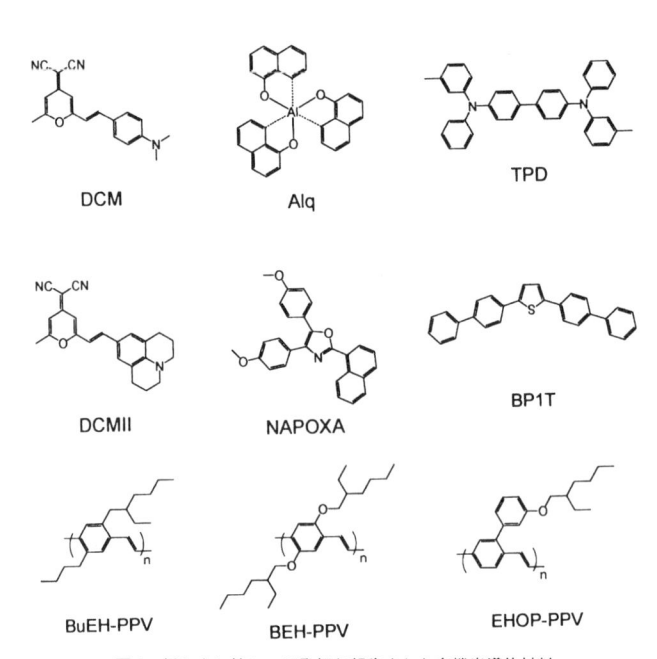

図3 低しきい値レーザ発振が報告された有機半導体材料

くは利用可能と推定されるものである。表から明らかなように、そのほとんどがレーザ色素をホスト材料に分散させたホスト-ゲスト系となっている。表1のLD1単独系と表2のLD1：TPDホスト-ゲスト系との比較から明らかなように、Förster型のエネルギー移動に基づくホスト-ゲスト系は、活性材料の濃度消光を抑制し、また、ホストの光吸収とゲストの発光スペクトルによって構成される大きな実効ストークスシフトにより、利得波長領域における吸収損失を低減するため、しきい値の低下に効果的である[7, 17, 18]。

以上の低分子系有機レーザ材料の他に、高分子レーザ材料がある。高分子材料のレーザ活性は、

第8章 有機半導体レーザ

主に,ケンブリッジ大の研究グループおよびヒーガーらによって検討された[6,7,19]。半導体性共役高分子で高分子 LED の重要な材料である PPV 誘導体は単独薄膜においても良好な優れたレーザ活性を示し,また,置換基の導入によりそのレーザ活性を向上させることができる。また,PPV と並ぶ高分子 LED の重要な材料であるポリフルオレン誘導体も単独薄膜で良好なレーザ活性を示すことが知られている[2]。

上述のレーザ活性材料は,低分子化合物薄膜やポリマー薄膜などすべてアモルファス材料であるが,最近,良好なレーザ活性を示す有機半導体単結晶が報告されるようになって来た[13,14,20,21]。有機半導体単結晶はアモルファス薄膜やポリマー薄膜と比較してキャリア移動度が遥かに大きく,電流励起発振を達成する上で極めて有用な材料である。特に堀田らによって開発された一連の(チオフェン／フェニレン) コオリゴマー材料は単結晶状態で良好なレーザ活性を示し[14,21,22],また,キャリア輸送特性も優れる[23]ことから有用な有機半導体レーザ材料と考えられる。結晶状態でのレーザ発振の可否は,分子単独のレーザ活性のみならず結晶構造,分子間相互作用などに数多くの要因が複雑に絡み合うものと考えられ,今後の系統的な研究が待たれる。

さて,この節の最後に,現状のレーザ発振しきい励起パワー密度から電流駆動レーザ発振に必要な電流密度を見積もっておく。表2にある DCMⅡ:NAPOXA 系が,現在知られている最も低しきい値光励起レーザ発振を示すが,このしきい値 ($85W/cm^2$) を電流密度に換算すると 185 A/cm^2 となる。しきい値電流密度の見積もりの際,電流による励起子生成効率は 25% と仮定した。この電流密度は,一般的な素子構造の有機 LED では到底不可能な大電流密度と思えるが,素子の微小化,パルス駆動等を駆使することにより 100A/cm^2 以上も可能であり[24,25],電流励起発振が大いに期待される。しかしながら,連続電流では数 A/cm^2 程度が現在の上限であり,やはりレーザ発振の低しきい値化が重要である。

3 デバイス構造

大別すると,レーザデバイスの構造は,①導波路型,②面発光型に分けられる。導波型は利得長が長く共振器一往復当たりの増幅率を大きくすることができる。面発光型は面発光デバイスである有機 LED とのデバイス構造面でのマッチングがよく,また並列集積化が可能であることから単独光源だけでなく光情報処理光源として重要である。以下に,それぞれのデバイス構造と課題について詳しく述べる。

3.1 導波路型

図4(a)に一般的な有機 LED の素子構造を示す。図中にあわせて示した光子(波長 500nm の光

有機半導体の応用展開

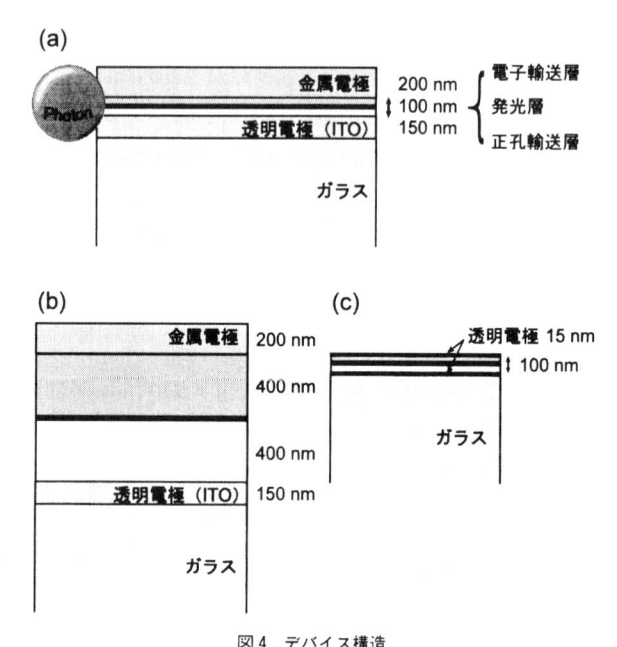

図4 デバイス構造
(a)有機 LED, (b)厚膜クラッド型有機半導体レーザ, (c)透明電極型有機半導体レーザ

を直径500nmの球として示してある)と比較するとその膜厚はあまりに薄く,レーザ活性層のみに光を閉じ込めることはできない。そのため大きな光損失を有する金属陰極も導波路の一部(金属クラッド導波路)となり,光伝播損失が著しい導波路となる。図4(a)に示す構造の有機 LED をスラブ導波路とみなし,その導波損失を大雑把に見積もると数万 cm^{-1} となり,桁外れに大きく波長程度の伝播も期待できない。そこで,電荷輸送性クラッド層を導入した図4(b)の構造[8, 26],透明電極薄膜を電子および正孔注入電極として用いる図4(c)の構造[24]が導波型有機半導体レーザ構造として検討されている。クラッド型は厚膜化による駆動電圧の上昇とそれに伴う最大電流密度の低下が問題であり,透明電極型は有機薄膜上への透明電極成膜と効率的な電子注入とが課題である。透明有機 LED の知見から透明電極からの電子注入は解決しつつあるが[27, 28],透明電極成膜時の有機薄膜へのダメージの影響のため高電圧・高電流密度駆動はいまだ困難である。また,厚膜有機 LED の低電圧駆動には,谷口らによって提案されたドープ法が有用と考えられる[29]。しかしながら,光励起により低しきい値レーザ発振が可能な低光伝播損失のデバイスを電流励起によりレーザ発振が可能なほど高密度励起を行うことは,現在のところ容易ではない。

導波路型有機半導体レーザの光共振器としては,分布帰還型である Distributed Feedback

第8章 有機半導体レーザ

(DFB) や Distributed Bragg Reflector (DBR) が高い光閉じ込めと有機薄膜デバイスとの適合性の良さから本命視されている[6, 9, 17, 24, 30, 31]。最近，光閉じ込めの向上による低しきい値化を狙って2次元DFB有機レーザの研究も活発化してきている[32, 33]。

ソフトマテリアルである有機材料の特徴の1つである優れた加工性を生かし，ナノインプリント法と呼ばれる簡便な微細構造作製法を用いることにより，有機DFB，DBRレーザを容易に作製することが可能である[15, 34~37]。回折格子を作製したいポリマー表面に回折格子の鋳型を接触させ，ポリマーのガラス転移温度以上に加熱することによりポリマーに鋳型の形状を転写する。ガラス転移温度程度に加熱するのみであるから，反応性イオンエッチングなどのLSI作製技術とは異なり，ソフトに（非破壊的に）形状加工を行うことができる。一例として，活性材料にLD1：P-TPD（TPD誘導体を主鎖骨格とする電荷輸送性高分子材料）を用い，ナノインプリント法により作製した有機DFBレーザを以下に示す[37]。レーザデバイス作製手順は，図5に示すように，まず，基板上にフォトリソグラフィーを用いてグレーティング形状（周期：300nm）を有する原型を作製する。作製した原型上にシリコーン系のエラストマーをキャストし硬化後剥離し，エラストマー製の転写型を得る。基板上に活性材料であるLD1：P-TPDを130nmスピン塗布し乾燥後，エラストマー型を接触させ，P-TPDのガラス転移温度以上に加熱し，冷却後エラストマー型を剥離し，有機DFBレーザを得る。作製したレーザの発光スペクトルを図6に示す。496nmにレーザ発振に由来する線幅の狭い鋭い発光が観測される。このレーザの発振しきい値はおよそ250nJ/cm^{2}pulse（0.5kW/cm^2）であり，低しきい値でレーザ活性を示すソフトマテリアルとナノインプリント法の組み合わせにより，このように低しきい値レーザを極めて容易に作製することができる。このことは，有機材料を用いたレーザデバイスのポテンシャルの1つを示している。

3.2 面発光型

図4(a)に示す有機LEDの構造は，陰極金属をミラーと見なすと陽極側にもう1枚ミラーを配置

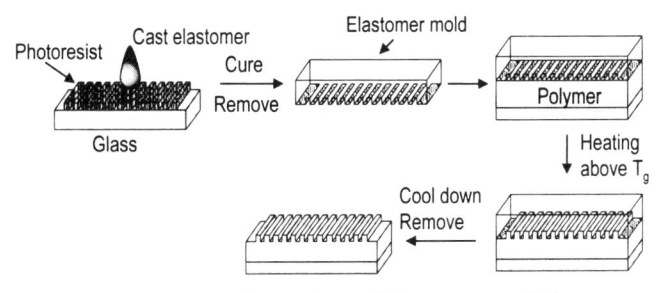

図5 ナノインプリント法による有機DFBレーザの作製

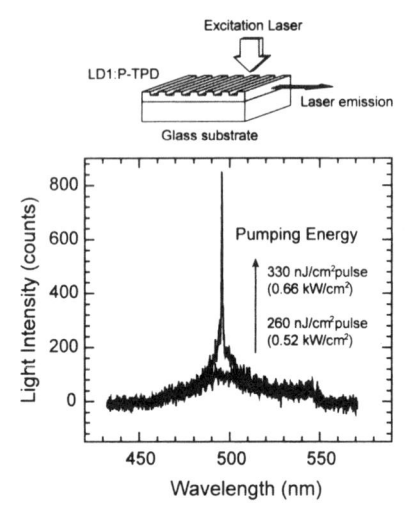

図6 ナノインプリント法により作製した有機DFB
レーザの発光スペクトル

することにより垂直共振器面発光レーザ（Vertical Cavity Surface-Emitting Laser；VCSEL）に容易に展開できる。陽極側の反射器として高い反射率を容易に達成できる誘電体多層膜DBRを用い共振器損失を低減させた有機VCSELが発表された[5, 19]。金属鏡とDBRを組み合わせた共振器の共振条件は複雑なものとなるのでここでは示さないが，最も共振器損失を小さくできる両側のミラーにDBRを使用した場合を考えると，ミラー間の光路長（屈折率と距離の積）がレーザ波長の1/4の奇数倍が共振条件となるので，有機層の屈折率を1.5，発光波長を600nmとすると，有機層厚さ約100nm，300nm，500nm，…が共振条件となる。有機層膜厚100nmは有機LEDに最適であり，低電圧・高効率電流発光が期待できる。問題は，もう一方の反射器として反射率が高々90％程度の金属鏡を用いていることであり，そのため活性長が極端に短かく共振器一往復あたりの光利得の小さい$\lambda/4$-VCSELとしては，共振器損失が極めて大きいことである。そのため，レーザ発振しきい値は極端に高くなり，報告によるとレーザ発振しきい値は数百kW/cm^2にも達する[5, 19]。電流密度に換算するとおよそ$1MA/cm^2$と桁外れに大きく，パルス駆動等を駆使しても到底到達不可能な電流密度である。

　有機VCSELの実現には，有機分子の特徴である化学修飾などの合成化学的手法による低しきい値レーザ材料の検討を続けるとともに[7, 16, 18]，デバイス構造からアプローチを行う必要がある。たとえば，図7に示すように陰極金属鏡を透明電極とDBRと組み合わせに置き換えることで低

第 8 章 有機半導体レーザ

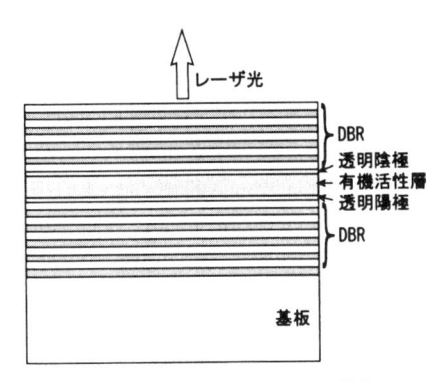

図7 有機 VCSEL のデバイスの構造

しきい値発振が期待できる。しかし，先に述べたように，透明陰極を用いた素子の高電圧・高電流駆動はいまだ困難であり，有機物上への透明電極および DBR 作製技術の発展が有機 VCSEL 成功の鍵を握ると考えられる。

4 おわりに

本章では電流励起より発振する有機固体レーザ，すなわち有機半導体レーザの実現を目指したこれまでの研究開発を概観した。これまで述べてきたように，現状の問題は低しきい値レーザ発振が可能なデバイス構造での高密度電流励起であり，デバイス構造，作製技術，材料，それぞれの面で重要な技術課題がある。さらに，キャリア移動度の低い有機半導体では，デバイス中に電荷キャリアであるポーラロンが高密度に存在するためポーラロンによる光吸収が大きな損失として作用し，電流励起レーザ発振を困難なものとするという指摘もある[8]。ただ，上記のいずれの問題も有機半導体の低いキャリア移動度が根本的な原因であり，電子，正孔のキャリア移動度がともに $0.1 \sim 1 cm^2/Vs$ のオーダーとなれば解決可能なものと予想される。そのため，有機半導体レーザの実現のためには，両極性で高いキャリア移動度を有する有機薄膜材料の開発が非常に重要である。高移動度有機材料は有機半導体レーザのみならず有機 LED の高輝度化，高性能化を図る上でも重要である。

高キャリア移動度有機材料という観点から考えると，有機半導体レーザ材料として有機半導体結晶が最有力候補と思われる。有機材料であっても単結晶とすることにより $0.1 cm^2/Vs$ 以上の高いキャリア移動度を容易に得られ[38]，また最近，良好なレーザ活性を示す有機半導体単結晶も見出されつつあることから，有機半導体単結晶は有機半導体レーザ材料として，極めて有望であ

有機半導体の応用展開

る。単結晶を用いた有機半導体レーザ実現に向け、結晶成長、デバイス構造、素子作製など種々の観点から、革新的な研究開発が現在必要とされている。最近、IBM のグループから単一カーボンナノチューブを用いた電界効果発光トランジスタの報告があり[39]、単一の有機単結晶を用いた発光トランジスタの可能性が期待される。筆者らの研究グループでは、すでにレーザ活性を有する有機半導体単結晶を用いた高移動度（>0.1cm^2/Vs）電界効果トランジスタの開発に成功しており[23]、現在、電流励起発光、誘導放出の実現に向け精力的に研究開発を行っている。

文 献

1) C. Adachi, M. A. Baldo, M. E. Thompson, S. R. Forrest, *J. Appl. Phys.*, **90**, 5048 (2001)
2) F. Hide, M. A. Diaz-Garcia, B. J. Schwartz, M. R. Andersson, P. Qibing, A. J. Heeger, *Science*, **273**, 1833 (1996)
3) A. Dodabalapur, E. A. Chandross, M. Berggren, R. E. Slusher, *Science*, **277**, 1787 (1997)
4) S. V. Frolov, W. Gellermann, M. Ozaki, K. Yoshino, Z. V. Vardeny, *Phys. Rev. Lett.*, **78**, 729 (1997)
5) V. Bulovic, V. G. Kozlov, V. B. Khalfin, S. R. Forrest, *Science*, **279**, 553 (1998)
6) M. D. McGehee, M. A. Diaz-Garcia, F. Hide, R. Gupta, E. K. Miller, D. Moses, A. J. Heeger, *Appl. Phys. Lett.*, **72**, 1536 (1998)
7) R. Gupta, M. Stevenson, A. Dogariu, M. D. McGehee, J. Y. Park, V. Srdanov, A. J. Heeger, H. Wang, *Appl. Phys. Lett.*, **73**, 3492 (1998)
8) N. Tessler, *Adv. Mater.*, **11**, 363 (1999)
9) M. Nagawa, M. Ichikawa, T. Koyama, H. Shirai, Y. Taniguchi, A. Hongo, S. Tsuji, Y. Nakano, *Appl. Phys. Lett.*, **77**, 2641 (2000)
10) K. P. Kretsch, W. J. Blau, V. Dumarcher, L. Rocha, C. Fiorini, J.-M. Nunzi, S. Pfeiffer, H. Tillmann, H.-H. Horhold, *Appl. Phys. Lett.*, **76**, 2149 (2000)
11) M. D. McGehee, A. J. Heeger, *Adv. Mater.*, **12**, 1655 (2000)
12) N. Tessler, P. K. H. Ho, V. Cleave, D. J. Pinner, R. H. Friend, G. Yahioglu, P. Le Barny, J. Gray, M. de Souza, G. Rumbles, *Thin Solid Films*, **363**, 64 (2000)
13) H. Yanagi, T. Ohara, T. Morikawa, *Adv. Mater.*, **13**, 1452 (2001)
14) M. Ichikawa, R. Hibino, M. Inoue, T. Haritani, S. Hotta, T. Koyama, Y. Taniguchi, *Adv. Mater.*, **15**, 213 (2003)
15) J. R. Lawrence, G. A. Turnbull, I. D. W. Samuel, *Appl. Phys. Lett.*, **82**, 4023 (2003)
16) M. Ichikawa, T. Tachi, M. Satsuki, S. Suga, T. Koyama, Y. Taniguchi, *J. Photochem. Photobio. A*, **158**, 219 (2003)
17) M. Berggren, A. Dodabalapur, R. E. Slusher, Z. Bao, *Synth. Met.*, **91**, 65 (1997)
18) Y. Okumura, M. Nagawa, C. Adachi, M. Satsuki, S. Suga, T. Koyama, Y. Taniguchi,

Chem. Lett., 754 (2000)
19) N. Tessler, G. J. Denton, J. H. Friedl, *Nature*, **382**, 695 (1996)
20) D. Fichou, S. Delysse, J.-M. Nunzi, *Adv. Mater.*, **9**, 1178 (1997)
21) M. Nagawa, R. Hibino, S. Hotta, H. Yanagi, M. Ichikawa, T. Koyama, Y. Taniguchi, *Appl. Phys. Lett.*, **80**, 544 (2002)
22) R. Hibino, M. Nagawa, S. Hotta, M. Ichikawa, T. Koyama, Y. Taniguchi, *Adv. Mater.*, **14**, 119 (2002)
23) M. Ichikawa, H. Yanagi, Y. Shimizu, S. Hotta, N. Suganuma, T. Koyama, Y. Taniguchi, *Adv. Mater.*, **14**, 1272 (2002)
24) V. G. Kozlov, G. Partharathy, P. E. Burrows, V. B. Khalfin, J. Wang, S. Y. Chou, S. R. Forrest, *IEEE J. Quantum Electron.*, **36**, 18 (2000)
25) N. Tessler, N. T. Harrison, R. H. Friend, *Adv. Mater.*, **10**, 64 (1998)
26) Y. Taniguchi, C. Adachi, T. Koyama, M. Nagawa, USSN 09/395, 130, (fled Sep.14, 1999 ; already allowed) (1999)
27) G. Partharathy, C. Adachi, P. E. Burrows, S. R. Forrest, *Appl. Phys. Lett.*, **76**, 2128 (2000)
28) A. Yamamori, S. Hayashi, T. Koyama, Y. Taniguchi, *Appl. Phys. Lett.*, **78**, 3343 (2001)
29) A. Yamamori, C. Adachi, T. Koyama, Y. Taniguchi, *Appl. Phys. Lett.*, **72**, 2147 (1998)
30) M. Ichikawa, Y. Tanaka, N. Suganuma, T. Koyama, Y. Taniguchi, *Jpn. J. Appl. Phys.*, **40**, L799 (2001)
31) Y. Oki, K. Aso, D. Zuo, N. J. Vasa, M. Maeda, *Jpn. J. Appl. Phys.*, **41**, 6370 (2002)
32) M. Notomi, H. Suzuki, T. Tamamura, *Appl. Phys. Lett.*, **78**, 1325 (2001)
33) G. A. Turnbull, P. Andrew, W. L. Barnes, I. D. W. Samuel, *Phys. Rev. B*, **67**, 165107 (2003)
34) M. Berggren, A. Dodabalapur, R. E. Slusher, A. Timko, O. Nalamasu, *Appl. Phys. Lett.*, **72**, 410 (1998)
35) J. A. Rogers, M. Meier, A. Dodabalapur, *Appl. Phys. Lett.*, **73**, 1766 (1998)
36) N. Suganuma, Y. Tanaka, A. Seki, M. Ichikawa, T. Koyama, Y. Taniguchi, *J. Photopolym. Sci. Tech.*, **15**, 273 (2002)
37) M. Ichikawa, Y. Tanaka, N. Suganuma, T. Koyama, Y. Taniguchi, *Jpn J. Appl. Phys.*, **42**, 5590 (2003)
38) L. B. Schein, *Phys. Rev. B*, **15**, 1024 (1977)
39) J. A. Misewich, R. Martel, P. Avouris, J. C. Tsang, S. Heinze, J. Tersoff, *Science*, **300**, 783 (2003)
40) M. Berggren, A. Dodabalapur, R. E. Slusher, Z. Bao, *Nature*, **389**, 466 (1997)

第9章　インテリジェント材料

1　高分子ナノシートを用いた分子スイッチングとフォトダイオード

松井　淳[*1]，宮下徳治[*2]

1.1　はじめに

これまでの高度情報化社会は，シリコンを中心とする無機半導体デバイスにより支えられてきた。近年シリコンLSIの微細化による性能向上に限界が意識されはじめ，これまでの微細加工技術を応用して超格子構造や単一電子トランジスターなどの新しいデバイスへの展開が試みられている。このようなダウンサイジングまたはトップダウン型でナノデバイスを構築する手法とは別に，有機，高分子を中心として分子レベルで集積組織化してデバイスを構築するボトムアップ方式によるデバイス作製が考えられる。このような分子を順々につみあげてデバイスにするという分子素子の考え方は既に1970年代に提案されていたものの，その作製手法，評価法が確立されていなかったため大きな発展を遂げなかった。しかしながら走査型プローブ顕微鏡の開発による原子，分子レベルの構造評価が可能になり，またナノ粒子や超分子化合物といった新素材の発見により近年活発に研究が行われている。

このようなボトムアップ方式によるデバイス作製において，有機超薄膜を用いたデバイス作製はより現実的な手法であると考えられる。それはデバイスとして利用する際には分子素子を何らかの基板に並べる必要があると考えられ，その配列手法として薄膜作製技術を用いることが必要であるためである。このような有機超薄膜作製技術としては真空中での蒸発，昇華した分子を気相から製膜するドライプロセスと，溶媒に溶解させた分子を液相から製膜するウェットプロセスの大きく2つに分けることができる。本節では，その中でもウェットプロセスの手法の1つであるLangmuir-Blodgett法を用いた有機デバイス作製例について述べる。

1.2　Langmuir-Blodgett膜および高分子ナノシート

Langmuir-Blodgett（LB）膜とは，分子内に疎水基と親水基とを合わせ持つ両親媒性物質が，気液界面に形成する単分子膜（Langmuir膜）を固体基板上に累積して得られる分子累積膜である。このLB膜に電子機能や光機能を付与し機能性超薄膜として分子デバイスを作製しようとす

[*1] Jun Matsui　東北大学　多元物質科学研究所　助手
[*2] Tokuji Miyashita　東北大学　多元物質科学研究所　教授

第9章 インテリジェント材料

る試みが1960年代から,Kuhnらにより精力的に研究が行われてきた[1]。これらLB法により作製された素子はその安定性などの問題から研究段階にとどまったが,ボトムアップ法によるナノデバイス作製の一技術として近年再び注目を浴びている。また積層膜の安定性の向上として高分子を用いたLB膜の研究も行われてきた[2]。

筆者らが研究を行っているアクリル(メタクリル)アミド高分子は,アミド部位の親水性と側鎖のアルキル部位の疎水性のバランスにより高分子鎖1本が絡まり合うことなく水面上に二次元に広がった構造を取ることができる(図1)。これをLB法により基板上に転写することにより高

図1 高分子ナノシートを形成するアクリルアミド,メタクリルアミド高分子

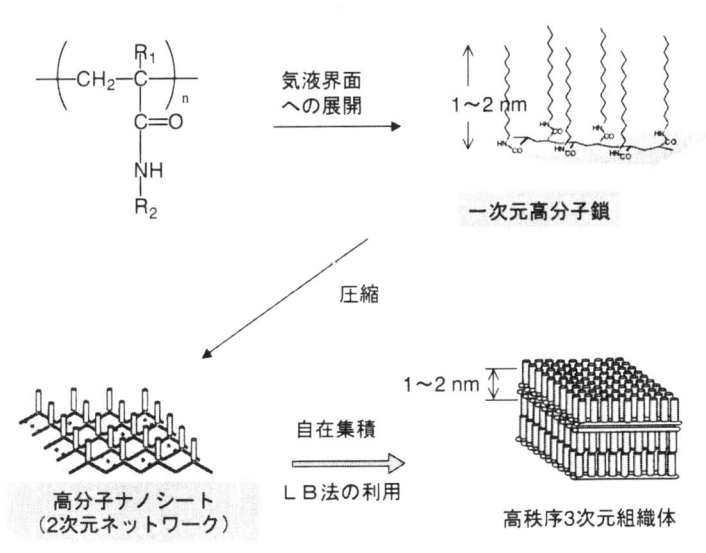

図2 高分子ナノシート積層体の作製法

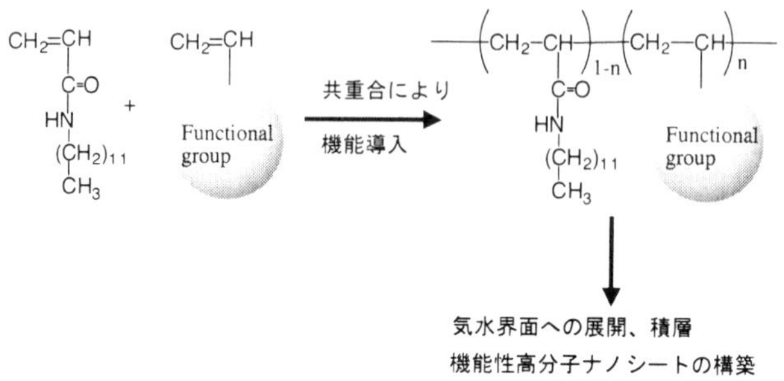

有機半導体の応用展開

図3 機能性高分子ナノシート積層体の構築例

分子 LB 積層膜が作製可能である。ここでアクリルアミド高分子がその他の高分子 LB 膜と異なるのは，アミド部位間に水素結合が働きそれが二次元ネットワークでつながる点である。そのため，それぞれの層内における高分子主鎖間があたかも物理架橋し厚さナノメートルの高分子シートを構築することが可能である（図2）。

アクリルアミド高分子を高分子ナノシートの基本材料として用いる利点は，強固で安定なナノシートを構築できるというだけでなく，共重合法により容易にナノシートに機能を付与することができるということである。アクリルアミド高分子はそれぞれのビニルモノマーをラジカル重合することにより合成されるため，機能分子のビニル誘導体を合成し，ラジカル共重合することにより機能性二次元ナノシートを容易に構築することが可能である（図3）。このような戦略のもと筆者らは，光機能性，分子認識性，撥水性など様々な機能を付与したナノシートの開発に成功した[3]。次項では，その中でも分子フォトダイオードおよびそれを用いた光駆動型論理演算素子について解説する。

1.3 フォトダイオードナノシート

LB 膜を用いたダイオードとしては，既に80年に報告されていた。これらの素子は化合物半導体と同様な考え方に基づき，p 型の有機色素と n 型の有機色素をヘテロ接合することにより整流性を実現している[4, 5]。一方で光合成における高効率な光誘起電子移動は，光機能性分子が最適な空間に配置されることにより高効率な光エネルギー変換を実現している。

この方向性を持った電子移動，ベクトル的電子移動を用いた分子フォトダイオードは Fujihira らにより最初に報告された[6]。Fujihira らは，増感色素（S）としてピレンを用い，電子供与体（D）としてフェロセンを，受容体（A）としてメチルビオロゲンを用いて，これらをヘテロに累積することにより分子フォトダイオードの作製に成功した。しかしながら，これらのヘテロ積

層膜は低分子化合物から形成されているため,凝集や結晶化が起こり,また両親媒性分子の反転 (flip-flop motion) などにより一般的に不安定である。

そこで筆者らは,高分子ナノシートを用いた分子ダイオードの作製を行った。高分子ナノシートとしてはN-dodecylacrylamide用い,増感色素(S)としては可視領域に比較的大きな吸光係数を示すRu錯体を,また電子ドナーとしてferrocene誘導体を用い,先に示した共重合法により機能性高分子ナノシートを構築した(図4)[7]。LB法を用いてこれらの高分子ナノシートを電極にRu錯体,Fcナノシートの順に累積した構造において,その電気化学的挙動についてcyclic voltammetryにより検討を行った。電極にFcナノシートのみを積層した場合,その酸化が0.4V(vs SCE)付近に観測されたが,ヘテロ積層膜ではこの酸化波が観測されなかった(図5)。

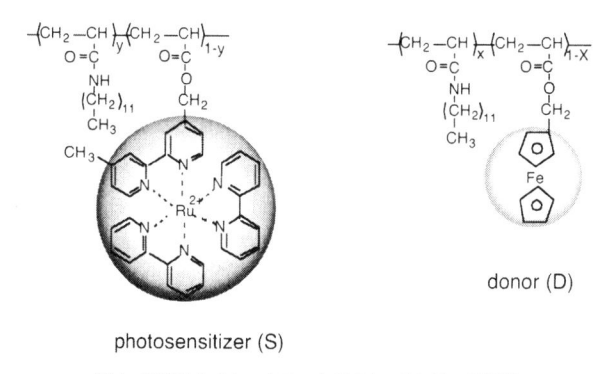

図4 高分子ナノシートフォトダイオードに用いる色素

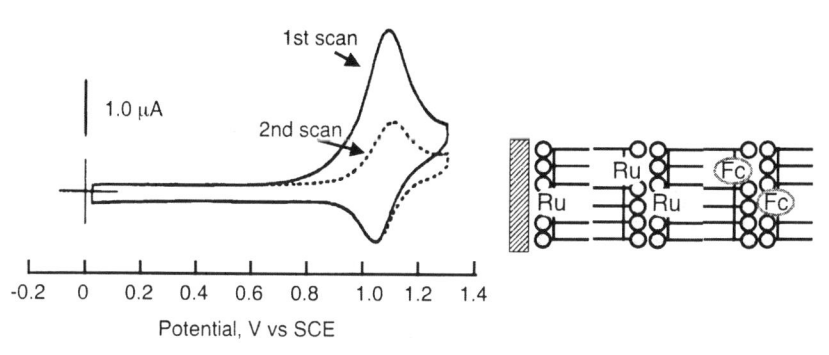

図5 ヘテロ積層高分子ナノシートによる整流性
1度目のscanにおいて0.4V付近にFcの酸化波が観測されず,2度目のscanでは流れる電流量が減少している。
挿入図:ヘテロ積層構造

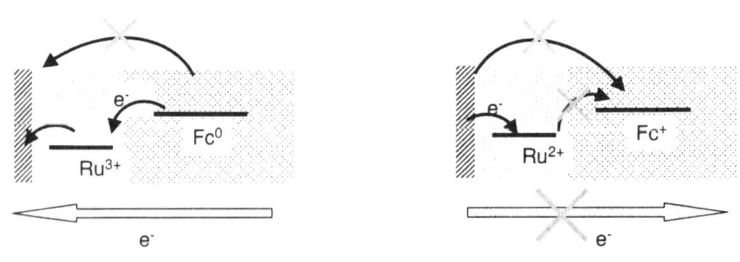

これは内側の Ru ナノシートが絶縁層として働いているためである。さらに電位をアノーディックに掃引すると，0.8V（vs SCE）から Ru の酸化に伴う電流が観測された。この電位においては Ru/Fc 界面において酸化された Ru 錯体より Fc が触媒的に酸化される（図6(a)）。一方で還元反応では還元された Ru^{2+} が Fc を還元するのは熱力学的に不可能であり，そのため，Ru から Fc への電子移動はおこらない（図6(b)）。そのため Ru 錯体の還元波は観測されるが，Fc の還元波

図6 ヘテロ積層高分子ナノシートによる整流性の発現機構
(a)酸化方向への scan，(b)還元方向への scan

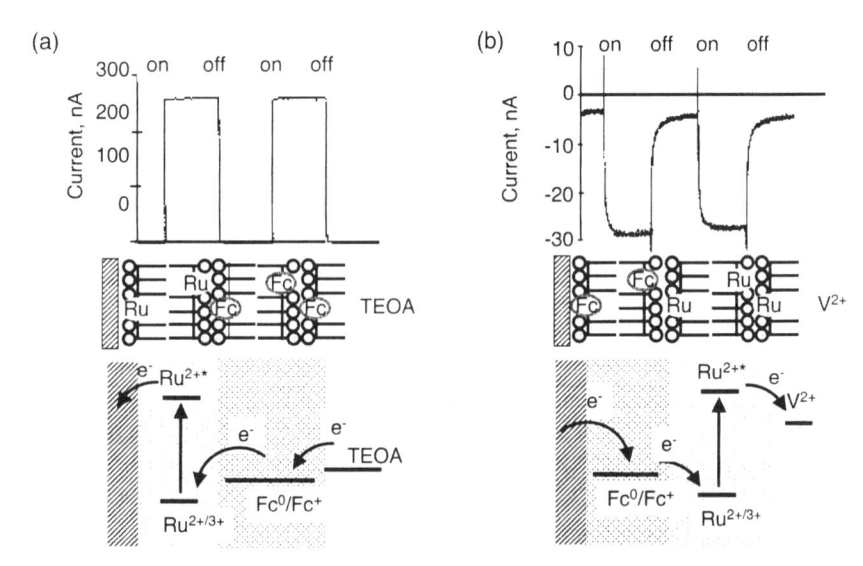

図7 ヘテロ積層高分子ナノシートによるベクトル的光電流
(a)アノード方向，(b)カソード方向の光電流
積層順序を変えることにより電流方向を制御することができる。
TEOA : triethanolamine, V^{2+} : bis (2-hydroxyethyl)-N,N'-4,4'bipyridinium cation

第9章　インテリジェント材料

は観測されずFcに電荷が蓄積された状態となる。この電荷の蓄積は2度目のscanでの酸化電流が1度目と比べ大きく減少していることからもあきらかである。これよりRuナノシートとFcナノシート界面においてはFcからRuへの一方向の電子移動しか起こらないことが明らかとなった。

続いて，このヘテロ積層ナノシートを応用してナノシートフォトダイオードを作製した。電極からRuナノシート，Fcナノシートの順に積層しRu錯体の励起波長を照射すると，アノード光電流が観測された。これは，励起されたルテニウム錯体から電極への電子注入，およびFc層からRu錯体へとポテンシャル勾配に沿った電子移動がおこるためである。このようにヘテロ接合界面を用いることにより分子フォトダイオードの構築が可能となった（図7(a)）。さらに積層順序を電極/Fc/Ruとポテンシャル勾配を反転させると，電流方向も反転し（図7(b)），累積順序を変えることにより電流方向が制御できる高分子ナノシートフォトダイオードの構築に成功した。またこのナノシートフォトダイオードは，電解質に加えた電子ドナーあるいはアクセプターが逆電子移動反応を抑制するため，約6%という比較的高い光電変換効率を示した。

1.4　光駆動型AND論理演算素子

さらに筆者らは，高分子ナノシートフォトダイオードを組み合わせることにより，光駆動型AND論理演算素子を作製することに成功した[8]。その膜構造は2つの分子光ダイオードを直列でつないだ構造からなっている（図8）。それぞれのフォトダイオードの光吸収色素としては，Ru錯体ではなくフェナンスレン（Phen）とアントラセン（An）を用いている。これはPhenが300nm以下の波長に吸収を示すのに対し，Anは320nm以上に吸収を示すことからPhenからなるフォトダイオードとAnからなるフォトダイオードを独立に駆動させることが可能となるからである。そこでPhenに対する電子アクセプター（A）としてdinitrobenzeneを，Anに対する電子ドナー（D）としてdimethylanilineを用い，PhenとAの組み合わせで1つのナノシートフォトダイオードを，DとAnの組み合わせでもう1つのナノシートフォトダイオードを構築し，これらを光電流の方向が同方向になるように電極に対して積層した（図8）。この積層素子においてPhen，もしくはAnどちらか一方を選択的に励起すると光励起されたPhenから電子アクセプターへの（図9(a)），あるいは電子ドナーから光励起されたAnへの光誘起電子移動（図9(b)）がおこりそれに伴い70pAの光電流が観測された。

一方で，PhenとAnを両方同時に励起すると，それぞれを独立で励起した時の和（70+70=140pA）よりも1.4倍大きい190pAの光電流が観測された（図9(c)）。つまり，この高分子ナノ組織体はHighの出力値がLowの出力値の約3倍大きいAND回路として働くことが明らかとなった（表1）。この非線形的な応用は，どちらか一方の色素のみを励起した場合，励起されて

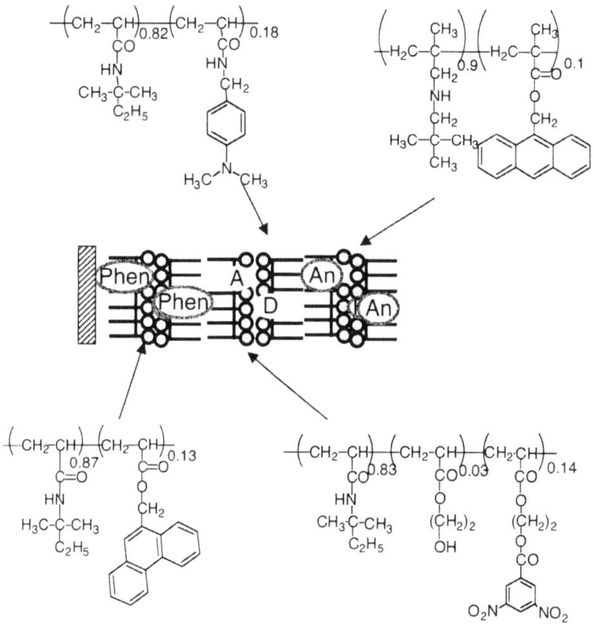

図8 光駆動型 AND 論理素子構造と用いる高分子ナノシート

いない層が電子移動に対し絶縁層として働くのに対し，両方励起した場合にはすべての層が光電流発生層としてだけでなく，電子輸送層としても働き，またその電子移動の方向も同一方向であるためと考えられる（図9(c)）。

1.5 スイッチングデバイス

LB膜を用いたスイッチング素子としては，主にフォトクロミック分子を用いたものが報告されてきた[9〜11]。一方で，情報化社会を支えているシリコンデバイスを考えると，電気信号をシグナルとしたLB膜スイッチングデバイスがボトムアップアプローチからのナノデバイス実用化に近いと考えられる。半導体のように電気信号によりその導電率が変化するLB膜素子は，既に1985年にsqualilium色素LB膜を用いたSakaiらによって報告されている[12]。彼らは，LB膜を金属電極ではさみ電極間のI-V特性について検討を行ったところ，このLB膜が1Vまでは高い伝導度（on状態）を示し，これ以上の電圧を印可すると伝導度が大きく減少する（off状態）ことを示した。このon状態とoff状態は印可電圧が，ある閾値電圧を超えない限り安定であることから，squalilium色素LB膜を電子メモリーデバイスとして用いることが可能である。この伝

第9章　インテリジェント材料

図9　光駆動型 AND 論理演算の応答

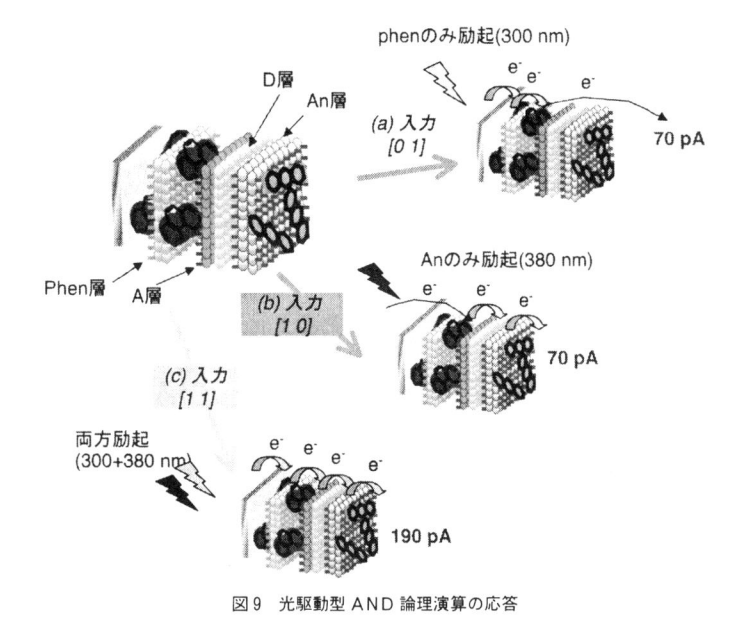

表1　光駆動型 AND 論理演算の真偽表

入力1 (300nm)	入力2 (380nm)	出力
off	off	0 (0pA)
on	off	0 (70pA)
off	on	0 (70pA)
on	on	1 (190pA)

導度のスイッチングは電圧印可に伴う界面付近での色素の会合状態の変化が関係していると考えられている[13]。

また近年の超分子化学の発展により，超分子を LB 法で固体基板に固定化し，超分子の電気的な変化を応用した電子デバイスの開発が Heath らにより活発に行われている[14]。例えば図10に示す[2]catenane は基底状態では，bipyridinetetrathiafulvalene（TTF）部位に環状 bipyridine 部位（Cbpy）が存在する co-conformer [A^0] が安定な構造体である。ここで電気化学的に TTF 部位を酸化して $TTF^{·+}$ を形成させると，bipyridine 部位の静電反発によりポリエーテル環が回転し 1,5-dioxynaphthalene（NP）部位に Cbpy が環を巻いた co-conformer [B^+] に空間配座が

137

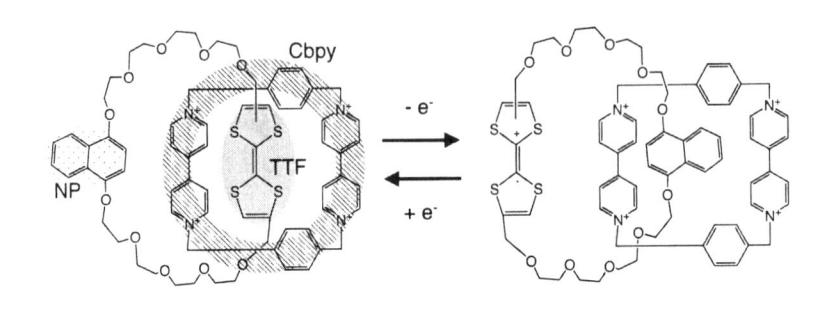

図10 [2]catenaneの化学構造とスイッチング挙動

変化する。Heathらは、この性質を利用して分子スイッチングデバイスを構築した。彼らは、LB法を用いて[2]catenaneをSi基板状に一層累積し、その上にアルミニウムトップ電極を蒸着し、[2]catenaneを通して電極間に流れるトンネル電流を測定した。累積直後の固体素子では[2]catenaneは[A^0]の構造をとっており、この状態で0.1Vのバイアス電圧を印加し、[2]catenaneを通して流れるトンネル電流の測定を行った。続いて−2Vの電圧を印加して[2]catenaneを[B^+]に構造を変化させた後に、一度バイアス電圧を0Vとすると、[2]catenaneは中性の[B^0]の構造をとる。この状態で同様にトンネル電流の測定を行ったところ[A^0]と比較してその接合抵抗は約1/4であった。彼らはこの原因として、[B^0]状態の方がHOMO-LUMOギャップが[A^0]と比べ小さいためと考察している。さらに+2Vのバイアス電圧を印加すると[B^0]から[A^0]状態へと戻り、これは数百回繰り返すことが可能であった。また彼らは、[2]catenaneだけでなくrotaxaneや[2]pseudorotaxaneをLB法を用いて固体基板上に配列させ、スイッチング素子や論理演算素子の作製に成功している[14)b), c)]。

1.6 おわりに

以上、LB法を用いた分子デバイスについて筆者らの研究を中心に解説した。LB法は異種界面を巧みに利用してナノ組織体を構築する手法であり、ボトムアップアプローチによるナノデバイス構築には界面での現象を十分に理解し、それらを目的に応じて利用、制御することが重要と考えられる。近年ではLB法と微細加工技術を組み合わせたメモリーデバイスのプロトタイプが報告され、分子デバイスが徐々にではあるが現実味を帯び始めている[14)e)]。今後は導電性高分子ナノシート等を用いて分子間を配線することにより、すべてボトムアップ法で構築された分子デバイスの開発が期待される。

第9章 インテリジェント材料

文　献

1) H. Kuhn, D. Möbius, H. Bucher, "Physcial Methods of Chemistry", Vol.1, Wessberger, B. W. Rossiter (eds.), PartⅢ-B, ChapⅦ, Wiley, New York (1972)
2) a) 宮下徳治, 松田実, 表面, **28**, 569 (1990)
   b) 宮下徳治, 高分子, **47**, 122 (1998)
   c) 宮下徳治, 三ッ石方也, 高分子, **50**, 644 (2001)
3) a) T. Miyashita, *Porg. Polym. Sci.*, **18**, 263 (1993)
   b) P. Qian, M. Matsuda, T. Miyashita, *J. Am. Chem. Soc.*, **115**, 5624 (1993)
   c) 宮下徳治, 青木純, 油化学, **49**, 1217 (2000)
4) E. E. Polymeropoulos, D. Möbius, H. Kuhn, *Thin Solid Films*, **68**, 173 (1980)
5) M. Saito, M. Sugi, T. Fukui, S. Iizima, *Thin Solid Films*, **100**, 117 (1983)
6) M. Fujihira, K. Nishiyama, H. Yamada, *Thin Solid Films*, **132**, 77 (1985)
7) a) A. Aoki, Y. Abe, T. Miyashita, *Langmuir*, **15**, 1463 (1999)
   b) A. Aoki, T. Miyashita, *J. Electroanal. Chem.*, **473**, 125 (1999)
   c) A. Aoki, T. Miyashita, *Chem. Lett.*, **563** (1996)
8) J. Matsui, M. Mitsuishi, A. Aoki, T. Miyashita, *Angew. Chem. Int. Edit.*, **42**, 2272 (2003)
9) H. Tachibana, T. Nakamura, M. Matsumoto, H. Komizu, E. Manda, H. Niino, A. Yabe, Y. Kawabata, *J. Am. Chem. Soc.*, **111**, 3080 (1989)
10) T. Seki, M. Sakuragi, Y. Kawanishi, Y. Suzuki, T. Tamaki, R. Fukuda, K. Ichimura, *Langmuir*, **9**, 211 (1993)
11) I. Yamazaki, N. Ohta, *Pure & Appl. Chem.*, **67**, 209 (1995)
12) a) K. Sakai, H. Matsuda, H. Kawada, K. Eguchi, T. Nakagiri, *Appl. Phys. Lett.*, **53**, 1274 (1988)
    b) K. Sakai, H. Kawada, O. Takamatsu, H. Matsuda, K. Eguchi, T. Nakagiri, *Thin Solid Films*, **179**, 137 (1989)
13) M. Kushida, H. Inomata, Y. Tanaka, K. Harada, K. Saito, K. Sugita, *Jpn. J. Appl. Phys.*, **41**, L281 (2002)
14) a) C. P. Collier, G. Mattersteig, E. W. Wong, Y. Luo, K. Beverly, J. Sampaio, F. M. Raymo, J. F. Stoddart, J. R. Heath, *Science*, **289**, 1172 (2000)
    b) C. P. Collier, E. W. Wong, M. Belohradsky, F. M. Raymo, J. F. Stoddart, P. J. Kuekes, R. S. Williams, J. R. Heath, *Science*, **285**, 391 (1999)
    c) C. P. Collier, J. O. Jeppesen, Y. Luo, J. Perkins, E. W. Wong, J. R. Heath, J. F. Stoddart, *J. Am. Chem. Soc.*, **123**, 12632 (2001)
    d) E. W. Wong, C. P. Collier, M. Behloradsky, F. M. Raymo, J. F. Stoddart, J. R. Heath, *J. Am. Chem. Soc.*, **122**, 5831 (2000)
    e) Y. Chen, G-Y. Jung, D. A. A. Ohlberg, X. Li, D. R. Stewart, J. O. Jappesen, K. A. Nielsen, J. F. Stoddart, R. S. Williams, *Nanotechnology*, **14**, 462 (2003)
    f) Y. Chen, D. A. A. Ohlberg, X. Li, D. R. Stewart, J. O. Jappesen, K. A. Nielsen, J. F.

Stoddart, D. L. Olynick, E. Anderson, *Appl. Phys. Lett.*, **82**, 1610 (2003)

2　カーボンナノチューブ

藤田淳一[*]

2.1　はじめに

　ナノチューブとは，直径がナノメートルオーダーで直径や巻き方により金属や半導体になり，また機械的強度が大きく化学的に安定な，世界で一番小さな炭素結晶である。今日一般に言われるカーボンナノチューブ[1]とは，1991年に飯島澄男によって発見されたカイラリティ構造をもつ炭素結晶の一形態である。ナノチューブ発見に至る以前，1960～1970年代にはすでにいくつかのグループが特異な炭素繊維を見出していた。特にR.Baconは，グラファイトがナノスケールの巻物[2]の形で形成されていることをX線解析や顕微鏡を用いて把握していた（写真1）。また，遠藤らも有機合成繊維から炭素繊維を合成する過程で中心に非常に細長い繊維が成長していることを確認し，1976年の論文[3]に記述していた。

　しかし後に詳しく述べるように，ナノチューブの価値はカイラリティを持つことである。そして飯島は，この重要なポイントを論文[1]の中で明確に指摘した。しかし，1991年に電顕のイメージサークルのなかに最初に発見されたナノチューブは2重構造の多層ナノチューブである。単層ナノチューブは，1993年に飯島[4]およびBethume[5]らがほぼ同時に鉄やコバルト触媒による生成物中に見出した。本節では，ナノチューブの基本的な特性とエレクトロニクス応用技術，さらに内在する技術的課題を紹介する。

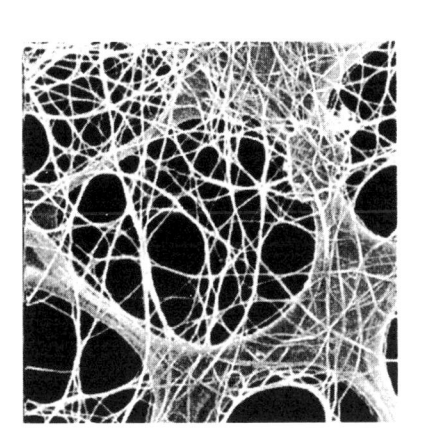

写真1　ナノチューブの走査イオン顕微鏡像

* Jun-ichi Fujita　筑波大学　物理工学系　助教授

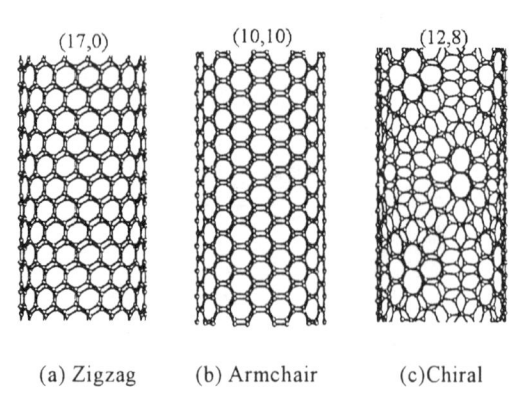

2.2 ナノチューブの構造

ナノチューブは，図1に示すようなグラファイトシート（グラフェン）を丸めて作った円筒構造をしている。この丸め方にはいくつかの方法がある。グラフェンは6方格子でできているので，任意の格子点を指定するためには1組の基本並進ベクトル a_1, a_2 を用いる。任意の格子点はこの基本ベクトルの線形結合，つまりがそれぞれ何個ずつ進むかを，$C_h=na_1+ma_2$ で表し，C_h をカイラル（chiral）ベクトル[6, 7]，(n, m) をカイラル指数と呼ぶ。

円筒をつくるには，まず原点 (0, 0) を基点にしてシート上のどこかの格子点を原点に重ね合わせることでチューブの赤道方向を決める。次に，例えば (10, 0) という点と原点を重ね合わ

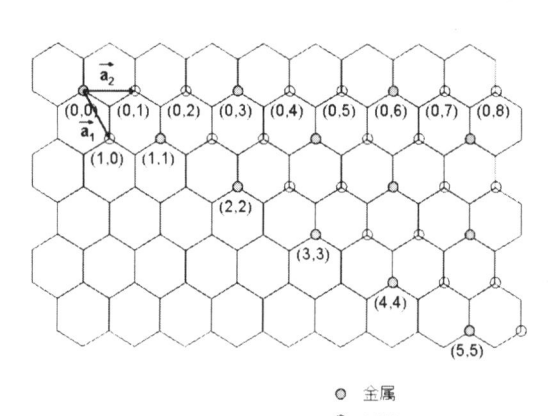

図1 グラフェンシートの結晶構造とカイラルベクトル

図2 ナノチューブの構造

第9章 インテリジェント材料

せると図2(a)に示すようなジグザグ型のナノチューブができる。チューブの軸方向は写真1から直感的に見て取れるが、そのまま並進対称性を保ったまま六方格子がうまく整合する。(n, n)のラインに沿った格子で重ね合わせたチューブは図2(b)に示すようにその切り口が肘掛椅子の形になるので、アームチェア型のナノチューブと呼ばれる。実はこれら基本並進ベクトル軸上以外に、どの6角形の格子点を重ね合わせてもチューブを作ることができ、カイラルチューブと呼ばれる(図2(c))。このとき、いかなるカイラルベクトルを用いて円筒を作っても、円筒チューブを作ることができる。なぜなら、円筒の軸方向はカイラルベクトルと直角で、原点を起点にした軸方向の周期性とカイラルベクトル先端からみた軸方向の周期性は必ず一致するからである。

2.3 ナノチューブの合成

ナノチューブの合成は大きく分けて、アーク放電法[1,4,5,8]、レーザー蒸発法[9,10]、化学気相成長法[11,12]がある。最初のナノチューブは直流アーク放電の陰極側堆積物中[8]に大量に見出された。多層ナノチューブは炭素電極のアーク放電のみで生成することが可能であるが、単層ナノチューブ合成[4]には触媒が必要である。炭素電極棒に鉄を埋め込み、アルゴンとメタンの減圧混合ガス中でのアーク放電を起こすと、鉄は溶けて蒸気となり単層ナノチューブが生成する。同様にニッケルや鉄の触媒を混ぜた炭素棒にYAGレーザーを照射すると単層ナノチューブを合成できる。

Thess[9]らは、NiCo触媒を含有したグラファイト棒にYAGレーザーを照射し、単層ナノチューブが束になったナノロープを70％を越える収率で合成することに成功した。この方法で1～10グラム単位のナノチューブが得られる。レーザー蒸発法の特徴は比較的高純度の単層ナノチューブを得ることが可能であり、反応炉の温度を制御することでチューブの直径制御も可能[10]であるが収量は少ない。

一方、熱分解法[11]では、550～1,000度の炉の中に原料の炭化水素ガスと触媒を導入し、気相反応でナノチューブを合成する。この手法は、Baconや遠藤がナノチューブ発見以前から炭素繊維合成に用いていた方法でもある。熱分解法は大量の単層ナノチューブ合成に向いている。Smalleyらが開発した大量単層ナノチューブ合成法[12]では、原料ガスに一酸化炭素を用い、800～1,200度で合成する。触媒として導入された鉄カルボニルが熱分解し、ナノチューブが合成される。このとき一酸化炭素ガスの圧力を10気圧と高くすることで合成速度が格段に早くなる。また、CVD法の大きな特徴は位置選択成長が可能である点にある。

このようにして合成されたナノチューブには、副生成物としてのフラーレンやグラファイト、アモルファスカーボン、そして触媒金属が不純物として混入している。一般的には、次のような高純度化のプロセスが必要である。まず、トルエンでフラーレンを溶かし出し、つぎに大気中で470℃程度の温度でアモルファスカーボンを焼き、最後に硝酸で金属触媒を溶かし出して高純度

143

ナノチューブが得られる。

2.4 ナノチューブの電気伝導

　グラファイトの電子状態は逆格子空間のK点（実空間で6角形の頂点）で荷電子帯と伝導体が接しており，ここにフェルミレベルがあるため半金属の特性を示す。ナノチューブはこのグラファイトを丸めた円筒構造である。円筒の軸方向が十分に長いとすれば電子波は任意の波数をとりうるが，赤道方向の電子波に対しては周期的な境界条件により，赤道の長さの整数分の1のドブロイ波長を持つ電子波のみが定常波として存在を許される。逆格子空間では，軸方向の波数が等間隔に制限されることに対応する。この許される波数がK点を通る場合に金属的伝導に，通らない場合に半導体的伝導になる。金属か半導体かはカイラル指数 (n, m) で決まる。$n-m$ が3の倍数のとき金属的，そうでない時が半導体であり，1/3規則と呼ばれる。この規則に従うと，(n, n) の指数を持つアームチェア型ナノチューブはすべて金属的となる。半導体的なナノチューブのエネルギーギャップの大きさは半径に反比例し，0eVから1eV程度の範囲に連続的に分布する。ただし，直径0.7nmあたりを境として，これよりも小さな直径のナノチューブではこれらの規則には従わない。

　ナノチューブの電子状態に対するチューブ壁の折れ曲がりの効果は浜田らも議論している。第一原理計算によると，折れ曲がりによる軌道混成で伝導帯中のバンドがFermi面をよぎるので，直径0.7nm以下のナノチューブは巻き方によらず金属的になる。このようにナノチューブは，ねじれ方（カイラリティ）の違いで半導体的にも金属的にもなり，またチューブ半径の選択でエネルギーギャップの異なるナノチューブが得られることから広範囲なエレクトロニクス分野への応用が期待されている。ナノチューブの最初の電気伝導[15]はEbbesenらによって1996年に測定された。基板上に散らばるナノチューブの分布を見出し，所望のナノチューブ上に電極を形成し測定することで，理論で予測されるような半導体的伝導，金属的伝導を示すナノチューブが実際に見出された。

2.5 ナノチューブのエレクトロニクスデバイス

　ナノチューブをエレクトロニクスデバイスに応用する上での特徴は，
① 大きな電流密度で流すことができる（$\sim 10^9 \mathrm{A/cm^2}$）
② 最大の熱伝導率を持つ（ダイヤモンド以上，$\sim 2,000\mathrm{W/m/K}$）
③ 最大の機械的強度（ヤング率）を持つ（$>1\mathrm{TPa}$）
④ 半導体的ナノチューブでは直径でバンドギャップが変化する
ことである。これらの特徴を用いたナノチューブのエレクトロニクスデバイスへの応用を2種類

第9章　インテリジェント材料

にわけて紹介する。

1つは(i)従来のSiテクノロジーとの融合を基本としたデバイス思想，もう1つは(ii)ナノチューブ自体の特異性を生かした分子デバイスの思想である。(i)のデバイスでは，主にSiの代わりに半導体ナノチューブを用いる。また，ナノチューブ自体は理想的な格子周期性をもっているから，電子散乱が少ない。多少の格子欠陥が入っていても電子波動関数は十分に広がっているから，多少の後方散乱が増えるものの前方散乱にあまり影響を与えない。さらにチューブサイズが小さいからデバイスのサイズ縮小に寄与する。従来からのSiデバイス技術を利用しその技術を継承できるから，そのデバイス開発の基礎から応用へ向けての見通しが良い。これまでに，ナノチューブ電界効果トランジスタ（FET）やバリスティックな電子輸送を用いた磁気抵抗素子が開発され，それらを用いた簡単な論理回路の動作も実証されている。

一方，(ii)のデバイス思想では，チューブ自体が持つ分子内部の素子機能を利用する。単層ナノチューブに5員環や7員環の欠陥が入ると，そこを起点に異なるカイラリティを持つチューブの接合となる。つまり，金属-半導体，半導体-半導体の接合になる[14]。また，折れ目を導入したナノチューブではSET接合が形成される。このようなインターモレキュール素子をつなぎ合わせることで3次元デバイスをつくろうとするものである。必要とされる技術課題が山積みであるが，大変夢のある課題でもある。

以下にこれまで報告されているナノチューブ上で観測される興味ある電気・電子特性，またナノチューブを用いた電子デバイスの例をいくつか紹介する。

2.5.1　電界効果トランジスタ，ロジック回路

半導体ナノチューブを用いた電界効果トランジスタ[16,17]は，IBMのAvourisら，デルフト大のDekkerらから報告されている。素子の作製方法は単電子トランジスタ（SET）素子と同じで，酸化膜の下のSi基板をゲート電極にするか，もしくはゲート電極が酸化膜上に形成される。理想的なナノチューブは真空中でフェルミレベルがバンドギャップの中央にある真性半導体であるが，大気中では酸素の表面吸着によりフェルミ面が荷電子帯にシフトしたP型半導体となっている。ナノチューブFETは負のゲートバイアスでソース・ドレイン間に電流が流れ，正のゲートバイアスではほとんど電流が流れない。つまりホールドープ型のFETである。

さらに，デルフト大のBachtoldらは，半導体ナノチューブを用いたトランジスタを組み合わせてリングオッシレータ[18]を動かすことに成功した。Bachtoldらのナノチューブトランジスタ作成方法の特徴は，アルミニウム酸化膜をゲート絶縁膜にしていることである。アルミニウムの自然酸化膜は表面を均質に被覆する。しかもその厚さはせいぜい数ナノメートル程度であり，SETやジョセフソン接合（JJ）素子でもトンネルバリアとして良く利用される。ゲート絶縁膜厚はソースとドレイン間の距離の100nmに対して十分に薄いから，ゲートとナノチューブ間の

十分な静電結合を得ることができる。ナノチューブはこのゲート電極形成後にジクロルエタン溶媒を用いて基板にばらまかれる。その後，AFMを用いて，直径が1nm程度でゲート電極上にうまく落ちたナノチューブを探しだし，位置決めをした後に電子ビーム露光によるソースとドレイン電極形成および回路の配線を行っている。

　この方法の優れた点は，各トランジスタのゲート電位を個別に制御することが可能である。一般的にはSi基板をバックゲートとして用いることが多く，個別にゲート電位を制御することができない。このナノチューブトランジスタはon状態の抵抗値が26MΩ程度（V_{sd}が約$-1.3V$）である。このトランジスタ3個を用いたリングオッシレータで5Hzの発信動作が観測されている。トランジスタの抵抗値が非常に高いから仕方のない低周波発振であるが，ともかくナノチューブを用いたロジック回路とその動作が実証された。

2.5.2　トップゲートトランジスタ

　集積回路へのナノチューブ応用においては，特に高周波応用ではゲートと周辺電極間の浮遊容量を減らしRC積を低減する必要があり，トップゲート型のナノチューブFET[19]は有望である。二瓶らのトップゲートFETでは，単位幅あたりの相互コンダクタンスとして$5,800\mu S/\mu m$が得られ，現在のSi-p型MOSFETでの値（$400～600\mu S/\mu m$）より約1桁大きく，原理的に高速動作が可能であることを示している。また，このナノチューブFETはショットキー障壁制御ではなく，電荷密度制御による動作であることが確認され，従来のSi-FETと同じ原理で動作していると考えられる。デバイス特性を向上させるには，ゲートとナノチューブ間のより強い静電結合を実現しなくてはならない。このナノチューブFETではチタンがゲート電極材料として用いられ，ゲート酸化膜は自然酸化による酸化チタン（約2～3nm）である。その誘電率は60～90と推定され，酸化シリコンの3.9に対して圧倒的に高く，より強い静電結合を得ることが可能となっている。

2.5.3　バリスティック伝導

　ナノチューブ中ではバリスティックな伝導が予測される[20]。その飽和速度vs（バンド速度$(dE/dk)/2\pi\hbar$）は$5～8\times10^7 cm/s$であり，GaAsの飽和速度の10倍である。ナノチューブ内のバリスティック伝導を用いた素子として塚越らによりスピンバルブ素子[21]が報告されている。強磁性体（Co）でナノチューブを挟んだ素子構造中をスピン偏極した電子がナノチューブ内をバリスティックに伝導する。20Kに冷却し，熱雑音を減らした状態でスピン輸送を測定し，両端の磁性体の磁化の向きが揃っている時は電極間抵抗は低いが，電極の磁化方向が反転していると抵抗が高くなるスピンバルブ素子動作が確認されている。同様にReuletらは，ナノチューブを超伝導体ではさみ超伝導クーパー対の近接効果[22]を観測した。超伝導体中のクーパー対が常伝導のナノチューブ内にしみだし，全体で超伝導SNS型のジョセフソン接合を形成する。これも

第9章 インテリジェント材料

ナノチューブ内のバリスティック伝導である。

2.5.4 Inter-molecule 素子

分子内包（Inter-molecule）型素子[23]は，斉藤，Dresselhaus らより 1996 年には提案されていた。ペンタゴン（5員環）とヘプタゴン（7員環）をナノチューブに導入すると，2種類の特性の異なるナノチューブがシームレスにつながり，金属-金属，金属-半導体，半導体-半導体のヘテロ接合が形成される。このようなナノチューブは基本的にシャープな折れ曲がり（kink）をもっているはずである。Yao による半導体-金属接合を持つ折れ曲がったナノチューブ[24]では強い整流特性が得られ，ダイオードが形成されている。また，高分解能 STM を用いたナノチューブの金属-半導体接合や金属-金属接合のエネルギースペクトル[25]も測定されている。しかしながら，これらの接合特性は，バンドの折れ曲がりや，p型半導体を想定したショットキーバリアダイオードのモデルではうまく説明できない。さらに，人為的にチューブに折れ曲がりを作り，ポテンシャルバリアを形成することで SET 接合をつくること[26]ができ，この手法で室温動作するナノチューブ単電子トランジスタもつくられている。ナノチューブ量子細線 SET では細線の長さが電子ボックスのサイズを決めてしまう。細線の距離（電極間距離）が長いと電子井戸内のエネルギー準位幅が小さい。したがって，素子を室温で動作させるためには室温の熱雑音（～30meV）よりも十分に大きな量子準位をもつように，細線は短くなくてはならない。Postma らは，ナノチューブに AFM 針を用いて 2 カ所の折れ曲がりを形成し，これを電子 box とすることで室温動作の SET を作成した。この素子の準位間エネルギーは約 120meV である。

もう 1 つの意欲的な inter-molecule 素子としては，2 種類のナノチューブをクロスに接触させて形成するクロスジャンクション[27]がある。たまたま自然に形成されたものであるが，Fuhrer らによって測定されたクロス接合は，半導体-金属および，金属-金属のナノチューブ接合が形成されていて，$0.1e^2/h$ 程度のトンネルコンダクタンスが測定された。チューブ間の強い接触力がこのような高い電子の透過確率を生み出していると考えられる。金属-半導体ナノチューブによる接合ではショットキー接合型の I-V 特性を示し，3 端子整流素子の特性が観測されている。しかしこのような形状のチューブはごくまれにしか見つからない。一方，Postma らは，金属的伝導の単層ナノチューブを AFM チップを用いて操作し，クロスジャンクション[28]を作製している。電極を横切って張り付いているナノチューブを AFM 探針で切断し，チューブの端を針で押しながらクロスに重ねた接合の I-V 特性は強い非直線性で，しかも 0.2eV のギャップが観測されている。

2.5.5 燃料電池応用

ナノチューブの電池電極への応用は有望である[29]。メタノール酸化による燃料電池の効率はカーボンの電極に保持されている触媒金属の表面積をいかに大きくするかに依存する。この電極材料

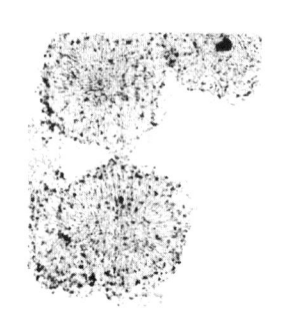

写真2 ナノホーン表面に分散したPt微粒子とナノチューブ燃料電池

として，NECの吉武らはカーボンナノホーン[30]を使うことを提案した。直径2nmの電気触媒Ptの微粒子をコロイド法でナノホーン表面に分散させる（写真2）。このサイズは従来の燃料電池電極（カーボンブラック）に分散させたPt微粒子の半分以下のサイズである。Ptはナノホーンに対して20〜40重量%で含まれる。この燃料電池セルでは従来のカーボンブラックによる燃料電池よりも高い電流密度を得ることができ，$40mW/cm^2$が得られている。モバイル機器用電池としては，より濃度の高いメタノールを用い，より高い電流密度を得ること，および，それらの実装技術が課題である。

2.5.6 その他のエレクトロニクス応用

ナノチューブ先端は曲率半径が小さく，良好な電界放出がみられる。1998年に斉藤らにより，このナノチューブの電界放出を用いた冷陰極フラットディスプレイが報告されている。サムソン（韓国）はナノチューブを電極に用いたカラーディスプレイを開発している。これ以外にも，STM探針，ナノチューブピンセット，水素吸蔵，人工筋肉など多くのナノチューブデバイス応用が報告されている。

2.6 エレクトロニクス応用の課題

このデバイスの実現のためには，高品質の半導体ナノチューブの単離・精製技術が不可欠である。ナノチューブ作製にはアーク放電法，レーザー蒸発法，CVD法があるが，いずれも金属，半導体分離は実現していない。ましてや現在の技術では必要なカイラリティと直径を持ったナノチューブを完璧に制御して合成することができない。エレクトロニクスデバイス応用においては半導体ナノチューブだけが必要で，電荷制御できない金属ナノチューブが混入していることは許されない。しかし最近では，合成されたナノチューブを化学的（界面活性剤の使用[31]），物理的（電気泳動[32]）などの方法で分離が成功しているから，分離精製・高純度化は近い将来実現でき

第9章 インテリジェント材料

るかもしれない。

次に,電気的測定で一番重要な部分が,ナノチューブのハンドリングと電極形成である。さらにナノチューブのハンドリングも今日の半導体プロセスに比べるとかなり原始的な手法が用いられる。不純物を多く含むナノチューブは,さらさらした粉状の物である。しかし純度の高いナノチューブはべたべたとからみつく真っ黒い蜘蛛の巣のような固まりである。さまざまなナノチューブが混じった煤をジクロロエタンなどの界面活性剤の溶液中に分散させ,さらに必要であれば強力な超音波を用いて,実験に使いやすい程度のチューブに分断・拡散させる。この溶液を基板上にスピンコートすることで基板上にナノチューブを分散させるが,Si 基板上にはランダムな向きに散らばった大小さまざまなナノチューブが張り付くことになる。いったん清浄な Si 基板上に付着したナノチューブはファン・デア・ワールス力で基板に強固に付着し,強力な超音波洗浄をほどこしても剥がれない。このナノチューブの付着した基板を AFM や STM で根気良く観察し場所を特定し,電子線リソグラフィや集束イオンビームを用いて電極が形成される。このような,いわば自然の成り行きにまかしたナノチューブのハンドリングではなく,所望の位置に所望の特性を持つチューブを合成する技術の早期確立が強く望まれる。

デバイス応用でもう1つ,地味であるが忘れてはならないのがオーミックコンタクトの形成技術である。単層ナノチューブとのオーミックコンタクトに SiC や TiC を用いることが提案されている[33, 34]。SiC や TiC とナノチューブの界面にはアモルファス層がなく原子レベルで整合した理想的界面になっていることが TEM 像からわかる。実際に単層ナノチューブを Ti 電極を用いた2端子法で測定すると,アニール前が 300MΩ あった抵抗値が 16MΩ まで減少し,温度依存の非常に少ないリニアな I-V 特性が得られる。金属ナノチューブに関してはこのようなカーバイド系材料で良好なオーミックコンタクトがえられるが,半導体ナノチューブでは依然としてコンタクト抵抗が高い。今後のコンタクト構造と材料の開発が課題である。

さらに,ナノチューブは実は結構たくさん欠陥が入っている可能性がある。高分解の TEM 像のなかに多数の欠陥が見出されるが,実際に何%入っているか正確な同定はなかなか難しい。炭素原子が1カ所欠けると,周囲の3個のボンドのうち2つが結合し,残る1つがダングリングボンドとして残る。これはたいてい水素などで終端される。しかし,このような欠陥が入っても,宮本らの計算結果[35]からチューブの強度低下は少ないと予測される。また,電気伝導に関しても,波動関数が十分に広がっているからチューブの伝導に大きな影響は少ないと考えられる。欠陥の影響は現在あまり注目されていないが,Si 半導体の結晶欠陥密度は 10^{-8} 以下に制御されたからこそ現在の半導体産業が成り立っていることを考慮すると,将来エレクトロニクス応用を真剣に考えるようになった時に重要な問題となりうる。

2.7 おわりに

　ナノチューブの魅力は，そのサイズ（直径）とカイラリティに依存してバンドギャップを選択できる点にある。これは半導体の世界では材料のバンドギャップを自由に制御することがなかなか困難であることと対照的である。しかし，ナノメートルという究極のサイズは同時に研究遂行上の大きな障害でもある。実際ナノチューブの観察自体は透過電子顕微鏡の世界であり，単層ナノチューブを通常の走査電子顕微鏡（SEM）で見ることは不可能に近い。通常のSEMで見えているのはたいていが太い多層ナノチューブか，それが束になったバンドルである。従って，ほとんどの単層ナノチューブ操作はAFMやSTMを用いて行われる。まさしくナノの世界での材料合成・成長の制御，さらにはナノ領域での操作が必要である。しかし，これらの困難を乗り越えることで従来のSiエレクトロニクスの概念を越える新しい世界が開拓されることを期待したい。

　半導体ナノチューブ自体は従来の電子デバイスと同様に，トランジスタやダイオード，さらにはSET素子も実際に動作することが確認されている。その動作速度も理論どおりにSiデバイスを越えることも期待できるようになってきた。将来的な応用がまだまだ未知の段階ではあるが，この魅力ある材料の今後の発展を心から願いたい。

　本稿を執筆するに当たり，NEC基礎研究所の宮本良之氏，二瓶史行氏，湯田坂雅子氏には資料の提供や詳細な議論いただきました。感謝いたします。

文　　献

1) S. Iijima, *Nature*, **354**, 516-58 (1991)
2) R. Bacon, *J. Appl. Phys.*, **31**, 283 (1960)
3) A. Oberlin et al., *J. Crystal Growth*, **32**, 335 (1976)
4) S. Iijima, T. Ichihashi, *Nature*, **363**, 603 (1993)
5) D. S. Bethune et al., *Nature*, **363**, 605 (1993)
6) R. Saito et al., *Phys. Rev. Lett.*, **68**, 1579 (1992)
7) N. Hamada et al., *Phys. Rev.*, **B45**, 6234 (1992)
8) 飯島澄男，カーボンナノチューブの挑戦，岩波書店（1999年1月）
9) A. Thess et al., *Science*, **273**, 483 (1996)
10) H. Kataura et al., *Jpn. J. Appl. Phys.*, **37**, 616 (1998)
11) M. Endo et al., *J. Phys. Chem. Solids*, **54**, 1841 (1993)
12) P. Nikolaev et al., *Chem. Phys. Lett.*, **313**, 91 (1999)

13) N. Hamada et al., *Phys. Rev. Lett.*, **68**, 1579 (1992)
14) R. Saito et al., *Phys. Rev.*, **B46**, 1804 (1992)
15) T. W. Ebbesen et al., *Nature*, **382**, 54 (1996)
16) R. Martel et al., *Appl. Phys. Lett.*, **73**, 2447 (1998)
17) S. J. Tans et al., *Nature*, **393**, 49 (1998)
18) A. Bachtold et al., *Science*, **294**, 1317 (2001)
19) F. Nihey et al., *Jpn. J. Appl. Phys.*, **41**, L1049 (2002)
20) T. Ando et al., *J. Phys. Soc. Jpn.*, **67**, 1704 (1998)
21) K. Tsukagoshi et al., *Nature*, **401**, 572 (1999)
22) A. Yu. Kasumov et al., *Science*, **284**, 1508 (1999)
23) R. Saito et al., *Phys. Rev.*, **B53**, 2044 (1996)
24) Z. Yao et al., *Nature*, **402**, 273 (1999)
25) M. Ouyang et al., *Science*, **291**, 97 (2001)
26) H. W. Ch. Postma et al., *Science*, **293**, 76 (2001)
27) M.S. Fuhrer et al., *Science*, **288**, 494 (2000)
28) H.W.C. Postma et al., *Phys. Rev.*, **B62**, R10635 (2000)
29) G. Che et al., *Nature*, **393**, 346 (1998)
30) T. Yoshitake et al., *Physica*, **B323**, 124 (2002)
31) D. Chattopadhyay et al., *J. Am. Chem. Soc.*, **125**, 3370 (2003)
32) R. Krupke et al., *Science*, **301**, 344 (2003)
33) Y. Zhang et al., *Science*, **285**, 1719 (1999)
34) F. Nihei et al., AIP conference Proceedings, Vol.590, 137-140 (2001)
35) Y. Miyamoto et al., Conference proceedings of CNT10, p.18, October 3-5, 2001 at Tsukuba, Japan

3 薄膜デバイスから単一分子デバイスへ

和田恭雄[*]

3.1 はじめに－何故単一分子デバイスか

3.1.1 超LSIの進歩と限界

情報技術は，表1に示したように情報処理，情報伝達，情報蓄積の3要素からなる。人類文明の初期は全ての要素で石・粘土等の無機構造材料が使用されたが，紀元前後に有機構造材料である紙が発明され20世紀まで使われてきた。しかし20世紀半ばに半導体トランジスタや光ファイバーが発明されると，情報処理はトランジスタ，情報伝達は半導体レーザーや光ファイバー，情報蓄積は磁気ディスクなど，無機機能性材料が用いられ，固体エレクトロニクスの全盛時代になった[1]。情報処理技術を例にとると，現代社会はMOSトランジスタからなる集積回路（MOSIC : integrated circuit）によって支えられているが，その進歩は3年ごとに最小加工寸法を70％，1チップ上のトランジスタ数を4倍にするという急速なものであった[1]。このようなデバイス寸法の縮小による進歩が可能な原因は，「比例縮小則」によりMOSトランジスタが高性能化できるためである[2]。すなわち，①平面寸法と縦方向の膜厚を比例定数$1/k$だけ小さくする，②不純物濃度をk倍にする，③電界強度を一定にすると，①スイッチング速度は$1/k$，②スイッチング電力は$1/k^2$，③スイッチングエネルギーは$1/k^3$になり，低消費電力化と高性能化が同時に実現できる。

しかし，このような寸法縮小による高性能化はいつまでも続くものではなく，2007年頃には最小加工寸法が70nm，さらに2020年頃には最小加工寸法が20nm以下と，物理的，化学的，材料的な限界に直面する時期になり，MOSICの急激な進歩は終止符を打つと予想されている。具体的な限界要因は，①半導体のバンドギャップ，②絶縁体のバンドギャップ，③導体の電流密度，④統計誤差（$\sqrt{N}/N$），⑤付加抵抗・容量の増大，などであり，これらの要因は最小加工寸法70

表1 情報技術を担うデバイスの歴史的変遷と21世紀への展望－分子デバイスは21世紀の情報技術を担う－

世紀	紀元前	～19	20	21
情報処理	石	（算盤）	半導体	分子
情報伝達		紙	レーザ／ファイバー	
情報蓄積	（狼 煙）		磁気ディスク	
	無機構造材料	有機構造材料	無機機能性材料	有機機能性材料

---

[*] Yasuo Wada 早稲田大学 ナノテクノロジー研究所 教授

第9章　インテリジェント材料

～30nm程度で顕著になると予測されている。一方で人類の情報処理技術の進歩は，MOSICの限界をはるかに超える新しいパラダイムの超高性能デバイスを必要としている。本稿の主張は，表1に示したように，21世紀の情報技術が有機機能性材料である1個の分子に機能を作り込んだ「単一分子デバイス」によって全て担われるようになり，現在の1/1,000以下の資源で，100万倍以上の性能を持つ分子プロセッサが実現されるというものである。

3.1.2 情報処理アーキテクチャと単一分子デバイスへの期待

このような新しいパラダイムにおける情報処理がどのようなアーキテクチャを取り得るか最初に考察する。表2は情報処理アーキテクチャを，量子/非量子という軸と，デジタル/アナログという軸で分類したものである。このなかで現在実用あるいは研究されている情報処理アーキテクチャは，量子コンピューティングを除き全てデジタル・非量子アーキテクチャに分類でき，また実用されている情報処理アーキテクチャは全てノイマン型に限られる。前項に述べたMOSICはこれを実現するのに適したデバイスである。一方，デジタル・量子に分類される量子コンピュータには，量子ビット（qbit）の実現，コヒーレントなキャリア輸送が必要であるが，後述のように，単一分子デバイスによってもこのような機能を実現する可能性が理論的に予測されている[3]。

さて，現在実用化されているノイマン型アーキテクチャの範疇においては，情報処理の性能 P は，デバイス数 n，スイッチング周波数 f，定数 k によりおおよそ次式で表わされる[1]。

$$P = k \cdot n \cdot f \tag{1}$$

すなわち，デバイスの速度が速いほど，数が多いほど性能が高くなる。MOSICがこれまで大規模集積化，高密度化を追求してきた主な理由は，低コスト化，高信頼性化も無論であるが，情報技術という面から見ればこの高性能化が最も大きな駆動力である。したがって，一層の超高性能情報処理を可能にするためには，n，f を大きくできる早くて小さいデバイスが不可欠である。図1はこれまでに発表されているマイクロプロセッサ，メインフレーム等の性能をこの n，f という軸でまとめたものである。マイクロプロセッサは n，f 共にほぼ等倍率で大きくしながら，

表2　アナログ/デジタル，量子/非量子という軸で分類した情報処理アーキテクチャの一覧
（現在実用化されているアーキテクチャはノイマン型のみ）

	非量子	量子
デジタル	現行方式 ノイマン型 非ノイマン型	現在の量子 コンピューティング
アナログ	脳（???）	アナログ量子 コンピューティング

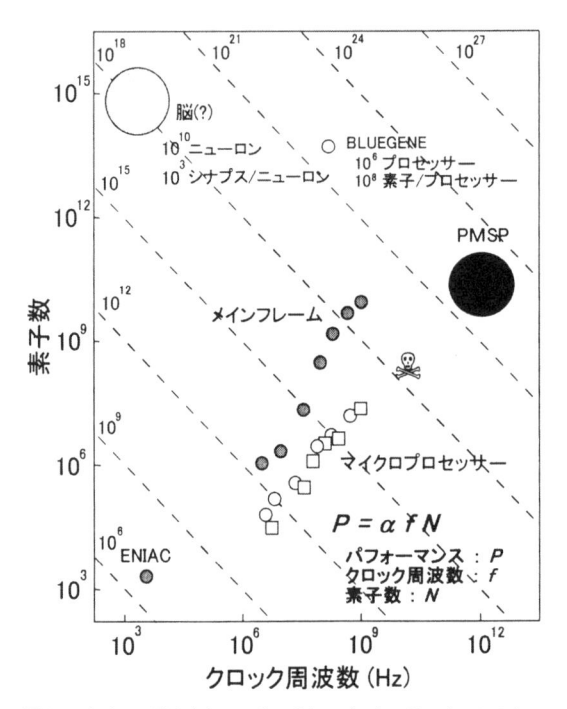

図1 これまでに発表されているマイクロプロセッサ，メーンフレーム等の性能をデバイス数(n)，動作周波数(f)という軸で示した図

分子プロセッサ（PMSP）は，究極的なシステムであることを示す。

約5年で10倍性能が向上している。本稿で述べる分子プロセッサ（PMSP）の目標性能は，現在の最高性能のマイクロプロセッサよりも5～6桁高いものであり，まさにこのトレンドを20年以上先取りしたものである。図1中に参考に示した脳の情報処理は，表2に示したようにアナログ・非量子というアーキテクチャを取っているとも予想され，図1における垂直方向の軸の発見が鍵を握っていると考えられる。

　デジタル／非量子アーキテクチャの範疇では$n \cdot f$積を大きくする必要があるが，どの程度の性能があれば，新しいデバイスはパラダイムを変えることが可能であろうか。情報処理デバイスの歴史を振り返ると，図2に示したように，リレー，真空管，トランジスタ，ICと進歩してきており，「パラダイムシフト」を起こすためには，速度，集積度が数桁高くなることが必要であることが分かる。したがってICの次のパラダイムは，速度が1Tヘルツ（Hz），集積度が1G個/mm^{2}以上の性能を持つデバイスが担うことになる。この条件を満たすデバイスはnmサイズ，すなわ

第9章 インテリジェント材料

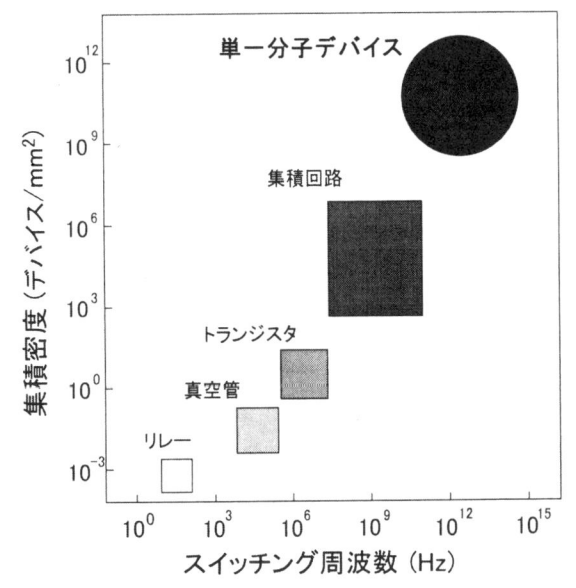

図2 速度と集積密度という軸で見た情報処理デバイスの歴史的変遷と将来展望

ち分子の寸法になる。またこの値は図1に示したPMSPの目標性能とも一致するため，合理的な目標値と考えられる。このような微細な寸法においては，従来の微細加工技術では，10%以上の寸法ばらつきは容認せざるを得ないが，分子であれば構造設計したとおりのものを合成できるため，文字通り設計と「寸分（ナノメータ）の違いもない」，電子状態も設計通りのものを実現可能である。したがって，トランジスタ，ストレージデバイス，発光ダイオード，レーザー，受光デバイス，ディスプレイ，センサーなどを，1個の分子に機能を作り込んだ「単一分子デバイス」により，現在の「固体エレクトロニクスデバイス」に比較して数桁高い性能で実現できる。このように今後10〜20年の間に，現在の「固体エレクトロニクス」から「単一分子エレクトロニクス」へのパラダイムシフトが予想される。

3.2 情報処理デバイスに要求される特性

以下の議論は現在既に実用化され，デバイスの必要性能も明確になっているノイマン型アーキテクチャを基本にして進める。無論，今後20年の間には，表2に示した各種アーキテクチャの実用化も進められるであろうが，3.1.2項に述べたように，単一分子デバイスは設計通りの機能と構造を持つものを実現できるため，デバイスの必要性能が明確になれば，いかなるアーキテク

チャにも適合するデバイスを実現できる。したがって、単一分子デバイスは3.3.2項で述べる量子コンピュータ用デバイスや、脳のようにアナログアーキテクチャに基づいたシステムへの展開が可能であり、ここで述べる議論は類似の形で他のアーキテクチャ用デバイスに適用できるため、その可能性は計り知れない。

ノイマン型情報処理デバイスに要求される最も基本的必須条件は、以下の4項目である[1]。

① 入出力バランス：あるデバイスの出力が次段のデバイスを直接ドライブできる
② 入出力分離：3端子以上のデバイスで、入出力が完全に分離されている
③ 高速スイッチング特性：スイッチング速度が速い
④ 高密度集積特性：寸法も素子間分離も小さくでき、集積密度を最大限にできる

MOSトランジスタがその微細化の物理的・化学的限界まで使われようとしている理由は、これらのデバイスとしての必要条件を非常にバランス良く満たしているからである。一方、スイッチング速度が1THz以上と大変速いにもかかわらず、エサキダイオードが情報処理デバイスとして実用化されなかったのは、2端子デバイスであり、また特性の揃ったものを作りにくいなど上記の5条件をバランス良く満たせなかったからである。このように、新しいパラダイムのデバイスの研究・開発をする場合には、これらの4項目を十分に考慮する必要がある。無論、集積化システムを組む場合には、作りやすさ、信頼性、動作マージン、耐雑音性なども大変重要なファクターであることは言うまでもない。

3.3 単一分子デバイス

3.3.1 具体的な単一分子デバイスのアイデア

情報処理デバイスに要求される条件を満たす具体的な単一分子デバイスのアイデアとその動作原理をいくつか紹介する。図3は分子単電子トランジスタ（MOSES）の模式図で、その動作原理は量子ドットの部分にソース領域から電子が1個ずつトンネル接合を通して注入される速度をゲートで制御するものである。単電子トランジスタのスイッチング速度は、図4に示したようにほぼ量子ドットの寸法によって決まり、直径を1nm程度にすれば、速度10THz、集積度10^{11}個/mm^2程度と、将来の情報処理デバイスとして必要な性能が期待できる。しかし前述のように、通常の微細加工技術を用いて1nmの加工を精度良く行うのは原理的に不可能であり、超高性能単電子デバイスでは寸法や電子構造を完全に制御できる分子を用いることが不可避である。

MOSESを基本として、メモリーセルや論理回路を構成でき、分子プロセッサ実現に必要な回路を設計できる。たとえば図5に示したように、1ビットのメモリーセルは約5nm角以下にレイアウトでき、これを32個×32個並べた1Kビットメモリーマットは約160nm平方以下という微小な寸法になる。さらにこれを1,000×1,000並べた1Gビットのメモリーも160μm角以下に

第9章 インテリジェント材料

図3 導電性分子を量子ドットに用いた分子単電子トランジスタ（MOSES）の模式図

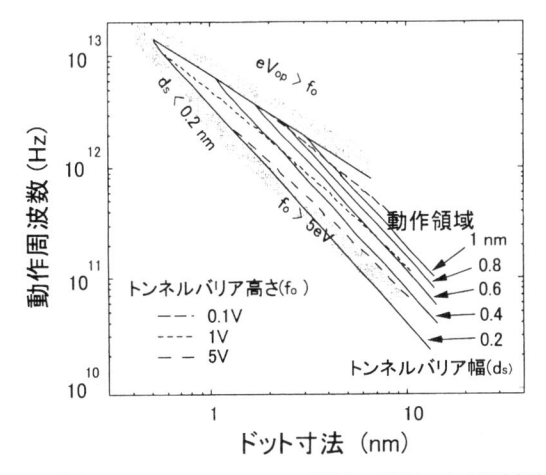

図4 単電子トランジスタのスイッチング速度の量子ドット寸法依存性
1THz以上の高速動作には1nm程度の量子ドット寸法が必要である。

なるため，図1中にPMSP（Personal Molecular Super Processor）で示したスーパーコンピュータとして機能させるに必要な1,000万ゲート程度の論理回路と1Gビットのメモリーを持つチップは200μm角程度以下の面積にレイアウトできる。このPMSPは，1THz以上での動作が可能であり，約1PFLOPS（ペタフロップス：1秒間に10^{15}回の浮動小数点計算が可能）と，現在の

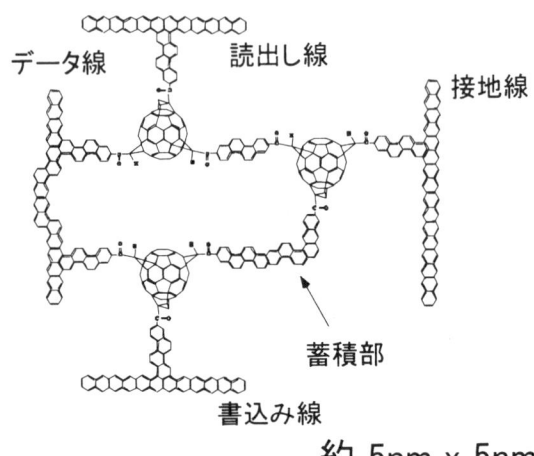

図5 MOSESを基本素子としたメモリーセルの例
1ビットを5nm角以下に収められる。

表3 次のパラダイムを担う候補デバイスの情報処理デバイスとしての必要性能に基づいた評価
（単一分子デバイスが最も性能が高くなることが期待できる）

	MOSトランジスタ	量子デバイス	単電子デバイス	分子デバイス	単一分子デバイス
入出力バランス	○	△	○	△	○
入出力分離	○	○	○	△	○
スイッチング速度	○	◎	◎	△	◎
集積密度	○	○	○	◎	◎
総合評価	○	△	△	△	◎

◎；優，○；良，△；可

マイクロプロセッサの100万倍，現存する最も速いスーパーコンピュータ（地球シミュレータ）に比較しても30倍以上の性能を示す。これを1,000台並列に動作させれば，1EFLOPS（エクサフロップス：1秒間に10^{18}回の浮動小数点計算が可能）と，図1に「Blue Gene」で示した現在計画されている最も早いスーパーコンピュータの1,000倍以上の性能を持つ。この他にも，原子の移動によってスイッチングするアトムリレートランジスタや，電界効果で分子のポテンシャルをスイッチするデバイスなどの情報処理用単一分子デバイスも提案されている[1]。表3は，単一分子デバイスを3.2節で挙げた情報処理デバイスの必要性能に基づいて評価したもので，これまで

第9章　インテリジェント材料

の様々なデバイスの中でも最も優れた特性を持ち，次のパラダイムを担うデバイスとして期待できることが分かる。

「情報蓄積」用の高密度ストレージは，STMなどを用い分子に電荷，構造変化などにより情報を記録し，10Tbit/cm^{2}以上，最高ではPbit/cm^{2}以上と，現在の磁気ディスクの約2Gbit/cm^{2}に比較し，1万倍から100万倍の高密度記録を可能にするものである[4]。近年盛んに研究が行われている磁性分子を用いた記録方式も可能であると考えられる[1]。「情報蓄積」デバイスにおける他の重要な評価ファクターはデータの読み書き速度である。現在既に100Mbit/秒程度になっており，将来的には1～10Gbit/秒以上にする必要があると考えられる。通常のSTMでは，データの読み書き速度は高々1Mbit/秒以下であるので，到底実用化できない。このため，たとえばマイクロマシン技術を駆使した超並列化高密度記録装置が必要になるであろう。1端子当たり1Mbit/秒であっても，千個並列に動作させれば，1Gbit/秒，1万個であれば10Gbit/秒が可能になり，十分高速なデータの読み書きができる[1]。

「情報伝達」用の単一分子発光デバイスは図6にも式的に示したように，電子注入部，発光部，正孔注入部からなっており，電極と化学結合により接続されるような構造をとる[1]。電流の注入効率，再結合効率が100%の高効率発光の可能性があり，現在最も発光効率の高い超高圧水銀灯に比較しても，数倍の効率が実現でき，省エネルギー的な見地からも非常にインパクトの高いデバイスである。無論，フルカラーディスプレイへの適用も可能であり，ディスプレイの世界にも

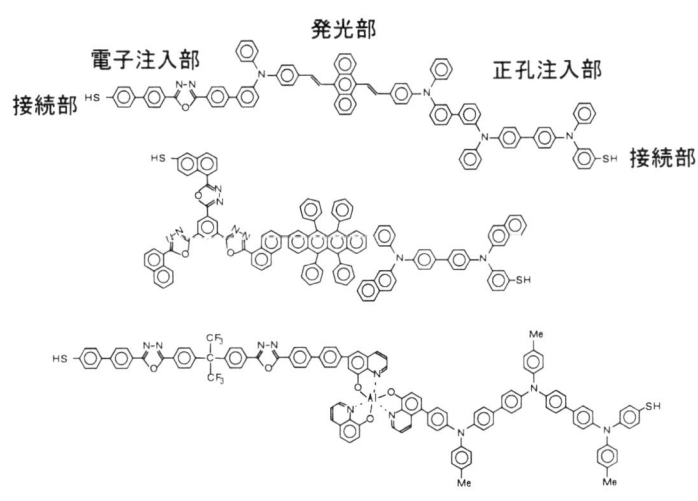

図6　単一分子発光分子の模式図
両端を電極に接続するため高効率発光が期待できる。

有機半導体の応用展開

革命をもたらすであろう。この他にも単一分子の検出が可能なセンサーなど，単一分子デバイスの展開の可能性は計り知れない[1]。

3.3.2 量子コンピュータ用単一分子デバイスの可能性

量子コンピュータにおいては，量子ビット（qbit）の実現とコヒーレントなキャリア輸送が必要であるが，単一分子内でこのような現象が起こりうることが理論的に予言されている。これは電極間につなげた分子が，対称な分子であればコヒーレントな導電特性を示し，また非対称な分子では永久ループ電流を生じるという現象である[3]。この結果は量子コンピュータ用素子としての単一分子デバイスの可能性を予言すると共に，極微小磁石という興味深い現象の理論的予測である。このように，単一分子デバイスは設計通りのナノスケール構造を実現できるため，アナログアーキテクチャを含む幅広いアーキテクチャに柔軟に対応でき，その可能性は計り知れない。

3.4 分子プロセッサの実現に向けて

3.4.1 実現に向けたマイルストーン

これまで述べてきた単一分子デバイス特性の実証や，コヒーレントなキャリア輸送現象を実際に観測し，最終的にPMSPを実現するためには，単一分子の特性計測という課題を含め，以下の4つのマイルストーンをクリアすることが必要である。

① 分子1個の電気特性計測技術の確立
② 発光デバイス，センサー等2端子単一分子機能の実証
③ トランジスタのような3端子デバイスの特性実証
④ 集積化技術の実証

これらの技術課題を解決することにより，現状の情報システムの1/1,000以下の資源で，100万倍を超える超高性能PMSPを実現でき，省資源，省エネルギーという面からも非常に望ましいシステム構築が可能になる[1]。

3.4.2 第一のマイルストーン達成を目指して

「単一分子デバイス」による超高性能情報技術を実用化するためには，まず分子1個の電気特性を計測するという第一のマイルストーンをクリアする必要があるが，このためには計測技術と計測される分子の両方を開発する必要がある。我々は計測技術として，①基板に縦に並べた分子の上部からSTMの針を用いコンタクトを取る方法，②超微細加工技術を用い数nmのギャップを持った固定電極の間に分子を橋渡しする方法，③高精度可動電極の間に挟む方法の3種を並行に検討してきた。図7は③の例で，マイクロマシン技術を駆使して作成した寸法約200μm角のSTMの走査電子顕微鏡（SEM）写真である[5]。この探針先端を透過電子顕微鏡（TEM）で観察し，半径が5nm程度に先鋭化されていることが確認できた。この2つの探針の間に分子1個を

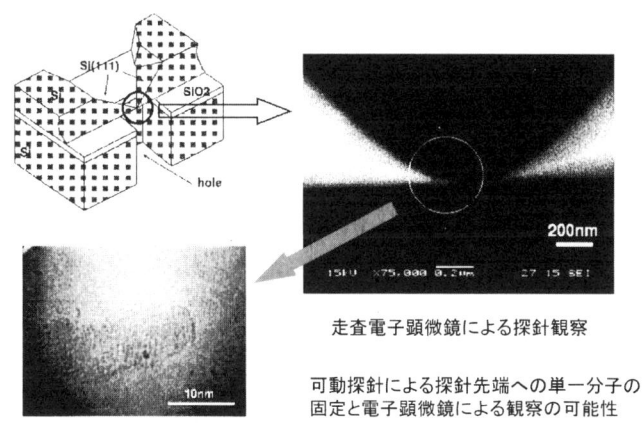

第9章 インテリジェント材料

写真1 マイクロマシン技術を駆使して作製した可動型探針を持つSTMのSEM写真と探針先端部のTEM写真

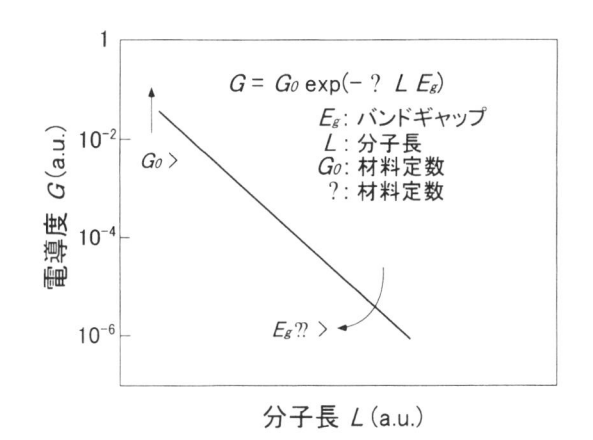

（透過電子顕微鏡による探針先端像／走査電子顕微鏡による探針観察／可動探針による探針先端への単一分子の固定と電子顕微鏡による観察の可能性）

$$G = G_0 \exp(-? L E_g)$$

E_g：バンドギャップ
L：分子長
G_0：材料定数
$?$：材料定数

図7 理論的に求められた「絶縁性」分子の長さと導電性の関係

挟んで特性を計測する技術の可能性が示された。

一方で、計測される分子としては、剛直、導電性、絶縁被覆、接続性など、特性の測定が容易な「導電性分子」の合成も必須である。これまでに提案されている分子は、殆どバンドギャップE_gが2～3eV程度と大きいため、理論的にも、図8に示したように分子長Lに対し対数的に導電性Gが減少する典型的な絶縁体の導電特性を示す。

$$G = G_0 \exp(-\cdot L\, E_g)$$

たとえば,第一のマイルストーン実証に必要な典型的な分子である L が 10nm 程度の分子では,E_g が 3eV であると電導度は,10^{-20} 程度になるため「計測」した結果は全く信頼できるものではない。しかし,最近バンドギャップがゼロに近い導電性分子の合成が国内で進められてきており[6],十分に信頼性の高いデータが得られ,第一のマイルストーンに到達する日も間近であると期待される。

3.4.3 集積化と分子プロセッサ実現への道

さらなる技術開発によって残り3つのマイルストーンをクリアすれば,最終的に現在より約 1,000 分の1の資源で 100 万倍以上高性能な分子プロセッサという情報処理システムが実現できる。その集積化は 200μm 角のペタフロップス (P-FLOPS) PMSP を核として,メインメモリーや周辺機器の駆動回路を半導体集積回路で構成し,超高密度分子ファイル,超高効率分子ディスプレイを装着したものになるであろう。これにより,たとえば全ての機能をめがねの中に装着した,本当の意味での「パーソナルウエアラブル分子スーパーコンピュータ (PWMSC)」を実現できる。CPU,メモリー等は無論,ファイルメモリー,ディスプレイ,使用者認識センサー等,全ての要素が単一分子デバイスからなるシステムで,1人1人が現在の通常のスーパーコンピュータの1,000倍の情報処理機能を持ち歩くことを可能にする。これを1,000台並列化することによりエクサフロップス (E-FLOPS) という巨大な性能を持つシステムが実現でき,地球規模のシミュレーションなどの巨大規模計算が可能になる。地球温暖化や環境汚染などの人類が直面する課題を解決する手段が提供されるばかりでなく,膨大なデータベースへのアクセスや多言語同時通訳装置などとして用いることができるため,言語という垣根を完全に取り払うことを可能にし,人類の真の情報革命をもたらす情報機器としてそのインパクトは計り知れない。その上,この「単一分子デバイス」技術は,高性能ディスプレイ,高感度センサー,超高性能電池等人間生活を豊かにする様々な分野への応用も可能であり,21世紀の新しい産業の基礎となることが期待される。

これまでの議論は表2,表3に示したように全てノイマン型アーキテクチャに基づいたものである。しかし,今後10〜20年間にはまだ現在では全く見えていないアーキテクチャも現実のものになりうる可能性がある。たとえば量子コンピューティングや脳のアーキテクチャなどのアナログアーキテクチャに基づいた情報システム等も実現可能であると考えられるが,単一分子デバイスは,そのフレキシブルな設計と寸分違わぬナノスケール構造の実現などの特長を生かし,いずれのアーキテクチャでも超高性能システムを実現できる。図9は単一分子デバイスによる情報技術の展開を,ノイマン型を軸とし,量子コンピュータ,脳情報処理等様々な発展の可能性を示した模式図である。このように,20年後には現在の「固体エレクトロニクス」に代わる「単一

第9章　インテリジェント材料

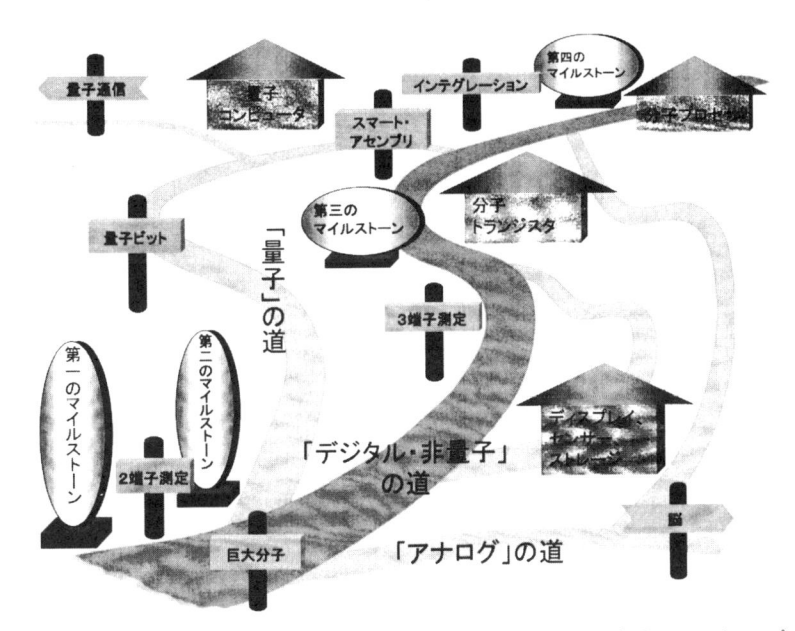

図8　単一分子デバイスを基本デバイスとする「単一分子エレクトロニクス」実現へのロードマップ

分子エレクトロニクス」が人類の情報技術を支えているであろう[7]。

3.5　おわりに

　単一分子エレクトロニクスは，情報処理，情報伝達，情報蓄積と言う情報技術の3要素を現在支えている固体エレクトロニクスに基づいたデバイスの限界性能を数桁超える性能を持つことが期待されている。さらに，ノイマン型のみでなく，脳情報処理，量子情報処理等の新しいアーキテクチャに対応できるフレキシブルなデバイスとして，次世代情報技術のパラダイムを築く大きなポテンシャルを持つ。その実現のために，①単一分子の2端子計測，②2端子分子の機能実証，③3端子分子特性計測，④集積化技術の開発という4つのマイルストーンをクリアする必要があることを指摘し，これに向けた研究状況を概説した。さらに，単一分子デバイスは，発光，情報記録，センサーなど，分子の持つ構造と電子状態の一義性，極微小寸法制御性等の特長を生かしたシステムの構築を可能にすることが期待できるため，新しいエレクトロニクスの基礎的なデバイスとして有望である。

　最後にこのような「単一分子エレクトロニクス」を実現するために必要な新しい学問体系について述べる。物理，化学，生物といったこれまでの学問領域（discipline）は，19世紀の分類で

あり，21世紀の科学技術の発展の可能性は，複合領域（multidisciplinary）という，従来の領域分類を超えた「新しい学問領域」（new discipline）の開拓にある。その典型例である「単一分子エレクトロニクス」の展開を可能にするには，旧来の「学問領域」を超えたチームを形成する必要がある。ちょうど50年前に「半導体エレクトロニクス」を物理と化学のチームが一体となって作り出し，今日の隆盛をもたらしたように，「単一分子エレクトロニクス」は，21世紀の「new discipline」として化学，物理，エレクトロニクス，情報科学，生物，機械等多分野の研究者の密接な協力のもとに大いなる発展が期待される。

文　　献

1) Y. Wada, M. Tsukada, M. Fujihira, K. Matsushige, T. Ogawa, M. Haga, S. Tanaka, "Prospects and Problems of Single Molecule Information Devices", *Jpn. J. Appl. Phys.*, **39** (7A), 3835 (2000)
2) R. H. Dennard, F. H. Gaensslen, H. Yu, V. L. Rideout, E. Bassous, A. L. LeBlank, "Design of Ion Implanted MOSFETs with Very Small Dimensions", *IEEE J. Solid State Circuits*, **SC-9**, 256 (1974)
3) S. Nakanishi, M. Tsukada, "Large Loop Current Induced Inside the Molecular Bridge", *Jpn. J. Appl. Phys.*, **37** (11B), L1400 (1998)
4) X. Chen, H. Yamada, T. Horiuchi, K. Matsushige, "Investigation of Surface Potential of Ferroelectric Organic Molecules by Scanning Probe Microscopy", *Jpn. J. Appl. Phys.*, **38** (6B), 3932 (1999)
5) K. Kakushima, M. Mita, D. Kobayashi, J. Endo, Y. Wada, H. Fujita, "Micromachined Tools for Nano Technology-Twin Nano-Probes and Nano-Scale Gap Control by Integrated Microactuators-", Technical Digest of Micro Electro Mechanical Systems (MEMS) 2001, p.294, (Interlaken, Switzerland 2001)
6) S. Tanaka, Y. Yamashita, "A Novel Monomer Candidate for Intrinsically Conductive Organic Polymers Based on Nonclassical Thiophene", *Synth. Met.*, **84**, 229 (1997)
7) Y. Wada, "Prospects for Single Molecule Information Processing Devices", *Proc. IEEE*, **89** (8), 1147 (2001)

第10章 液晶性有機半導体

半那純一*

1 はじめに

　有機半導体としてデバイスに用いられる材料は，10^{-12}S/cm 以下の伝導率を示すものがほとんどである。伝導率から見た材料の定義からすると，有機半導体と呼ぶ物質の多くは半導体というよりは，むしろ，絶縁体に分類されるべき材料ということになる。実際，有機半導体として最もよく知られた材料の1つである poly N-vinylcarbazole（PVK）は，かつて絶縁材料として用いられた経緯がある。また，半導体としてのもう1つの重要な性質である構造敏感性，つまり，ドーピングによる価電子制御が可能であるという性質についても，有機半導体では，無機材料における置換型ドーピングとは意味合いが異なる。このような点から，有機半導体ということばには，無機半導体の概念から考えると，少なからず違和感が付きまとう。言葉の定義はともかくとして，今日では，電荷輸送が可能な有機物質を広い意味で有機半導体と呼んでいる。

　一方，液晶は，液晶ディスプレイに用いる表示用材料として広く知られている。ディスプレイへの応用では高速の表示を実現するために，外部電場の印加により液晶性分子の分子配向を瞬時に変化させる必要があることから，一般に，大きな双極子をもち，かつ，粘性が小さく流動性に富むネマティック液晶が用いられる。このため，液晶といえばすべて液体のような流動性をもつものと思われがちであるが，液晶材料の多くはむしろ粘性が高く，特に，低温で現れる高次の液晶相は，ほとんど結晶といっても良いほどである。液晶性物質が他の物質と区別される最も本質的な特性は，自己組織的に，分子配向をもつ熱力学的に安定な凝集相を形成するという点にある。そこで，ここでは，自発的な分子配向を示し，かつ，電荷輸送能をあわせもつ有機材料を液晶性有機半導体（Self-organizing Molecular Semiconductor）と呼ぶことにしよう。しかし，有機半導体といっても，実際には，液晶物質そのものである。液晶性物質の長い研究の歴史にも関わらず，液晶物質が高速の電子伝導を示すという事実が明らかにされたのは，比較的，最近の出来事である。この発見は，1993年の Bayreuth 大学の Haarer らによるディスコティック液晶の代表的な物質であるトリフェニレン誘導体における高速の正孔輸送の観測[1]，さらに，1995年の筆者らによる，より一般的な棒状液晶の1つであるベンゾチアゾール誘導体における高速の正孔輸

---

*　Jun-ichi Hanna　東京工業大学大学院　理工学研究科　附属像情報工学研究施設　教授

送の観測に端を発する[2]。その発見から,およそ10年,基礎的な物性を中心に,材料としての基本的な特質が明らかにされ,研究も応用に向けて動き始めた。

本章では,これまでの基礎研究を通じて明らかにされた液晶性有機半導体に関するの研究成果の概略をまとめることにする。

2 有機半導体の現状

有機物の半導体としての特性に関する興味は,1950年から60年代にかけて行われたナフタレンやアントラセンの単結晶の電気特性に関する研究にさかのぼる[3]。その後,およそ20年を経て,有機半導体は高抵抗の光電変換材料として複写機の感光ドラムに最初に実用化された[4]。よく知られているように,感光ドラムは,当時,真空蒸着によって作製されるアモルファスセレンが広く用いられていた。ほぼ時を同じくして始まったパーソナルコンピューターの普及に伴なって,そのアウトプットに必要なノンインパクトプリンターへの要請から,感光ドラムはレーザプリンターとしての新しい需要が喚起され,急速に普及が進んだ。その結果,今日では,感光ドラムの99%以上を有機感光体が占めるまでになっている。さらに,近年,有機半導は電荷注入型の有機EL素子の材料として,新たな実用化が開始された[5]。

感光ドラムや有機EL素子には,一般に有機半導体のアモルファス薄膜が用いられる。これは,大面積に均一に材料を作製でき,素子の応用に好都合であるからである。一般に,アモルファス有機半導体における電荷輸送特性は,式(1)に従うものが大半である。

For $\Sigma \geq 1.5$

$$\mu(\sigma, \Sigma, E, T) = \mu_0 \exp[-(2\sigma/3kT)^2]\exp[C\{(\sigma/kT)^2 - \Sigma^2\}E^{1/2}]$$

For $\Sigma < 1.5$

$$\mu(\sigma, \Sigma, E, T) = \mu_0 \exp[-(2\sigma/3kT)^2]\exp[C\{(\sigma/kT)^2 - 2.25\}E^{1/2}]$$

(1)

この式は,図1に示すように,アモルファス物質における電荷輸送を位置とエネルギーについて分布をもつ局在準位間のホッピング伝導としてモデル化し,その状態密度(Density of States, DOS)の分布をガウス型と仮定して,電荷輸送特性のシミューレーションを行い,得られた結果を定式化したものである。これは,BässlerのDisorder Formalismと呼ばれている[6]。この式にあるσは,伝導に関わる局在準位のガウス分布幅を表し,アモルファス有機半導体では,100meV程度の値が一般的である。この式が示すように,一般にアモスファス有機半導体の電荷輸送特性は電場,温度に強く依存する。実用的に用いられる材料の多くは$10^{-5} \sim 10^{-6} \mathrm{cm^2/Vs}$程度の移動度を示し,大きなものでも$10^{-3}\mathrm{cm^2/Vs}$程度の値に過ぎない。この値は,単結晶有機半導体の示す移動度,$1\mathrm{cm^2/Vs}$の$1/10^3 \sim 1/10^6$以下で,実用的に用いられているとはいえ,いか

第10章　液晶性有機半導体

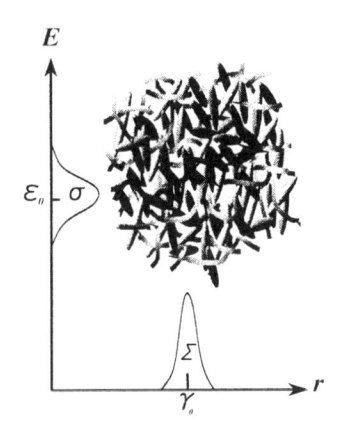

図1　アモルファス有機半導体の電荷輸送のモデル化
σはホッピングサイトのエネルギー準位のガウス分布幅，Σは位置の分布の指標を表す。

にアモルファス有機半導体の電荷輸送特性が乏しいものであるかがわかる。

実際，このような材料がなぜ実用に耐え得るのかは，利用されるデバイスの構造とその動作条件によるところが大きい。例えば，電子写真感光ドラムでは，図2（左）に示すように，感光体上で，コロナ帯電，露光，トナー現像，転写といった一連のプロセスによって画像がつくられるが，複写速度は速いものでもせいぜい60枚/分，つまり，デバイスとしては1Hz程度の駆動周波数で駆動されているに過ぎない。感光ドラムに用いる電荷輸送材料としての適用性は，露光によって生成されたキャリアがその寿命内に感光体表面へ到達できるかどうかと言うことによって決定される。すなわち，キャリアレンジ（$\mu \tau E$，μ：キャリア移動度，τ：キャリア寿命，E：外部電場）が膜厚（10～20μm）よりも大きいことが条件となる。仮に，キャリア移動度が10^{-6} cm^2/Vs程度と小さくても，感光ドラムに形成される電界強度は10^5～10^6V/cmと大きいため，キャリア寿命が数msec以上あればこの要件を満たすことになる。また，感光体の応答速度は，キャリアの走行時間によって律速されるが，これもせいぜい数msec程度であるので，1Hzの駆動に対して律速とはならない。

一方，有機EL素子においては，図2（右）に示すように，発光強度は電極からの正孔，電子の注入速度によって律速される。このため，電極の仕事関数と材料のHOMO，あるいは，LUMOのエネルギー準位とのマッチングに加えて，印加する電界強度が支配因子となる。実際には，10^6V/cm程度の高電界が必要である。このため，有機EL素子では電子および正孔輸送材料を積層して素子厚を0.1μm以下にすることによって数V程度の電圧で発光を実現している。

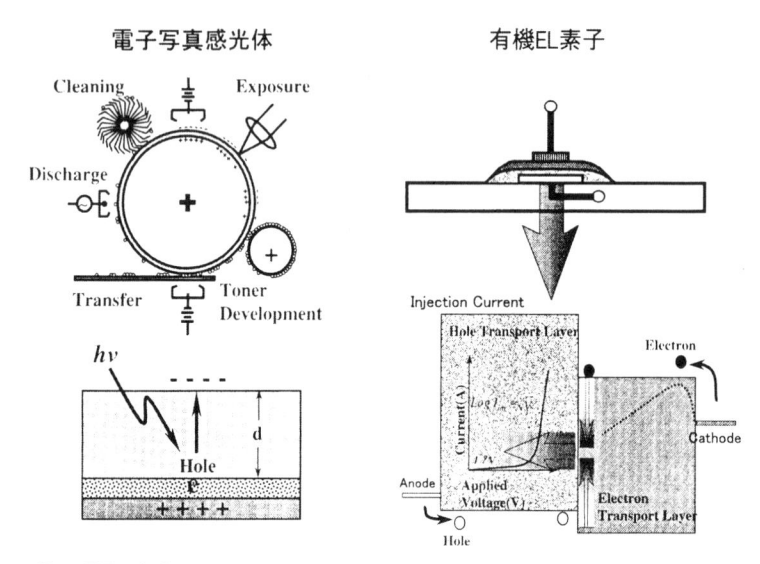

図2 電子写真プロセスと感光体のデバイス機能（左）と有機 EL 素子とデバイス機能（右）

素子の応答速度も，膜厚が $0.1\mu m$ と薄く，電界強度は $10^6 V/cm$ と大きいため，μsec 程度の高速応答が十分可能となる。

このように，現状の有機半導体デバイスでは，$10^{-6}\sim10^{-5} cm^2/Vs$ 程度のきわめて小さな移動度しか実現できない材料であっても，デバイス構造の工夫やその駆動条件のおかげでその特性をカバーして実用に供しているというのが実状である。したがって，これらのデバイスの大幅な特性改善や，移動度そのものがデバイス特性の支配因子となる TFT，あるいは，大きな電流密度を必要とする注入型レーザを有機材料で実現しようとすると，本質的に，移動度がこれまでのアモルファス材料とは桁で異なる高品質の有機半導体の実現が必須となる。こうした観点から，最近では，ペンタセンに代表される結晶性有機半導体への回帰が大きな流れとなっている[7]。しかしながら，後述するように，結晶性材料をデバイスに適用するためには大面積にわたって均一に多結晶材料を作製する技術に加えて，結晶粒界によるトラップの形成や酸素，水などの吸着にともなう特性の劣化などの問題の解決が不可欠となる。この実現に向けて，活発に研究が進められているのが現状である。

第10章　液晶性有機半導体

3　液晶の電気伝導

　一般に，良く精製された液晶材料は高抵抗で，＜10^{-12}Scm^{-1} の伝導率を示す典型的な絶縁材料である。液晶性物質の電気特性に関する報告[8]は，1960年代終わりのHeilmeierらによる研究が最初と考えられる。当時，Heilmeierらは，ネマティック液晶を用いた Dynamic scattering モードによる表示デバイスを提案[9]しており，その基礎研究として，液晶の伝導性を検討したものと推測される。その研究と前後して，艸林とLabesは，分子結晶との比較の興味から，いくつかの液晶材料の電気特性を検討し，その結果を報告している[10]。この論文には，前述の論文の引用が見られる。Heilmeierらによって提案された表示素子は，その原理が液晶中のイオンの伝導と密接にかかわっていたことから，1970年代，液晶材料の電気伝導における興味は，もっぱらイオン伝導にあった。ネマティック液晶を中心に，電圧印加に伴なう過渡電流の解析やTime-of-flight法等の測定手法によって，様々な液晶材料における伝導性が調べられた[11]。その結果，次第に液晶材料における伝導は，イオン伝導によるものとの考えが一般に受け入れられるようになった。以後，液晶材料の示す電気伝導に関する多くの研究が行われたにもかかわらず，新たな進展もないまま，「棒状液晶＝イオン伝導」という認識が広く受け入れられるようになった。

　このため，液晶性物質の電気特性に関わる興味は，1977年に見出されたディスコティック液晶系[12]に移ることになる。ディスコティック液晶は文字通り，円盤状の分子形状をした分子で，カラム状の凝集状態を形成する。1軸の配向性を示すネマティック液晶や層状の凝集形態をとるスメクティック液晶などの棒状液晶とは異なり，流動性は見られず，より分子性結晶に近い物質である。これを背景に，1980年代から1990年代にかけてポリフィリンやフタロシアニン誘導体を中心に活発に研究が行われ[13,14]，ついに，1993年に，前述のトリフェニレン誘導体において，最終的に電子性伝導が確認されるに至った。

　流動性をもつ物質中においては，一般的に，物質輸送を伴うイオン伝導がおこる。実際，これまで検討が行われた1軸の分子配向を示すネマティック系液晶においては多くの場合，イオン性不純物をキャリアとするイオン伝導により伝導が支配されているものと考えられる。しかし，たとえ，外因的なイオン性不純物の濃度が極めて小さい場合においても，ネマティック系液晶では粘性が低いため，液晶分子そのものがイオン化した場合，イオン伝導が起こりうる[15]。一般に，等方相（通常の液体状態）における移動度は＜10^{-4}cm^2/Vs と考えられることから，等方相より粘性の高い液晶相ではイオン伝導によって伝導が支配される限り，10^{-3}cm^2/Vs を超える高速の移動度は期待できない。

　一方，スメクティック系液晶では，分子間相互作用のため分子が2次元的な配向秩序をもち，粘性が大きい。最近接の分子間距離は4〜6Å程度にまで減少する。このため，電子伝導には有利

で，実際，前述のように電子伝導が誘起される。

4 物質形態と伝導の次元性

　液晶性物質の化学構造的な特徴は，一般に，剛直なコア部と呼ばれるπ電子系芳香多環部位に，長い炭化水素鎖が結合した構造にある。これまでに見出された電子伝導性液晶性物質には大別すると，コア部位に発達したディスク（円盤）状の芳香族π-電子共役系を有するディスコティッ

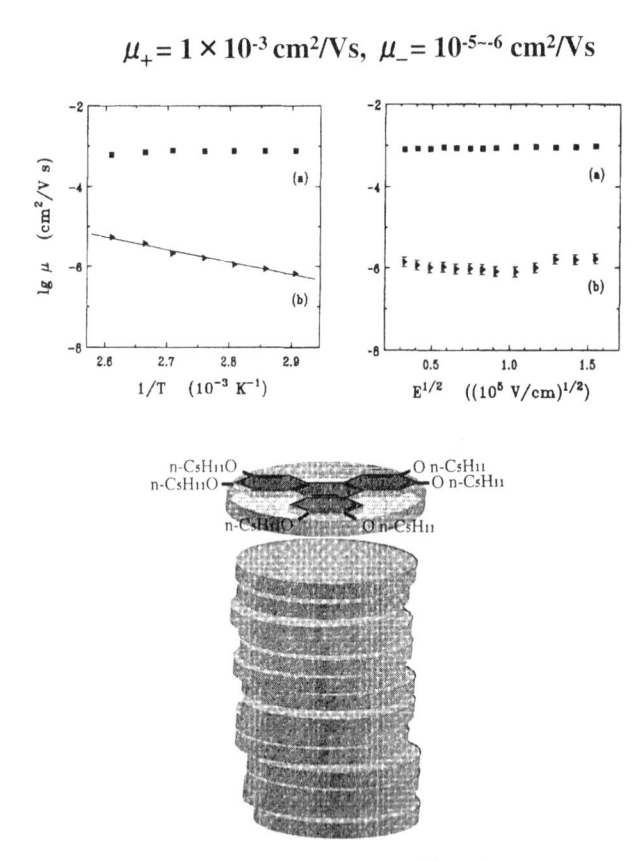

$$\mu_+ = 1 \times 10^{-3} \text{ cm}^2/\text{Vs}, \quad \mu_- = 10^{-5\sim-6} \text{ cm}^2/\text{Vs}$$

2,3,6,7,10,11-Hexapentyloxytriphenylene

Cryst.-69℃-Dh-122℃-Iso.

図3　最初の電子性伝導が観測されたディスコティック液晶とその特性

第10章 液晶性有機半導体

ク液晶系とコア部に芳香族π電子共役系をもつ棒状のスメクティック液晶系がある。

ディスコティック系液晶は分子構造から想像される通り、日常的な意味での流動性は見られず、極めて分子性結晶に近い。図3に示すように、円盤状分子が柱状に凝集したディスコティックカラムナー相では、分子が約3.5Åの程度の間隔でカラム状に積層し、隣接する分子間のπ-電子共役系の重なりがカラム方向に最も大きくなる配置となっている。このため、カラムに沿って1次元の高速な伝導が起こり、$\mu_+ = 8\times10^{-4} cm^2/Vs$、$\mu_- < 1\times10^{-5} cm^2/Vs$ の高い移動度が観測される[1]。この正孔移動度の値は、Anthracene等の芳香族縮合多環式物質の分子性単結晶の2桁程度小さい値ではあるが、前述のように、従来の低分子の有機半導体の蒸着膜やその高分子分散膜 (Molecularly doped polymers) 等のアモルファス有機半導体の示す移動度に比べて、桁違いに大きい[4]。さらに、前述のTriphenylene系液晶の硫黄置換誘導体である 2,3,6,7,10,11-Hexahexylthiotriphenylene (HPT) のディスコティックヘキサゴナル (Dh) 相よりさらに高次のヘリカルカラムナー (H) 相においては、アモルファスSiの電子移動度にも匹敵する $8\times10^{-2} cm^2/Vs$ もの移動度が観測されている[16]。また、スーパーコロネンと呼ばれる peri-hexabenzocoronene 誘導体においては、マイクロ吸収を利用した伝導率の測定から、$10^{-1} cm^2/Vs$ の移動度が見積もられている[17]。図4にこれまで見出された代表的なディスコティック液晶性有機半導体の例を示す。

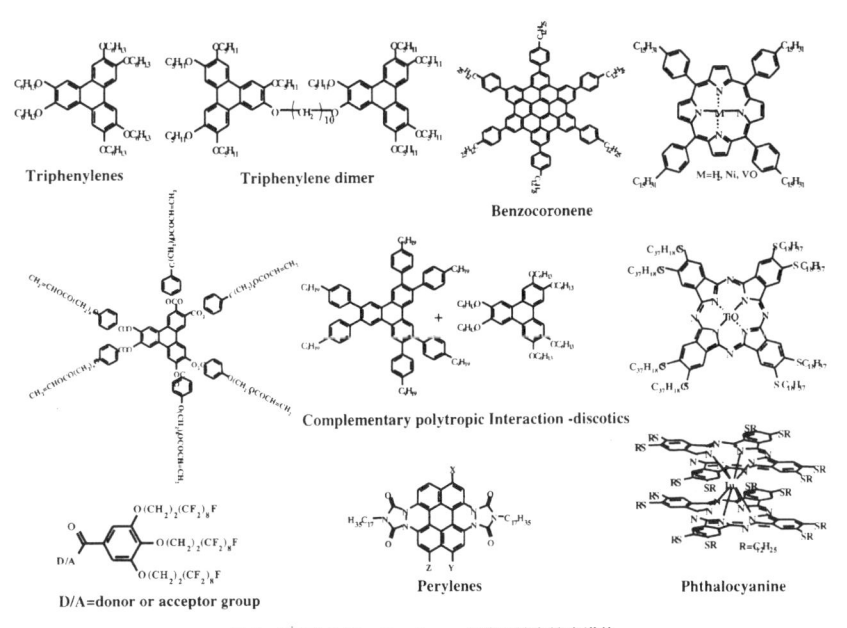

図4 代表的なディスコティック液晶性有機半導体

この中には,前述のトリフェニレン誘導体,ベンゾコロネン誘導体のほか,フタロシアニン誘導体[18],ピレン誘導体[19],ポルフィリン誘導体[20]などが含まれる。特に,最近報告された新しい材料系に,興味深い例が2つある。1つは,相補的な分子構造をもつ2つの物質が交互に積層した1:1の混合物(Complementary protropic interction discotics, CPI ディスコティック液晶と呼ばれる)で,この系では,単独の液晶に比べて1桁大きな10^{-2} cm^2/Vs の移動度が観測されている[21]。また,ドナー型とアクセプター型のデンドロンからなるデンドリマーではカラム状の凝集相を形成することが見出され[22, 23],この相では同様に高速の電子伝導が観測されている。

一方,棒状液晶系でも1995年に最初の高速の電子伝導が見出された。この液晶系はディスコティック液晶に比べて流動性があり,歴史的にはこれまでイオン伝導性と考えられてきた物質である。実際に電子性伝導が見出されたのは,棒状液晶の中で分子が層状の凝集相を形成するスメクティック系液晶である。この系は一般にネマティック液晶に比べて粘性が高い。図5に示す2-phenylbenzothiazole 誘導体(7O-PBT-S12)が最初の例である。この物質は,90〜100℃の温度範囲で分子が2次元的に配向したSmA相を示し,この相において,$6×10^{-3}$ cm^2/Vs もの高速の正孔移動度が観測された[2]。スメクティック相では,形成された分子層内をキャリアが2次的に伝導することが確かめられている[24]。この系で観測される興味深い事実の1つは,電子および正孔による両極性の伝導が観測されることである。また,ディスコティック液晶物質に比べて,小さなπ-電子系コア構造にも関わらず,最も高い移動度はディスコティック液晶に匹敵する$6×10^{-2}$ cm^2/Vs もの値が観測されている[25]。

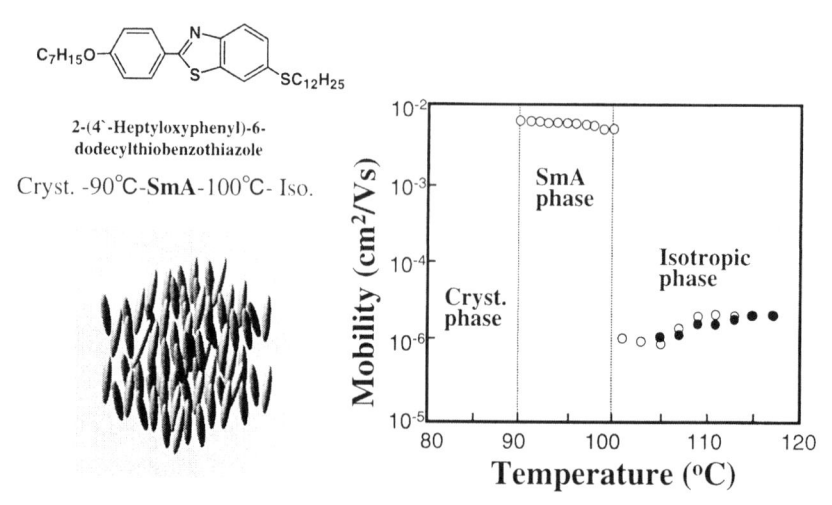

図5 最初に電子伝導が観測された棒状液晶とその特性

第10章 液晶性有機半導体

　液晶性有機半導体を実用デバイスへ応用することを考えると，材料はいくつかの要請を満たす必要がある．まず，その1つは，常温を含む広い温度範囲，例えば，－20℃～80℃において，高移動度を示す単一の液晶相を示すこと，これに加えて，電極材料とのエネルギー準位の整合性，環境安定性が不可欠となる．図6はこれまでに明らかにされた高速の電子伝導を示すスメクティック液晶の例である．この中には，フェニルベンゾチアゾール誘導体，ビフェニール誘導体[26]，ベンゾチエノベンゾチオフェン誘導体[27]，フェニルナフタレン誘導体，ターチオフェン誘導体[28]，ターフェニル誘導体などが含まれる．この中でも，フェニルナフタレン誘導体[29]，ターチオフェン誘導体[26]，ターフェニル誘導体[30]では，単一の物質においても，前述の広い温度範囲において，単一の液晶相を実現できる例が報告されている．

　手短な応用のためには，液晶材料の高分子化による薄膜形成能を賦与することも有効であろう．その一例は，高分子半導体の代表的な物質であるフルオレンの9位をジアルキル化したポリフルオレン誘導体である．この物質は，160℃以上でネマティック相を示し，これを急冷することによりネマティックガラス相が得られる．実際，ポリイミド配向膜を用いて配向させた液晶ガラス相では，室温において，8×10^{-3} cm^2/Vsの高速の伝導が起こることが報告されている[31]．この他，2-phenylnaphthaleneをコア部にもつ側鎖型液晶性アクリレートにおけるスメクティック相や液晶ガラス相おいても，低分子に匹敵する高速の電子伝導を実現することに成功している[32]．また，架橋性モノマーと低分子液晶を用いた液晶性高分子ゲルでは，低分子の示す優れた電荷輸送特性

2-Phenylbenzothiazoles [2]

Dialkylterthiophenes [12]

Biphenyls

Terphenyls

2-Phenylnaphthalenes [10,11]

Benzothienobenzothiophenes [13]

Oxadiazoles [14]

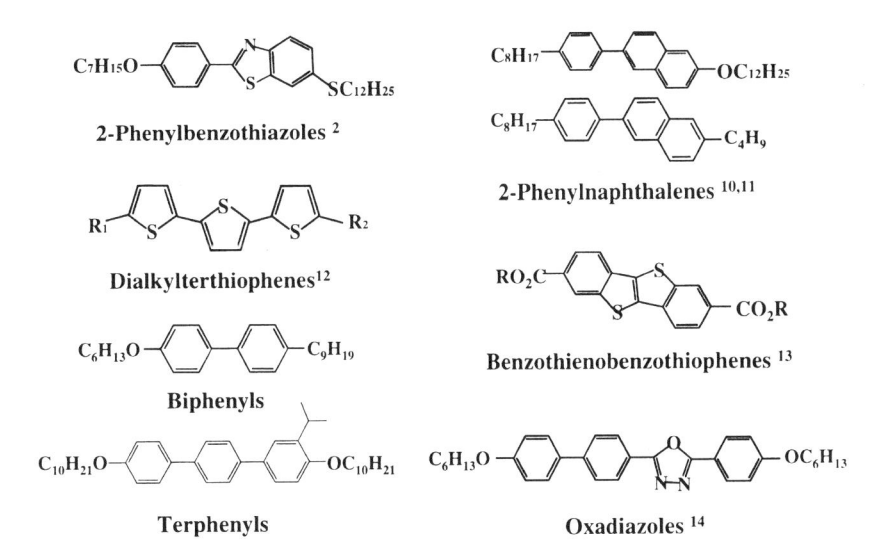

図6　代表的なスメクティック液晶性有機半導体

を維持したまま,分子配向の固定化が可能であることが報告されている[33,34]。液晶性有機半導体のデバイスへの応用を図るためには,今後,材料設計を通じて,前述の特性を満たす材料の創出が不可欠である。

5 液晶性有機半導体の材料基盤

材料のもつべき基本的な特質から見ると,液晶材料は従来の大面積材料として広く用いられているアモルファス材料と比較して,次の3つの大きな特徴がある。

まず,1つは流動性である。電子伝導性を示す液晶材料は粘性の高い液晶に限られるため,棒状液晶ではSm液晶が中心となる。Sm相の示す流動性は日常的な意味での液体というイメージからは程遠く,粘調な可流動体で,半固体のワックスに近い。高次のSm相では,むしろ結晶にきわめて近い。低分子では等方相まで温度を上げると,粘性の低い液体となるので,毛細管現象を利用してセルに注入が可能で,ディスプレイ用に用いられるネマティック液晶と同様に,大面積セルを容易に作製できる。これは,素子への応用を考える際にデバイス作製プロセスの簡略化とデバイスの対環境安定性を確保する手段として有効である。

従来,アモルファス材料では,アモルファス化,つまり,分子配向を消失させることによって等方的で,かつ,均一な大面積材料の作製を可能にしてきた。しかし,これによるtrade-offとして分子配向の喪失に伴い,結晶材料における高品質な物性が大きく損なわれる。アモルファス材料の示す移動度はその分子結晶に比較して$1/10^3 \sim 1/10^6$まで低下することは前述の通りである。また,分子配向の消失は,同時に,材料としての機能の等方化をもたらす。これに対して,分子配向を有する液晶材料では大面積適用性と機能異方性が両立する。つまり,液晶材料では流動性により大面積化が可能であることに加えて,分子配向を維持するため,その機能は異方性を持つことになる。これは,従来のアモルファス材料が機能においても等方的材料であるのと対比して,液晶材料のもう1つの大きな特徴となる[35]。

ここで,材料の大面積化に対して,もう1つ注意を喚起しておきたいことは,多結晶材料との比較である。無機半導体の大面積デバイスへの応用では,a-Si:Hに代わるpoly-Siに関する研究開発が盛んに行われている。ここでは,低温での高品質な材料作製を別にして,いかにして結晶粒界の欠陥を抑制するかが新たな課題となる。この問題は有機物の多結晶材料においても同様である。液晶材料ではポリドメイン構造に相当する。しかし,後述するように,液晶の場合,ドメインの界面は多結晶の粒界と異なり電気的に不活性なため,デバイス作製上,ドメイン界面は問題とならない[36]。また,液晶材料の通常の液晶ディスプレイへの応用と異なり,デバイスへの応用に対し必ずしもモノドメイン構造を形成する必要がない。これは大面積を必要とするデバイ

第10章 液晶性有機半導体

スへの応用に対しては極めて有利となる。

　液晶材料の材料としての3つ目の特徴は液晶相の熱力学的な安定性である。現在，EL素子に用いられる有機半導体材料のうち，低分子材料の多くは蒸着によって作製されるアモルファス膜である。このアモルファス膜は良く知られるように熱力学的に非平衡材料であるため，絶えず結晶相への相転移の可能性が付きまとう。実際，EL素子への応用においては素子の駆動に伴う温度上昇が材料の結晶化を誘起し，素子の劣化を引き起こす。このため，材料の化学構造の工夫によりStar-burst型分子をはじめとする高いガラス転移温度をもつ材料を開発することによって，この問題の解決が図られている。一方，液晶材料は前述の通り，熱力学的に安定相であるため，液晶相の温度領域内で取り扱われる限りは，結晶化等による劣化の問題は原理的に回避できる。

6 電荷輸送特性

6.1 配向秩序

　スメクティック相は，図4に示したように，2次元的な分子凝集相を特徴とする。この液晶相は，分子層内の分子の配向秩序や層間の秩序によって，分子が位置的な配向秩序をもたないスメクティックA（SmA）相をはじめとして，分子層間にも配向秩序をもつ極めて結晶に近いSmE相にいたる様々な凝集相が存在する[37]。さらに，配向ベクトルが分子層に対し傾いた一連のスメクティック相も知られている。

　図7は，2-フェニルナフタレン誘導体を同一の測定条件（セル厚，印加電圧，光照射条件）

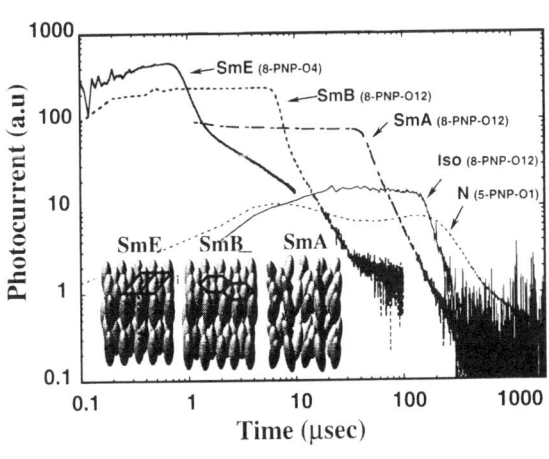

図7 2-フェニルナフタレン誘導体における分子配向と電荷輸送特性（正孔）

で Time-of-flight 法により観測した過渡光電流波形をプロットしたものである[38]。各波形の肩は対向電極へキャリアが到達したことを表すトランジットタイムである。この結果から明らかなように，電荷輸送特性は，SmA 層から SmE 相へと分子配向の秩序が進むにつれて，トランジットタイムは小さくなり，移動度が向上していることがわかる。これは，分子配向の秩序化に伴って，各分子間の距離が減少するためで，分子配向の秩序化と電荷輸送特性の明確な相関が見られる。ネマティック相におけるトランジットタイムが等方相に比べ遅い時間領域に見られるのはイオン伝導によるためである。イオン伝導では，移動度は粘性の逆数に比例するため[39]，この例に見られるように，等方相に比べて粘性の大きなネマティック相では移動度が逆に小さい。SmE 相のように，ほとんど結晶相といっても良い高次の液晶相では，移動度は 10^{-2} cm^2/Vs を超える。この値は，一般の分子分散系ポリマーや有機半導体材料のアモルファス蒸着膜の示す移動度に比べて 10^2〜10^3 倍も大きく，単結晶と比較しても，その違いは約 1 桁〜1 桁半程度に留まる。

6.2 両極性電荷輸送

液晶性有機半導体材料におけるバルク電気特性のもう 1 つの特徴は，正孔，電子ともに輸送可能な両極性伝導を示す点である。無機半導体と異なり，有機材料ではこれまで単一物質における両極性伝導は芳香族炭化水素系化合物の単結晶に限られていた。アモルファス系有機半導体材料では，正孔，または電子のいずれかが可動な，単極性の伝導を示すものがほとんどである。また正孔輸送性を示す材料は豊富であるが，一般に，電子の輸送については，トリニトロフルオレノンやジフェノキノン誘導体などに限られ[4]，両極性電子伝導は最近，報告されたビスフルオレン誘導体[40]やトリアリールボラン誘導体[41]の例は，極めて例外的なものである。液晶性有機半導体材料の示す高速の両極性キャリア輸送[3, 28]は EL 素子への応用に新しい可能性を与える。移動度が大きいことによる EL 素子の注入電流密度の改善に加えて，単層型の素子実現の可能性である。この実証については後で詳述する。

6.3 温度・電場依存性

液晶性有機半導体材料の示すキャリア輸送特性は，高速の移動度に加えて，さらに 2 つの大きな特徴がある。

1 つは移動度が電界の依存性を受けない点である[4, 28]。図 8 に 2-フェニルナフタレン誘導体とターチオフェン誘導体の特性の例を示す。前述のように，一般にアモルファス有機半導体材料では，その電荷輸送性特性は電界に強く依存し，$\log \mu \propto E^{1/2}$ に従う。この特性の違いは本質的にデバイスの駆動について大きなメリットとなる。例えば，有機 EL 素子では電荷注入に必要な 10^5〜10^6 V/cm の高電を 1〜10V 程度の駆動電圧で実現するために，素子を 0.1μm 以下の厚さに極薄

第10章 液晶性有機半導体

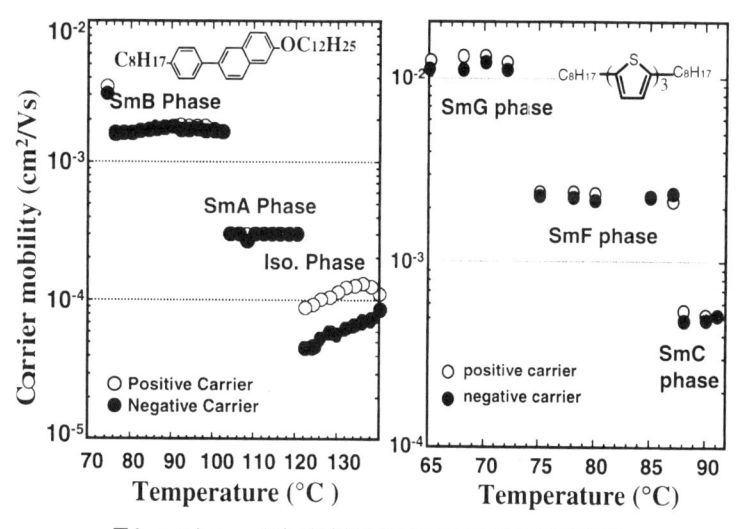

図8 スメクティック液晶性有機半導体における移動度の温度依存性

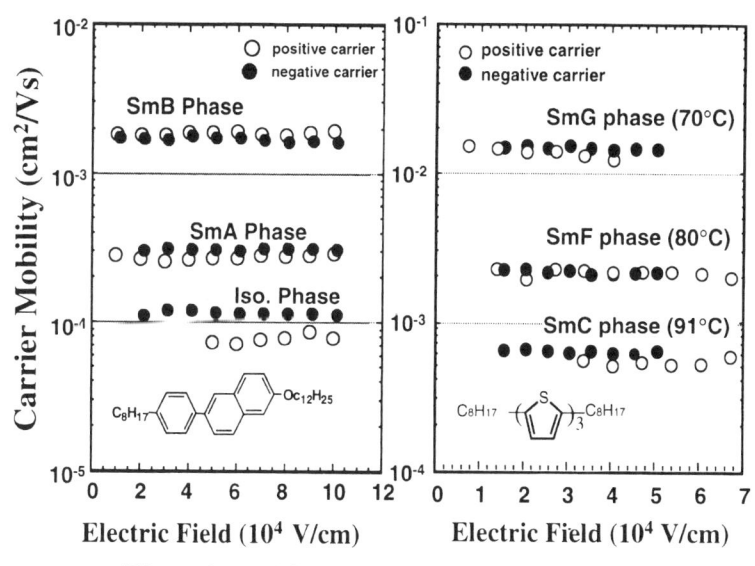

図9 スメクティック液晶性有機半導体における移動度の電場依存性

膜化している。これは，同時に，高速応答にもメリットとなるが，液晶性有機半導体では移動度が電場に依存しないため，電極からのキャリア注入の問題の解決を図ることができれば，素子厚の厚い素子においても高速応答が期待できることになる。

　液晶性有機半導体におけるキャリア輸送のもう1つの特徴は，図9に示す通り，同一の液晶相内においては移動度が温度に依存しないことである[4, 28]。電場依存性と同じ従来のアモルファス材料では，移動度は温度に大きく依存する。この特性は，デバイスの信頼性の点から重要となる。

　このような電場・温度に依存しない電荷輸送特性はスメクティック液晶材料に限らず，ディスコティック液晶材料にも見られる。

6.4　バルク特性と不純物

　バルク特性を支配する因子には，分子配向に基づく液晶"相"に固有な内因的な因子と，不純物や構造欠陥に基づく外因的な因子がある。液晶分子の分子配向については，同一のコア構造をもつ材料系で比較する限り，SmA，SmB，SmEと分子配向の秩序化にともない，移動度は約2桁近く向上する。この分子配向の変化に伴う移動度の振る舞いは，分子がSm層の面に対して傾いた配向を示すSmC，SmF，SmGについてもほぼ同様な関係が成り立っている。代表的なスメクティック液晶性有機半導体の移動度を表1に示す。

表1　代表的なスメクティック液晶性有機半導体とその移動度

Materials	Hole Mobility (cm^2/Vs)	Electron Mobility (cm^2/Vs)
Oxadiazoles	—	8×10^{-4} (SmX)
2-Phenylbenzothiazoles	5×10^{-3} (SmA)	5×10^{-5} (Ionic)
2-Phenylnaphtalenes	2.5×10^{-4} (SmA) 1.5×10^{-3} (SmB) 1.0×10^{-2} (SmE)	2.5×10^{-4} (SmA) 1.5×10^{-3} (SmB) 1.0×10^{-2} (SmE)
	4×10^{-3} (SmB) 1.0×10^{-2} (SmE)	—
Dialkylterthiophenes	5×10^{-3} (SmC) 2.5×10^{-3} (SmF) 2.4×10^{-2} (SmG)	5×10^{-3} (SmC) 2.5×10^{-3} (SmF) 2.4×10^{-2} (SmG)
Benzothienobenzothiophenes	2.2×10^{-3} (Lamello-columnar)	2.5×10^{-3} (Lamello-columnar)
Polyacrylates	2×10^{-4} (SmA) 1×10^{-3} (Sm Glass)	

第10章　液晶性有機半導体

　一方，液晶性有機半導体の電荷輸送特性を支配する外因的な因子として，まず，不純物があげられる．不純物のHOMO，LUMOのエネルギー準位が有機半導体材料のHOMO，LUMOのエネルギー準位のつくるエネルギーギャップの中に位置する場合はトラップとして作用することになる．この場合，ppmオーダーの混入が電荷輸送特性に大きな影響を与える．つまり，トラップの深さや濃度，トラップの捕獲断面積によっては，移動度やキャリア寿命の大きな影響を与えることとなる．スメクティック液晶性有機半導体，中でもSmA相などの配向秩序の低い粘性の小さな相では，深い準位を形成する不純物の混入がある場合，電荷の捕獲によってイオン化した不純物分子はイオンとして泳動を始め，電子伝導からイオン伝導への伝導機構の転移が起こる[42]．このため，物質の純度については十分に注意を払うことが必要である．さらに，等方的なアモルファス材料とは異なり，分子配向をもつ液晶性物質では，分子配向の乱れに基づく構造欠陥が電荷輸送特性を支配する外因的な因子として新たに問題となる．これは，多結晶材料における電気特性を想起すれば明らかである．この問題は，次節で詳しく取り扱うことにする．

6.5　界面特性

　液晶性有機半導体に関する界面には2つの問題が含まれる．

　1つは，液晶-液晶界面，つまり，ポリドメイン構造における液晶ドメイン界面の問題である．液晶材料を液晶ディスプレイに用いる場合には通常，結晶性で言えば単結晶にあたるモノドメイン構造に配向をそろえる必要があるが，後述するように，液晶性有機半導体を用いて高品位の偏光発光を実現する場合は別として，EL素子への応用に関しては必ずしもモノドメイン構造を必要としない．この場合，多結晶材料で言えば結晶粒界における欠陥，つまり，ポリドメインのドメイン界面における欠陥の抑制が図れるかどうかが問題となる．一般に，液晶をセルに注入した場合，セル厚に比較して十分大きなドメインサイズをもつポリドメイン構造を形成することは容易である．この場合，セルの厚さ方向に対するキャリアの振る舞いはほぼモノドメインと等価となるため，キャリア輸送は，界面の影響をほとんど受けない．仮に，ドメインサイズがセル厚より小さく，明らかに膜厚方向にドメイン界面が形成される場合においても，前述のように，この影響は極めて小さいと考えられる．

　図10は，液晶セルの2つの電極基板の冷却速度を変えてサイズの異なるドメインをセル内に形成させた$100\mu m$厚のセルを用いて，それぞれの側から光照射を行い，過渡光電流を観測した結果である[36]．いずれの場合も，キャリアの走行時間および走行時間後の電流波形の減衰についても大きな違いが見られない．この特性は，既に述べたように，多結晶材料と大きな対比をなす．多結晶相では結晶化に伴う微結晶の析出，体積収縮による巨視的なボイドの形成や不純物の粒界への偏析等による深い欠陥準位の形成が起こり，これによるキャリアの捕獲が起こる．そのため，

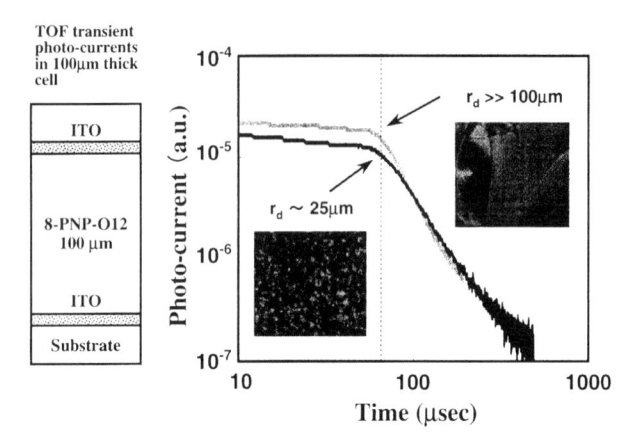

図10 異なるドメインサイズをもつ2-フェニルナフタレン誘導体の（8-PNP-O12）の正孔による過度光電流波形

過渡光電流はキャリアの捕獲に伴う減衰型の波形が見られるのみとなる。ペンタセンなどの多結晶材料を用いたTFTでは，粒界により伝導特性が支配されるため，移動度が粒径サイズの影響を受けるばかりでなく，酸素や水などの粒界への蓄積によってその安定性にも大きな影響を与えることが知られている。この意味で，液晶材料における前述のドメイン界面特性は，移動度を多少，犠牲にしたとしても，デバイス応用においては多結晶に勝る液晶材料の最も大きなメリットとなる。

図11は，この点を直接，比較した実験結果の一例である[43]。ここでは，きわめて結晶相に近いSmE相が現れる2-フェニルナフタレン誘導体（8-PNP-O4）をもちいて，Time-of-flight法による過度光電流測定から結晶相とSmE相おける移動度と収集電荷量（過渡光電流の積分値）を見積もり，比較している。この測定では，移動度の変化から浅いトラップ準位の形成が，収集電荷量からは，深いトラップ準位が形成が評価できる。図に示す通り，SmE相の温度領域では移動度，収集電荷量はほとんど変化しないのに対し，結晶相へ転移すると，温度が下がるにつれて移動度の低下が始まり，収集電荷量も温度の低下につれて急激に減少し，最終的にはゼロ，つまり光生成されたキャリアは対向電極へほとんど到達できなくなる。すなわち，この結果は，一旦，結晶相に転移すると，結晶粒界の形成に伴ない形成される浅いトラップ準位のために移動度は低下し始める。さらに温度が下がると格子の収縮によるひずみの緩和に際して，空隙などの形成を伴なう構造変化によって，深いトラップ準位が形成され，最終的にキャリアはこのトラップに捕獲され，もはや伝導には寄与しなくなるものと考えられる。これに対し，液晶相では，それがきわめて結晶に近い高次の相であっても，温度の低下に伴う凝集層の収縮に関わらずトラップ

第10章 液晶性有機半導体

準位の形成が起こらないことを示している。液晶相にみられるこの優れた特性は，液晶という分子凝集相の構造柔軟性と自己組織化能のおかげで，相転移や温度変化に伴う構造的なひずみがうまく緩和されるためと想像される。この事実は，見方を変えれば，機械的なストレスなどによって偶発的に生ずる液晶相内の配向の乱れや構造欠陥が液晶分子の示す自己組織的な配向によって自発的に修復され得ることも意味しており，興味深い。

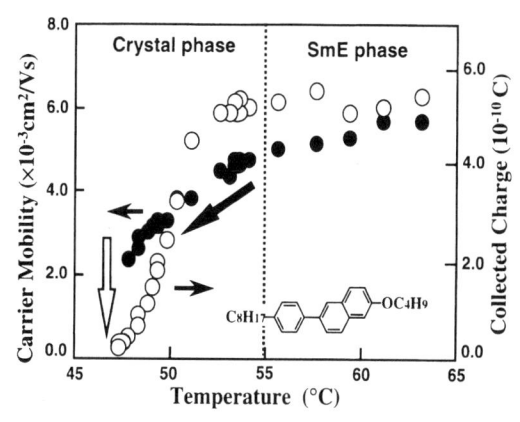

図11 2-フェニルナフタレン誘導体 (8-PNP-O4) の正孔移動度と Time-of-Flight 法による収集電荷量の温度依存性

液晶材料におけるもう1つの界面の問題は液晶/電極界面の問題である。これは，EL素子，あるいは，TFTなどの基本的にオーミックコンタクトを必要とするデバイスにおいてはその特性を支配するきわめて重要な因子となる。有機材料と電極材料との接触界面においては，一般に，電極材料の仕事関数とこれに接触する材料のキャリアの伝導準位とのエネルギー差によってエネルギー障壁が形成されると考えられている。液晶性有機半導体材料においても基本的にはこれに従い，液晶セルのV-I特性は低電界側ではエネルギー障壁を反映した熱活性化型のオーミック的な特性を示し，高電界側では電界によるエネルギー障壁の低減を反映した Schottky 型の依存性が観測される[41]。しかし，この特性から見積もられる障壁は用いる材料が同じであっても，その液晶相に依存し，液晶分子の凝集状態と電極界面との相互作用が重要な因子となっていることが示唆される。この点に関しては，今後の詳細な検討が必要である。

6.6 電荷輸送のモデル化

最近，スメクティック液晶にみられる特異な電荷輸送特性が，アモルファス材料における

Disorder Model を適用することにより説明が可能であることが，シミュレーションと実験結果の解析によって明らかにされた。一般に，液晶材料は分子配向を示すものの結晶材料に比べて配向秩序は完全ではないため，配向の揺らぎをもった分子凝縮系として取り扱うことが妥当である。スメクティック液晶性物質では，分子が層状に凝集するため，形成される分子凝集層の面内方向と面に垂直な方向で分子形状の異方性のために分子間距離が大きく異なる。このため，キャリアの分子間での移動は大きな異方性をもち，分子層に平行に電場が印加された場合，伝導は分子層内で起こり，高速な 2 次元の伝導となる。

そこで，シミュレーションによる解析では，スメクティック液晶における電荷輸送を 2 次元の分子層内におけるホッピング伝導としてモデル化し，ホッピングに関わる局在準位の分布をガウス型に仮定して，コンピュータ上で電荷輸送特性の検討が行われた[45]。これによると，図12に示すように，通常のアモルファス材料に見られる Pool-Frenkel 型の電場・温度依存性は液晶材料ではアモルファス材料に比べて高電場側に現れ，通常の測定が行われる $10^4 \sim 10^5$ V/cm の領域では電場・温度依存性が見られないことが再現される。この結果，2-フェニルナフタレン誘導体（8-PNP-O12）の状態密度の分布幅 σ は 60meV と見積もられた。これは一般的なアモルファス半導体の示す 100〜120meV に比べて，およそ半分程度の小さな値である。これは，測定時の熱エネルギー，kT によるキャリアの熱励起を考慮すると，液晶相の温度領域において，移動度に温度・電場依存性が現れないことをうまく説明できる。

一方，実験的にもこれを支持する結果が確認されている。図 13 に示す構造の異なる 2 種類の Terthiophene 誘導体の混合物は，室温以下の広い温度範囲において，液晶相を示す。この物質の室温以上の温度領域では移動度に温度・電場依存性が見られない。しかし，図に明らかなよう

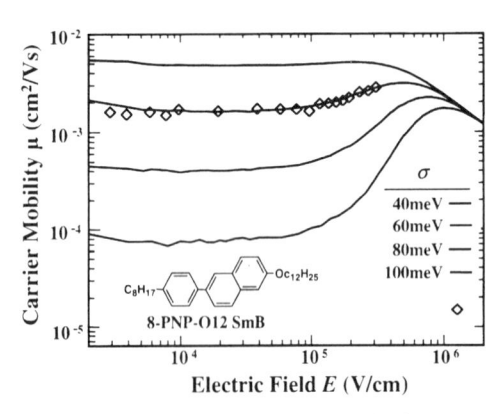

図12 2次元の Disorder モデルによって再現された 2-フェニルナフタレン誘導体（8-PNP-O12）の電荷輸送特性

第10章　液晶性有機半導体

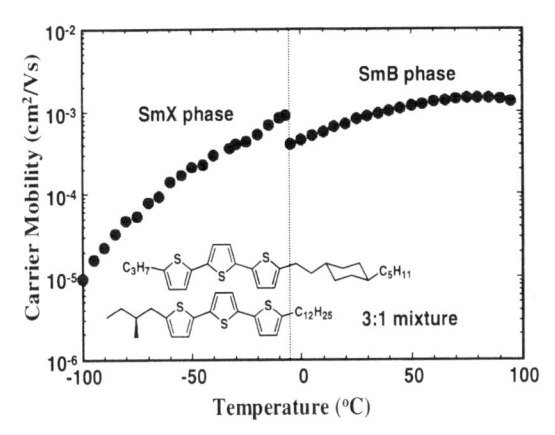

図13　ターチオフェン系液晶性有機半導体の電荷輸送特性

に温度の低下に伴なって，温度・電場依存性が見られる。この結果をDisorder Modelを用いて解析すると，状態密度の分布幅，σとして，50meV値が得られる[46]。この値は，先ほどのシミュレーションによる解析の結果と矛盾しない。これらの結果を考えると，スメクティック液晶相における電子伝導は小さな分布幅をもつ2次元の局在準位間のホッピング伝導として取り扱いが可能と考えて良さそうである。

7　デバイス応用

これまで述べたように，液晶性有機半導体材料は従来の有機半導体材料と比較して，形態的な大きな違いがあるものの，基本的には，両極性，電場・温度依存性のない$10^{-2}cm^2/Vs$を超える高速の電荷輸送を特徴とする，高品質の有機半導体材料としての位置づけが可能である。現状では，これが徐々にではあるが認識されはじめ，この材料を用いたデバイスの試作も行なわれ始めた。

液晶性有機半導体の概念をもとに，最も手短な応用を図る手段として，既存の高分子有機半導体を液晶化する試みが行われていることは既に述べた。この代表的な例が，前述のpolyfluorene誘導体である[47]。この材料を有機ELに応用した場合，分子配向に伴なう機能異方性のために容易に偏光発光が誘起される。実際，これを活性層に用いた有機EL素子では，$250cd/m^2$の発光輝度において，25：1の異方性比をもつ偏光発光に成功している[48]。また，同様に，配向させたpolyfluoreneを活性層に用いたTFTでは，液晶ガラス相において$2\times10^{-2}cm^2/Vs$の比較的高い

183

移動度を得ている[49]。この他，Diphenylpyrimidine をコア部に含む主鎖型液晶性高分子[50] や Fluorene 系オリゴマー[51] を有機 EL 素子に用いる例も報告されている[52]。

一方，低分子系の液晶性半導体についても，いくつかの応用の提案が行われている。まず，Triphenylene 誘導体の例では，EL 素子の正孔輸送層への応用[53~59]，や太陽電池への応用[60, 61] が検討されている。また，高分子化による液晶相の安定化と薄膜化の検討も行われている[62, 63]。材料の特徴を活かす最近の興味深い例として，溶液塗布による自己組織的な凝集層の形成を利用して，光キャリア生成層と電荷輸送層を同時に形成し，2%という比較的高い変換効率を実現した太陽電池[64] が報告され，注目される。

スメクティック系液晶性有機半導体では，両極性キャリア輸送能に注目して，単層型の素子を作製する試みが行われている。図 14 は，C_{70} を分光増感剤に用いた μ sec の高速応答の光センサへの応用例[65] である。液晶材料を電子写真感光体へ応用した例も報告されている[66]。この例では，移動度が低電界においても低下しないことを利用して，100μm を超える厚い液晶相を感光体層として，その表面を絶縁性フィルムで覆ったものを感光体として利用している。この感光体に光照射を行うと，図 15 に示す通り，従来の感光体と同様に表面電位の減衰が起こり，露光部と未露光部との間にコントラクト電位が得られる。このコントラクト電位を，従来のトナー現像を用いて可視化し，トナー画像を得ている。

EL 素子[67~70]への応用では，高分子液晶材料系と同様に偏光発光が実現されている。その一例は，2-フェニルナフタレン系材料に発光色素としてクマリン（1mol%）を加えたものを，ポリ

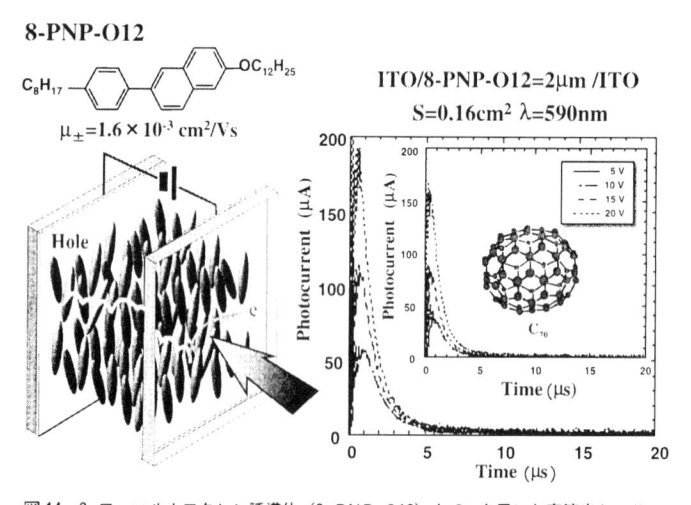

図 14　2-フェニルナフタレン誘導体（8-PNP-O12）と C_{70} を用いた高速光センサー

第 10 章 液晶性有機半導体

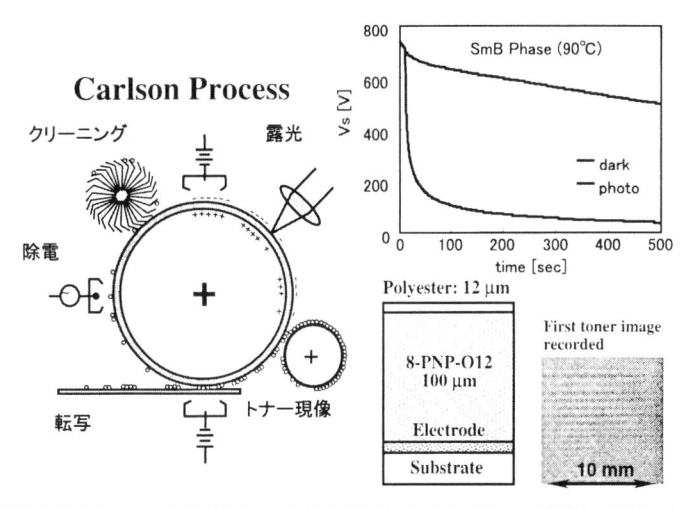

図 15 スメクティック液晶有機半導体（8-PNP-O12）を用いた電子写真感光体とその特性

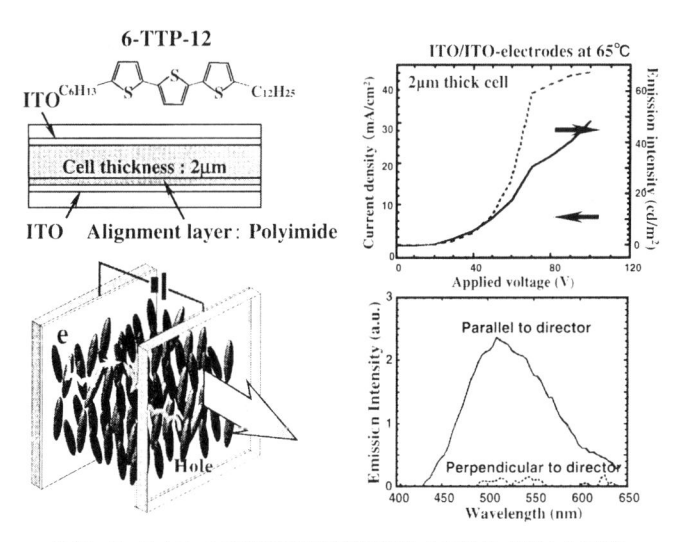

図 16 ターチオフェン系液晶性有機半導体を用いた有機 EL 素子とその特性

イミド配向膜を配した ITO を電極とする液晶セルに注入したものである．この素子ではセルが 2 μm と厚いため，150V を超える印加電圧が必要であるが，一般の有機 EL 素子とほぼ同様の電界強度で発光が観測され，特に，SmB 相では，2 色比が 10 を超える質の高い偏向発光が観測さ

れる。図16に示す,Terthiophene誘導体を用いた例では,液晶分子自身が発光し,自発光型の「光る液晶」が実現される。HOMO, LUMO準位の関係からナフタレン系材料に比べて,電子および正孔とも注入が促進される。$2\mu m$厚のセルにおいても40V程度の印加電圧に対して,数十cd/m^2程度の輝度が得られており,材料の選択等によりデバイス特性の改善が期待できることを実証している。

　光センサーやEL素子をはじめ,ここに示したデバイスの特性は,実用的な観点からはまだまだ興味の対象になるものではない。しかし,高速応答,偏光発光など従来のデバイスには見られない優れた特性は,液晶性有機半導体の電子材料としての高い潜在的な可能性を示すものとして重要である。液晶性有機半導体のデバイスへの応用は,アモルファス有機半導体材料を用いた従来型デバイスの高品質化という観点から,デバイスの低電圧駆動の実現や素子特性の高品位化,信頼性の向上に向けた1つのアプローチとして,また,高移動度を必要とするTFTへの応用など,将来,重要となるものと考えられる。これとは別に,液晶材料を特徴づける最大の特徴,つまり,外場応答性と機能異方性というこの材料の最も大きな特徴を活用する新しいデバイスの開発は,まだ,ほとんど手付かずである[71]。この特性を活用したデバイスの実現は,無機半導体には実現困難な素子機能を実現できる可能性があり,れらは,今後の重要な課題である。

8　おわりに

　電子写真の感光ドラムから始まった有機半導体材料のデバイスへの応用は,20年余を経て,いまや,アモルファスセレンをはじめとする無機系材料をほぼ完全なまでに駆逐し,さらに有機EL素子としての次なる大きな展開を迎えようとしている。これまでの無機系半導体材料の大面積デバイスへの適用の歴史から有機半導体材料の次なる展開を占うと,次のターゲットは,薄膜トランジスタ(TFT)であり,太陽電池がこれに続くものと思われる。

　有機材料の無機材料に勝る優位性は,低コストで,簡易なプロセスを用いて大面積に材料を作製できる点である。この点を考慮すると,これらの応用はその機能とその目的に照らして,将来の実現に向けて期待がかかる。有機ELへの有機半導体材料の適用はともかくとして,これに続くTFTやレーザ,太陽電池など,高速応答,高い電流密度,接合形成を必要とするデバイスでは,従来のアモルファス材料の適用では実用的な目的にかなうデバイスの実現は本質的に困難で,分子配向を活用した高品位な新しい半導体材料の開拓が不可欠である。これまで述べてきたように,ディスコティック系液晶や棒状液晶系において明らかにされた液晶性物質の有機半導体としての優れた特性は,従来の有機電子材料のカテゴリーに高速の移動度を示す新たな一群の物質が加わったというよりは,従来にはない新しい「有機エレクトロニクス材料」の誕生を意味してい

第10章 液晶性有機半導体

Mobility (cm²/Vs)

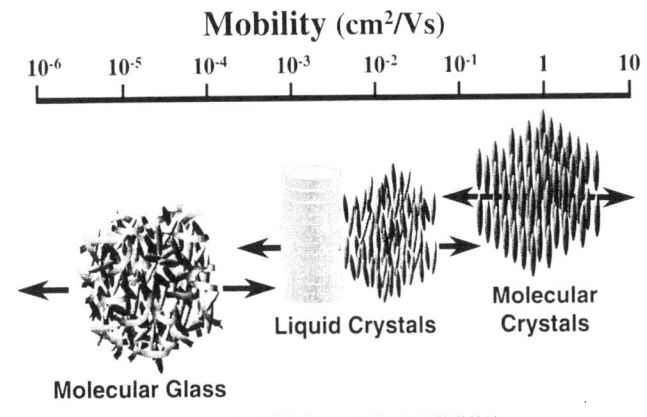

10⁻⁶　10⁻⁵　10⁻⁴　10⁻³　10⁻²　10⁻¹　1　10

Molecular Glass　　Liquid Crystals　　Molecular Crystals

図17　有機半導体材料の形態と電荷輸送特性

る。

図17は，凝集形態から見た有機材料の種類とキャリア移動度を模式的に示したものである。この図に示すように，液晶性材料は，形態的にも，また，電子物性的にも，従来，電子デバイスに実用的に用いられてきたアモルファス材料と理想材料としての単結晶材料との中間に位置づけられ，大面積適用性と電子材料としての優れた電気特性をあわせもつ。

液晶性物質は，これまで，電子材料としての位置付けさえされず，したがって，電子デバイス材料としての研究の手の入ることのなかった新しい材料群である。研究は，まさに端緒についたばかりである。液晶性有機半導体を用いた実用デバイスの実現のためには，デバイスに適用可能な材料の開発，デバイス化のための基礎技術の開拓など，多くの手付かずの問題が山積している。しっかりとした基礎研究とそれに裏打ちされた材料開発，デバイス研究から，近い将来，液晶性有機半導体材料の特質を巧みに用いた新しい実用デバイスが生み出されることを期待したい。

文　献

1) D. Adam, F. Closs, T. Frey, D. Funhoff, D. Harrer, J. Ringsdorf, P. Schuhmacher, K. Siemensmeyer, Transient Photoconductivity in a Discotic Liquid Crystal, *Phys. Rev. Lett.*, **70**, pp.457-460 (1993)
2) M. Funahashi, J. Hanna, Fast Hole Transport in a New Calamitic Liquid Crystal of 2-(4'-Hepthyloxyphenyl)-6-dodecylthiobenzothiazole, *Phys. Rev. Lett.*, **78**, pp.2184-2187

(1997)
3) M. Funahashi, J. Hanna, Fast Ambipolar Carrier Transport in Smectic phases of Phenyl naphthalene liquid crystal, *Appl. Phys. Lett.*, **71**, pp.602-604 (1997)
4) P. M. Borsenberger, D. S. Weiss, Organic Photoreceptors for Xerography, Marcel Dekker, Inc., New York (1998)
5) C. W. Tang, S. A. Van Slyke, "Organic electroluminescent diodes,", *Appl. Phy. Lett.*, **51**, pp.913-915 (1987)
6) H. Bässler, "Charge Transport in Disordered Organic Photoconductors", *Material Phys. Status. Solid. B*, **175**, 15 (1993)
7) S. F. Nelson, Y.-Y. Lin, D. J. Gundlach, T. N. Jackson, "Temperature-independent transport in high-mobility pentacene transistors", *Appl. Phys. Lett.*, **72**, pp.1854-1856 (1998)
8) G. H. Heilmeirer, P. M. Heyman, *Phys. Rev. Lett.*, **18**, 583 (1967)
9) G. H. Heimeier, L. A. Zanoni, L. A. Burton, *Proc. IEEE*, **56**, pp.1162 (1968)
10) S. Kusabayashi, M. M. Labes, *Mol. Cryst. Liq. Cryst.*, **7**, 395 (1969)
11) G. Drefel, A. Lipnski, "Charge Carrier Mobility Measurements in Nematic Liquid Crystsal", *Mol. Cryst. Liq. Cryst.*, **55**, pp.89-100 (1979)
12) S. Chandrasekhal, B. K. Sadashiva, K. A. Suresh, *Pramana*, **7**, 471 (1977)
13) P. G. Shouten, J. M. Warman, M. P. de Haas, M-A. Fox, H.-L. Pan, "Charge Migration in Columnar Aggregates of Peripherally Substituted Porphyrins", *Nature*, **353**, 736 (1991)
14) N. Boden, R. J. Bushby, J. Clements, M. V. Jesudason, P. F. Knowles, G. Williams, "One-dimensional electronic conductivity in discotic liquid crystals", *Chem. Phys. Lett.*, **152**, 94 (1988)
15) M. Funahashi, J. Hanna, "Carrier Transport in Calamitic Mesophase s of Liquid Crystalkline Photoconductor 2-Phenylnaphthalene Drivatives", *Mol. Cryst. Liq. Cryst.*, **331**, pp.509-516 (1999)
16) D. Adam, P. Schuhmacher, J. Simmerer, L. Haussling, K. Siemensmeyer, K. H. Etzbach, H. Ringsdorf, D. Haarer, *Nature*, **371**, 141 (1994)
17) A. M. de Craats, J. M. Warman, A. Fechtenkotter, J. D. Brand, M. A. Harbison, K. Mullen, "Record Charge Carrier Mobility in Room-Temperature Discotic Liquid Crystalline Derivative of Hexabenzocoronene", *Adv. Mater.*, **11**, pp.1469-1472 (1999)
18) K. Ban, K. Nishizawa, K. Ohta, A. M. van de Caats, J. M. Warman, I. Yamoamoto, H. Shirai, "Discotic liquid ctratls of trnsition metal complexes, 29, Mesomorphism and charge transport properties of alkylthio-substituted phthalocyanine rare-earth metal sandwich complexses", *J. Mat. Chem.*, **11**, pp.321-331 (2001)
19) C. W. Struijk, A. B. Sieal, J. E. Dakhorst, M. van Dijk, P. Kimkes, R. B. M. Koehorst, H. Donler, T. J. Schaafsma, J. P. Picken, A. M. Van de Craats, J. M. Warman, H. Zuohof, E. J. R. Sundholter, "Liquid Crystalline Perylene Diimides : Architecture and Charge Carrier Mobilities", *J. Amer. Chem. Soc.*, **122**, pp.11057-11066 (2000)
20) Y. Yuan, B. A. Gregg, M. F. Lawrence, "Time-of-glight study of electrical charge mobi-

lities in liquid crystalline zinc octakis (β-octaoxyethyl) porphyrin films", *J. Mat. Res.*, **15**, pp.2494-2498 (2000)
21) N. Boden, R. J. Bushby, G. Cooke, O. R. Lozman, Z. B. Lu, "A Recipe for Improving Applicable Properties of Discotic Liquid Crystals", *J. Am. Chem. Soc.*, **123**, pp.7915-7916 (2001)
22) V. Percec, M. Glodde, T. K. Bera, Y. Miura, I. Shiyanovskaya, K. D. Singer, V. S. K. Balagurusamy, P. A. Heiney, I. Schnell, A. Rapp, H.-W. Spiess, S. D. Hudsonk, H. Duank, "Self-organization of supramolecular helical dendrimers into complex electronic materials", *Nature*, **417**, pp.384-387 (2002)
23) T. Kreouzis, K. Scott, K. J. Donovan, N. Boden, R. J. Bushby, O. R. Lozman, Q. Liu "Enhanced electronic transport properties in complementary binary discotic liquid crystal systems", *Chem. Phys.*, **262**, pp.489-497 (2000)
24) K. Kurotaki, J. Hanna, to be submitted (2003)
25) 舟橋正浩, 半那純一, 日本液晶学会研究討論会予稿集 (12003)
26) Y. Takayashiki, T. Shmakawa, J. Hanna, to be submitted (2003) ; Y. Takayashiki, T. Shmakawa, J. Hanna, to be submitted (2003)
27) S. Mary, D. Haristoy, J. F. Nicoud, D. Guillon, S. Diele, H. Monobe, Y. Shimizu, "Bipolar carriertransport in a lamello-columnar mesophase of a sanidic liquid crystals", *J. Mat. Chem.*, **12**, pp.37-41 (2002)
28) M. Funahashi, J. Hanna, "Fast ambipolar carrier transport in self-organizing Terthiophene derivatives", *Appl. Phys. Lett.*, **76**, pp.2574-2576 (2000)
29) Y. Takayashiki, J. Hanna, "Synthesis ans Characteriaztion of Liquid Crystalline Semiconducting Materials, Dialkyl-2-phenylnaphthalene Derivatives, -Mespmorphic behavior and Charge carrier trannsport-", *Mol. Cryst. Liq. Cryst.*, in press (2003)
30) Y. Takayashiki, T. Shmakawa, J. Hanna, to be submitted (2003)
31) M. Redecker, D. D. C. Bradley, M. Inbasekaran, E. P. Woo, "Nondispersive hole transport in an electroluminescent polyfluorene", *Appl. Phys. Lett.*, **73**, pp.1564-1567 (1998)
32) T. Shimakawa, T. Tani, J. Hanna, to be submitted (2003)
33) N. Yoshimoto, J. Hanna, "A Novel Charge Transport Materials Fabricated Using Liquid Crystalline Semiconductor and Crossliked Polymer", *Adv. Mater.*, **14**, pp.988-991 (2002)
34) N. Yoshimoto, J. Hanna, "Preparation of a novel organic semiconductor cmposite consisting of a liquid crystalline semiconductor and crosslinked polymer and characterization of its charge carrier transport properties", *J. Mat. Chem.*, **13**, 1004 (2002)
35) M. Funahashi, J. Hanna, "Photoconductive Anisotropy in Smectic A Phase of a Calamitic Liquid Crystalline Photoconductor, 2-(4'-Octylphenyl)-6-doecylnaphthalene", *Jpn. J. Appl. Phys.*, **38**, L132 (1998)
36) H. Maeda, M. Funahashi, J. Hanna, "Effect of Domain Boundary on Carrier Transport of Calamitic Liquid Crystalline Photoconductive Materials", *Mol. Cryst. Liq. Cryst.*, **346**, pp.193-192 (2000)

37) 液晶便覧編集委員会編, 液晶便覧, 丸善 (20002)
38) M. Funahashi, J. Hanna, "Anomalous High Mobility in Smectic E Phase of a 2-Phenyl-naphthalene derivative", *Appl. Phys. Lett.*, **73**, pp.3733-3735 (1998)
39) P. Walden, *Z. Phys. Chem.*, **55**, 207 (1906)
40) C-C. Wu, T-L. Liu, W-H. Hung, Y-T. Lin, K-T. Wong, R-T. Chen, Y-M. Chien, Y-Y. Chen, "Unusual ambipolar Carrier Transport and High Electreon Mobility in Amorphous Ter (9,9-diarylfluorene) s", *J. Amer. Chem. Soc.*, **125**, 3710 (2003)
41) M. Uchida, Y. Ono, H. Yokoi, T. Nakano, K. Furukawa, *J. Photopoly. Sci. Tech.*, **14**, 305 (2001)
42) M. Funahashi, J.Hanna, to be submitted (2003)
43) H. Maeda, M. Funahashi, J. Hanna, "Electrical Properties of Domain Boundaries in Photoconductive Smectic Mesophases and Crystal Phases", *Mol. Cryst. Liq Cryst.*, **366**, pp.369-376 (2001)
44) 戸田徹, 竹内知生, 谷忠昭, 半那純一, 第64回応用物理学会学術講演会講演予稿集, 1153 (2003)
45) A. Ohno, J. Hanna, "Simulated carrier transport in smectic mesophase and its comparison with experimental result", *Appl. Phys. Lett.*, **82**, pp.751-752 (2003)
46) M. Funahashi, J. Hanna, "Liquid crystallinity and charge transport in terthiophene derivatives", *Mol. Cryst. Liq. Cryst.*, in press (2003)
47) M. Reddecker, D. D. C. Bradley, M. Inbasekaran, E. P. Woo, *Appl. Phys. Lett.*, **74**, 1400 (1999)
48) K. Whitehead, M. Grell, D. D. C. Bradley, *Appl. Phys. Lett.*, **76**, 2946 (2000)
49) H. Sirringhaus, R. J. Wilson, R. H. frind, M. Inbasekaran, W. Wu. E. P. Woo, M. Grell, D. D. C. Bradley, *Appl. Phys. Lett.*, **77**, 406 (2000)
50) S. R. Farrar, A. E. A. Contoret, M. O'neil, J. E. Nicholls, G. J. M. Kelly, "Nondispersive hole transport of liquid crystalline glasses and a cross-linked network for organic electroluminescence", *Phys. Rev. B*, **66**, 125407 (2002)
51) Y. H. Geng, S. W. Culligan, A. Trajkovska, J. U. Wallace, S. H. Chen, *Chem. Mat.*, **15**, 542 (2003)
52) M. O'Neill, S. M. Kelly, "Liquid Crystals for Charge Transport, Luminescence, and Photonics", *Adv. Mat.*, **15**, 1135 (2003)
53) T. Christ, B. Gl sen, A. Greiner, A. Kettner, R. Sander, V. St mpflen, V. Tsukruk, J. H. Wendorff, *Advanced Mat.*, **9**, 48 (1997)
54) T. Christ, V. St mpflen, J. H. Wendorff, *Macromol. Rapid. Commun.*, **18**, 93 (1997)
55) I. H. Stapff, V. Stumpflen, J. H. Wendorf, D. B. Spohn, D. Mobius," Multilayer light emitting diodes based on columnar discotics", *Liq. Cryst.*, **23**, pp.613-617 (1997)
56) I. Seguy, P. Destruel, H. Bock, "An all-columnar bilayer light emitting diode", *Synth. Met.*, **111**, pp.15-18 (2000)
57) T. Frauenheim, H. S. Kitzerrow, "Absorption and luminescence spectra of electrluminescent liquid crystals with triphenylene, pyrene and perylene units", *Liq. Cryst.*, **28**, pp.

1105-1113 (2001)
58) R. Freudenmann, B. Behnisch, M. Hanack, "Stnthesis of conjugated-bridged triphentlenes and application in OLEDs", *J. Mat. Chem.*, **11**, pp.1618-1624 (2001)
59) S. Tanaka, C. Adachi, T. Koyama, Y. Taniguchi, "Organic light emitting didodes, usung triphenylene derivatives as a hole transport materials", *Chem. Lett.*, pp.975-976 (1998)
60) L. Schmidt-Monde, A. Mullen, R. H. Friend, J. D. MacKenzie, "Efficient organicphotovoltaics from soluble discotic liquid crystalline materials", *Physica E*, **14**, pp.263-267 (2002)
61) K. Perisch, R. H. Friend, A. Lux, G. Rozenberg, S. C. Moratti, A. B. Homes, "Liquid crystalline phthalocyanines in organic solar cells", *Synth. Met.*, **102**, pp.1776-1777 (1999)
62) M. Inoue, M. Ukon, H. Monobe, T. Sugimoto, Y. Shimizu, "Effect of photopolymerization on photoconductivebehavior in triphenylene discotic liquid crystals", *Mol. Cryst. Liq. Cryst.*, **365**, pp.1395-1402 (2001)
63) A. Bacher, C. H. Erdelene, W. Paulus, H. Ringsdorf, H. W. Schmidt, P. Schumacher, "Photo-cross-linked triphenylene as novel insoluble hole transport materials in organic LEDs", *Macromolecules*, **32**, pp.4551-4557 (1999)
64) L. Schmidt-Mende, R. H. Friend, J. D. MacKenzie, "Self-Organized Discotic Liquid Crystals for High-Efficiency Organic Photovoltaics", *Science*, **293**, pp.1119-1122 (2001)
65) M. Funahashi, J. Hanna, "Micosecond photo-response in Liquid Crystalline photoconductor doped with C_{70} under Illumination of Visible Light", *Appl. Phys. Lett.*, **75**, pp. 2484-2486(1999)
66) H. Maeda, J. Hanna, Proceedings of Japan Hardocopy'99, in Japanese, pp.117-120 (1999)
67) H. Tokuhisa, M. Era, T. Tsutsui, "Polarized electroluminescence from smectic mesophase", *Appl. Phys. Lett.*, **72**, pp.2639-2641 (1998)
68) K. Kogo, T,. Gouda, M. Funahashi, J. Hanna, *Appl. Phys. Lett.*, **73**, 1595 (1998)
69) M. Funahashi, J. Hanna, Proceedings of Annual Meeting in Japanese Society of Liquid Crystals, in Japanese, pp.250-252 (1999)
70) Y. Toko, M. Funahashi, J. Hann, "Enhanced light emission from Selgf-organizing molecualrsemiconductor by using organic thin film trnasitoer", *Proc. SPIE*, **4800**, 229 (2003)
71) K. Kogoa, H. Maeda, H. Kato, M. Funahashi, J.Hanna, "Photoelectrical properties of a ferroelectric liquid crystalline photoconductor", *Appl. Phys. Lett.*, **75**, 3348 (1999)

第Ⅱ編　プロセス編

第1章　分子配列・配向制御

吉田郵司*

1　分子の形と配向特性

　有機半導体と分類されるものであれ，有機材料である限りその基本構成ユニットは分子であり，主としてファン・デル・ワールス力（分子間力）によりその凝集構造が形成される。従って，分子固有の形により固体内での分子の並び（分子配列）や向き（分子配向）が異なってくるため，分子の形に注目して配向特性を考察することで体系化し易くなる。代表的な分子形状として，フラーレンのような球状のもの，フタロシアニンのような平面状のもの，オリゴチオフェンのような一次元の直鎖状のものに大別される（図1）。特に，平面状および直鎖状の分子のように大きな形状異方性を有するものは，分子全体の電荷分布にも著しい偏りがあり物性における異方性発現の起源となる。即ち，分子が配列した結晶中の異なる方向で，測定される物性値も大きく変わってくる。特に薄膜の場合は基板による拘束があり，基板に対して分子がどのような向きに配向しているか考察することが必要となってくる。分子配向によっては薄膜デバイスとしての機能発現の様子が大きく異なる場合が数多く見られるため，その精緻な制御がデバイス作製プロセスにおいて極めて重要な要素となってくることは言うまでもない。

　フタロシアニンなどの平面状の分子の場合，図2(a)および(b)に示すように，基板に対してその分子面が平行に寝た平行配向と，分子面が基板に対して直立した垂直配向との典型的な2つの配向様式が存在する。この時，分子面同士はお互いに重なり合っており，一次元の分子カラム構造を形成している。平行配向ではカラムは垂直方向に形成され，垂直配向ではカラムは基板に平行になる。一方，オリゴチオフェンなどの直鎖状の分子の場合，図2(c)および(d)に示すように，その直鎖状分子が基板に対して直立もしくは斜立した垂直配向と，基板面に寝た平行配向とが存在する。

　また，基板に単結晶を用いた場合は，基板原子との相互作用により薄膜鉛直（膜厚）方向だけでなく薄膜面内方向にも分子の配向が生じる。所謂，結晶基板上の有機分子のエピタキシャル成長と言われるものである。エピタキシャル成長に関しては他章を参照頂くとして，本章では主として基板に対して鉛直方向での分子の配向特性とその制御に関して説明する。

＊　Yuji Yoshida　産業技術総合研究所　光技術研究部門　分子薄膜グループ　主任研究員

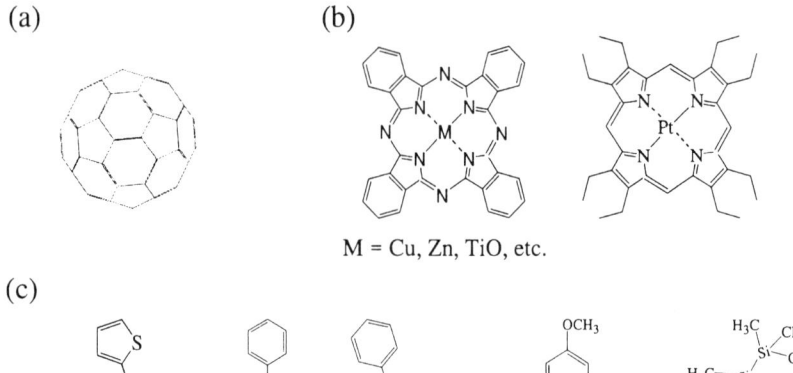

図1 分子の形により分類された典型的な有機半導体分子の分子構造
(a)球状分子：フラーレン，(b)平面状分子：金属フタロシアニン，オクタエチル白金ポルフィリン，(c)直鎖状分子：左よりオリゴチオフェン，オリゴフェニレン，チオフェン／フェニレン・コオリゴマー，オリゴフェニレンビニレン，オリゴシラン

2 基板への配向特性と制御パラメータ

　薄膜中での分子の配向制御は，真空蒸着などのドライプロセス（乾式作製法）またはスピンコート法などのウエットプロセス（湿式作製法）といった作製プロセスにより大きく異なってくる。ここでは，有機低分子で一般に良く用いられている真空を用いたドライプロセス，真空蒸着法や分子線エピタキシー法（MBE）における配向制御に関して概説する。

　真空中での有機薄膜の成長機構は図3に示すように，分子の昇華，吸着（付着），脱離，拡散，核生成，薄膜（結晶）成長の各素過程を経て形成されることが知られている。有機薄膜ではこれら素過程に関する研究は少なく，一部その描像が明らかにされたのみである[1〜3]。分子配向が決

第1章　分子配列・配向制御

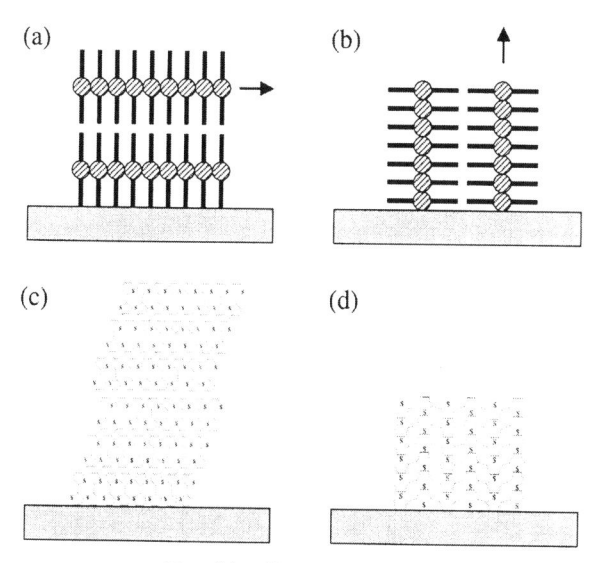

図2　基板に対する分子の配向様式

平面状分子の場合，分子面の(a)垂直配向および(b)平行配向が存在し，分子面がスタッキングして一次元の分子カラム構造（カラム方向を矢印で表記）が形成される。直鎖状分子の場合，(c)垂直配向および(d)平行配向が存在する。

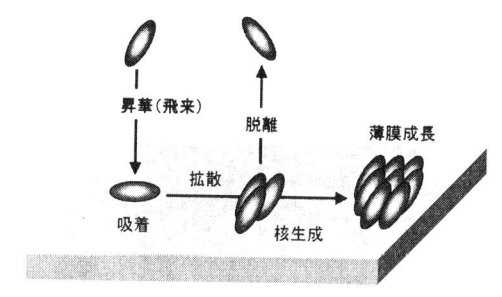

図3　真空蒸着による薄膜形成の素過程

分子は昇華（飛来），吸着，拡散，脱離，核生成および薄膜成長の各過程を経て薄膜が成長する。

定されるのは核生成から薄膜成長へ至る段階であると考えられるので，その素過程を実験的，理論的および計算的に調べていくことが必要である。また，その知見を実用的な制御パラメータにフィードバックしていくことが必要であることは言うまでもない。

有機半導体の応用展開

真空蒸着法における有機薄膜作製時の主な制御パラメータとしては,蒸着速度,基板温度および基板の種類などが挙げられる。まず,蒸着速度は薄膜成長速度とも言い換えることができるが,基板表面に供給される分子の量と基板への分子の付着確率により決まる。一般的に,蒸着速度が遅いほど基板に供給される分子の数密度が少ないために,結晶核の生成頻度が低くなり分子が十分に動き回るために大きな結晶ドメインが成長する。逆に,蒸着速度が速いと基板上のいたる所で核発生するため,結晶ドメインが大きく成長できない。次に,基板温度が低くなると基板への分子の付着確率が大きくなり,その結果核生成頻度が高くなり結晶は大きくならない。基板温度が高くなるに従って結晶は大きくなるが,基板が蒸着(昇華)温度に近づくにつれて基板からの再脱離が激しくなり,基板表面に薄膜が堆積されなくなる。即ち,一般的に蒸着速度と基板温度の関係は相補的な関係にあると言える。従って,大きな結晶ドメインを成長させたい場合は,蒸着速度を低くかつ基板温度を適切に高く一定に保てば概ね実現可能である。

分子配向においても蒸着速度と基板温度に関する同様な傾向が見られる。例えば,直鎖状分子では,基板温度が低い場合ほとんどの分子は平行配向しているが高くなるに従って垂直配向の分子が支配的になる。また,蒸着速度が遅いほど垂直配向の分子が多くなる。ベンゼン環を基本ユニットとした直鎖状分子であるオリゴフェニレンの薄膜を,原子間力顕微鏡(AFM)を用いてその表面モルフォロジーを観測した[4]。薄膜は塩化カリウム(KCl)の001劈開面上に,各基板温度50℃および150℃で作製したものである。そのモルフォロジーは写真1に示すように明らかに異なっており,50℃では棒状結晶が成長しているのに対して150℃では板状結晶が基板面に層状に成長している。X線回折の結果から,50℃では平行配向が,150℃では垂直配向が形成されていることが明らかになり,棒状結晶および板状結晶はそれぞれ平行配向と垂直配向に対応したモルフォロジーであることが分かる。他にも,単純なアルカンや脂肪酸などの直鎖状分子においてこのような傾向は一般的に見られ,棒状(針状)結晶か板状結晶かといったモルフォロジーとその向きにより,おおよその配向が判断できる[5]。しかしながら,その配向機構に関しては様々なモデルが提案されてきたが,未だ明らかにされていない所が数多く残されている。分子配向と制御パラメータとの相関については,従来の結晶成長学的な考察に加えて,分子論的な描像を組み込んだ形で説明する必要があると考えられる。直鎖状分子に関して,現在シミュレーションなどを用いて解釈しようとする試みもなされている[6]。

また,平面状分子においては基板面に対して基板温度が低い場合は垂直配向し,高くなると平行配向をとる傾向が見られる。分子カラムを単位に考えれば,基板温度が低い場合はカラムが平行配向して,高い場合はカラムが垂直配向することとなり,配向特性は直鎖状分子と類似している[5]。

制御パラメータ,特に基板温度により分子配向だけでなく結晶構造そのものが変化するので,

第1章 分子配列・配向制御

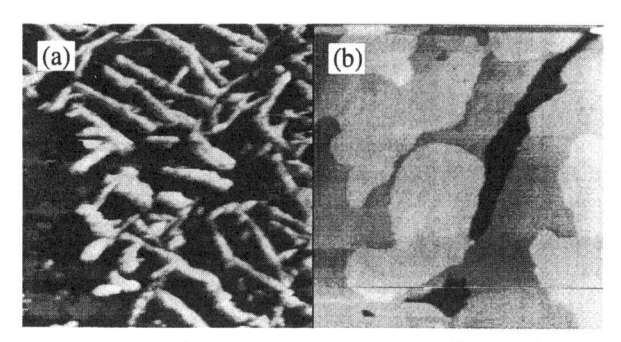

写真1 (a)基板温度 50℃および(b)150℃で KCl 基板上に作製されたオリゴフェ
ニレン薄膜の AFM 像
基板温度 50℃では棒状の結晶が，基板温度 150℃では層状に結晶が成長して板
状の結晶を形成している。

その構造評価に関しては注意を必要とする。例えば，フタロシアニン分子の場合，低温で作製すると α 型と呼ばれる結晶構造をとるが，高温では β 型と呼ばれる結晶構造をとる。薄膜の場合は作製時に基板温度と蒸着源温度の差が大きく急冷結晶化に相当するため α 型が形成され易い[7]。これを薄膜相と呼び β 型をバルク相と呼ぶ向きもあるが，結晶学的な α または β 型と呼称されるべきであろう。いずれにせよ，薄膜中では平行および垂直の分子配向と α，β，γ…の結晶多形が組み合わさって現れてくるので，単一の配向かつ結晶型の薄膜を作製しようとする場合，作製条件の最適化とその精緻な制御が必要となる。

最後に，エピタキシャル成長などのように基板との相互作用を積極的に用いる配向制御は極めて効果が大きいと考えられる。分子-分子間相互作用と分子-基板間相互作用の兼ね合いで薄膜構造が決まるが，単結晶劈開面のように基板に周期構造がある場合は，基板面の対称性・方位を反映した分子配向が生じ，これが一般的にエピタキシーと呼ばれるものである。本章では特殊な例として，高分子の一軸配向膜を分子配向のためのテンプレート基板として用い，種々の直鎖状分子を成長させた場合に関して紹介する。

図4(a)に示す「摩擦転写法」を用いることで，不溶不融の高分子，例えばポリテトラフロロエチレン（PTFE）やポリパラフェニレンビニレン（PPV）等を薄膜化させることが可能である。得られた薄膜中で高分子の主鎖は摩擦掃引された一方向に高度に配向しており，いわゆる一軸配向膜が形成されている。PTFEの場合，その上で様々な低分子が配向することがWittmannらのグループにより次々に報告された[8,9]。筆者らのグループでも，PTFEだけでなくポリシランやポリチオフェンなどの有機半導体高分子でPTFEと同様の摩擦転写膜が作製可能であることを

有機半導体の応用展開

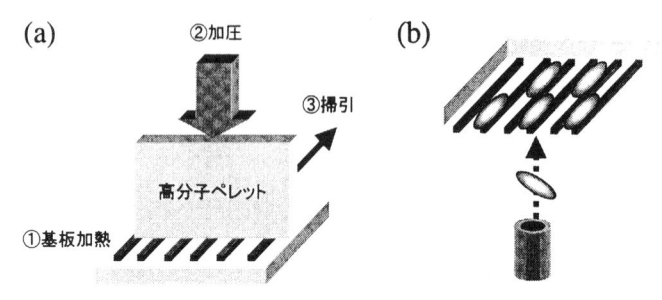

図4　一軸配向膜の作製プロセス
(a)摩擦転写法を示す。固められた高分子のペレットを，基板を加熱して加圧しそのまま掃引することで高分子膜が形成される。作製された膜は高分子の主鎖が掃引方向に高度に一軸配向している。また，この一軸配向膜をテンプレート（鋳型）として，(b)真空蒸着法により分子を配向させることも可能である。

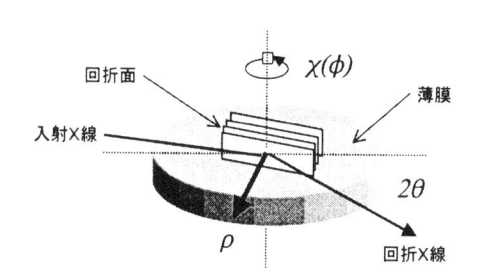

図5　薄膜面内方向での分子配向評価に有力なツールである面内X線回折計のジオメトリー
薄膜面に垂直に立った回折面（散乱ベクトル：ρ）を測定することが可能である。面内方位角χを回転させて測定することにより，結晶（分子）の配向分布が測定可能である。

明らかにしてきた[10, 11]。さらに，PPV等のπ共役高分子の摩擦転写膜をテンプレートとして，オリゴフェニレン，オリゴチオフェン，チオフェン／フェニレン・コオリゴマー，ペンタセンなどの直鎖状の有機半導体を真空蒸着すると，薄膜中であらゆる分子が高度に一軸配向することを見出した[12]。ここでは，PPV摩擦転写膜上のオリゴチオフェン（6量体）薄膜の構造に関して面内X線回折法を用いて評価した結果を示す。面内X線回折は，通常のX線回折が薄膜の膜厚方向（積層方向）の周期構造を評価するのに対して，図5のように薄膜の面内方向での周期を調べるものであり配向評価に極めて有力な手法である。図6に示すように，PPVの主鎖に対して面内方位で±24°の付近で測定した面内X線回折プロフィル中で，分子長軸方向のc軸の周期構造を

第1章　分子配列・配向制御

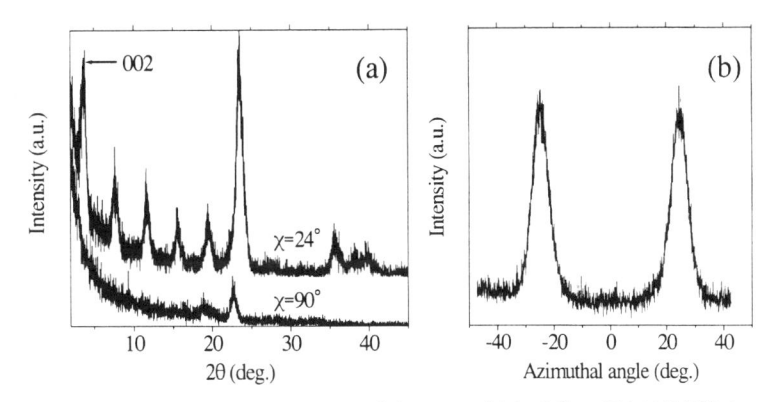

図6　PPV一軸配向膜上のオリゴチオフェン薄膜の(a)χ＝24°および90°での面内X線回折プロファイルおよび(b)002回折線強度の面内方位角依存性
χ＝0°はPPVの主鎖方向と定義する。c軸周期を表す002回折線は、χ＝±24°付近で強度の最大値をとっている。

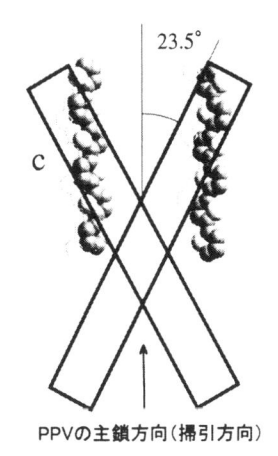

図7　PPV一軸配向膜上のオリゴチオフェン分子の配向モデル
矢印は主鎖方向であり、オリゴチオフェンの分子長軸はそれに平行に揃っている。分子長軸と結晶のc軸との角度が23.5°あるため、対称に2方向に結晶成長する。

現す一連の長周期ピーク（002, etc.）が観測された。002回折強度の面内方位角依存性（配向分布）の結果を図6(b)に示すが、±24°で回折強度が最大となりそれ以外の方位では現れないことからオリゴチオフェンが面内で一軸配向していることが明らかとなった。即ち、図7にその

配向モデルを示すが，オリゴチオフェンは分子長軸と結晶のc軸との間に23.5°の角度を持っているため，PPVの主鎖にオリゴチオフェンの分子長軸が平行配向した結果，結晶が2方向に成長したと考えられる。このように，PPVの摩擦転写膜のようなテンプレートを基板として用いることで，容易に分子を一軸配向させることが可能である。

3 各分子形状による配向制御および特性制御

3.1 直鎖状分子の例

π共役系の直鎖状分子の場合，分子の長軸方向に大きな遷移双極子モーメントが存在するため配向を制御することで光吸収や発光といった特性を変えることができる。例えば，オリゴフェニレンは極めて量子収率の高い発光特性を有するが，図8(a)に示すように分子が垂直配向した場合

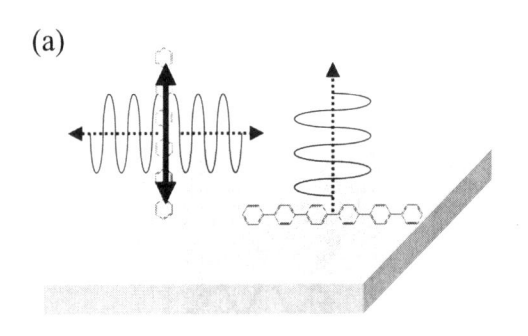

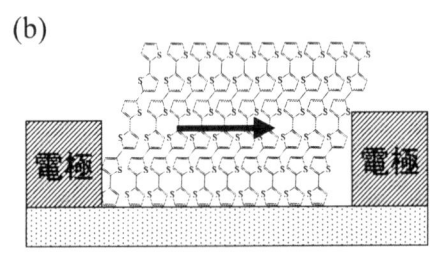

図8 直鎖状分子の配向による諸特性への効果
(a)直鎖状分子は分子長軸に遷移双極子モーメントを有するため，垂直配向の場合は基板平行方向に発光が伝播する。一方，平行配向の場合面方向に広く発光が伝播する。また，(b)垂直配向した場合はπ電子相互作用が大きい分子面-分子面でのキャリアーの流れが主となるため，FETなどの横型構造のデバイスには有利である。

第 1 章　分子配列・配向制御

は，発光が分子長軸と直交する方向に伝播するため，薄膜面方向での発光がほとんど見られず，むしろ端面からの強い発光が観測される。それに対して平行配向の場合，面方向でのいわゆる発光の取り出し効率が高くなる。さらに，平行配向で全ての分子を一方向に揃えることで，薄膜全体から一方向に偏った「偏光発光」が観測される。

また，チオフェン環やフェニレン環がユニットとなっているため，長軸方向よりも短軸方向，即ち分子面がFace-to-faceで向き合ったスタッキング方向でπ電子相互作用が強く，キャリアーが流れ易いことが知られている。電界効果トランジスタのような横型デバイスの場合，図8(b)のようにオリゴチオフェンの分子配向が垂直配向している方がキャリアーの移動度の観点から有利であることが知られている。

このように直鎖状分子の配向制御で特性を大きく変えることができるが，ここでは興味深い例として前述の摩擦転写膜を用いることで，直鎖状分子の偏光発光特性を制御した例を紹介する[12]。ポリパラフェニレン（PPP）の一軸配向膜上に，チオフェン環とベンゼン環で連結された直鎖状分子，チオフェン／フェニレン・コオリゴマーを真空蒸着すると，分子長およびユニットの並びの違いによらずあらゆる分子が一軸配向することが明らかになった。図9には，ビフェニル末端

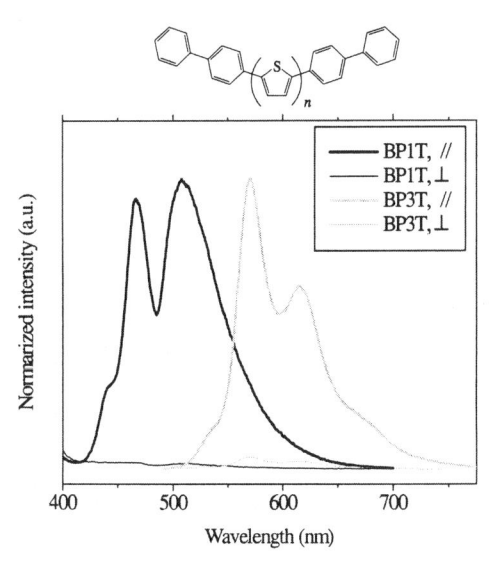

図9　ビフェニル末端のチオフェン／フェニレン・コオリゴマー（BPnT, n=1, 3）の分子構造と，PPV 一軸配向膜上のコオリゴマー薄膜の偏光蛍光スペクトル
　　　PPV の主鎖に垂直な方向では発光がほとんど観測されない。

のコオリゴマー（BPnT, $n=1, 3$）の偏光蛍光スペクトルを示すが，摩擦転写方向に平行な偏光時に各コオリゴマー固有の強い蛍光発光が見られるが，直交する方向ではほとんどその発光が見られない。その偏光比は，最大で100倍にも達するものであった。このコオリゴマーではチオフェン環の長さに応じてπ電子共役長を自在に変えることができるため，この一連の分子群で青から赤までの可視光領域での発光色を全て出すことが可能である[13]。このテンプレートを用いることにより，コオリゴマーをほぼ全て一軸配向させることが可能であるため，全ての発光色において偏光発光を実現できることになる。

3.2 平面状分子の例

ポルフィリン環の中心金属に白金を有するオクタエチル白金ポルフィリンは，その燐光発光特性を利用した高効率有機電界発光（EL）素子の材料として注目を集めた。この白金ポルフィリン分子は，臭化カリウム（KBr）基板上で基板温度に依存した興味深い配向特性を示すことがNohらによって報告された[14]。写真2には，基板温度室温と50℃でそれぞれ形成された白金ポルフィリンのAFM像を示す。室温では針状の結晶が成長しているが，50℃では平板状の結晶が成長していることが観測された。X線回折を図10に示すが，室温では分子カラムの間隔に相当する1.1nmの長周期ピークが観測されているが50℃ではそれがなくなっており，それにかわって0.44nmの分子面のスタッキング間隔に相当する周期構造が観測された。即ち，室温では分子カラムが寝た垂直配向を，50℃では分子カラムが立った分子の平行配向が生じていることを示している。また，基板温度が80℃以上になると脱離が激しくなり，KCl基板に白金ポルフィリン薄

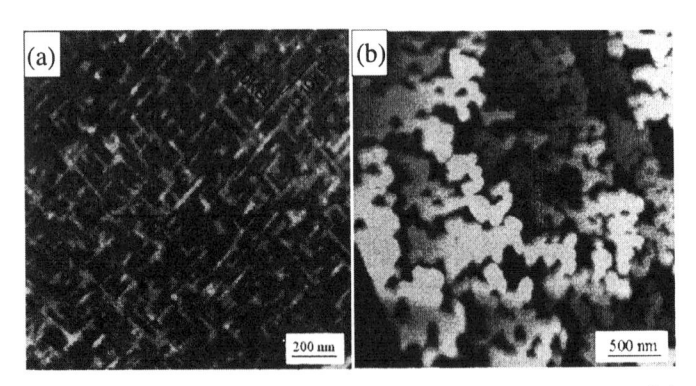

写真2 基板温度が(a)室温および(b)50℃でKBr基板上に作製されたオクタエチル白金ポルフィリン薄膜のAFM像
基板温度室温では針状の結晶が2方向に成長している。また，基板温度50℃では板状結晶が成長している。

第1章 分子配列・配向制御

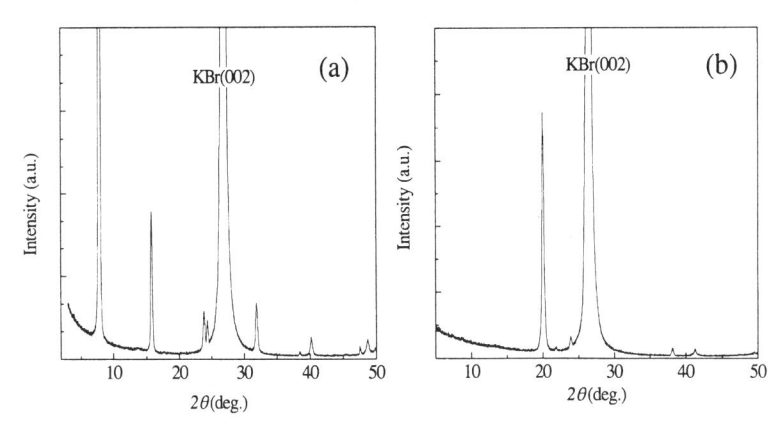

図10 基板温度が(a)室温および(b)50℃でKBr基板上に作製されたオクタエチル白金ポルフィリン薄膜のX線回折プロファイル
基板温度室温では，分子カラム-分子カラム間の間隔に相当する一連の周期ピークが観測される。一方，基板温度50℃では分子面-分子面間の間隔に相当する回折ピークが強く現れた。

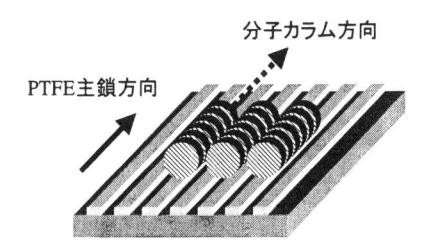

図11 円盤状のディスコティック液晶のPTFE一軸配向膜上での配向モデル
PTFE主鎖方向と分子カラムの方向が一致している。

膜が形成されなかった。この配向膜を用いて電界効果トランジスター（FET）を作製してその移動度を比較したところ，平行配向膜に比べて垂直配向膜で2桁の上昇が見られた。白金ポルフィリンのπ電子共役が分子面のスタッキング方向，即ち分子カラム方向にあるため，垂直配向膜でよりキャリアーが流れ易く高い移動度が観測されたものと考えられる。

平面状分子の場合でも，前述の直鎖状分子と同様に高分子のテンプレート基板を用いて面内配向させた例が報告されている。ディスコティック液晶（ヘキサベンゾコロネン誘導体）も摩擦転写されたPTFE基板上で，同様に配向制御によりその異方性を大きく変化させることができる[15]。図11に示すように，PTFEの掃引方向に高分子の主鎖が一軸配向しており，それに対して分子カラムが平行配向している。ディスコティック液晶も分子面内に遷移モーメントを持っているた

め，分子カラム軸とそれに直交する方向で偏光吸収が観測されている。さらに，FET特性も測られており，分子カラムに直交する方向で移動度が10^{-5}であり，分子カラム方向の移動度である$10^{-3} \mathrm{cm^2 V^{-1} s^{-1}}$に比べて2桁の向上が見られている。

3.3 フラーレンの例

対称性の高い分子であるフラーレンの場合，その結晶構造は面心立方格子（fcc）または六方稠密格子（hcp）の細密充填構造を持つ[16]。従って，他の分子と比べて異方性は現れないため，基板を選択することで単結晶様の薄膜作製が可能となる。六方格子構造を有するフラーレンでは，同じく六方格子を有する雲母の劈開面や金および銀の111面の各結晶基板上でエピタキシャル成長し易い。実際に，銀の111面上ではフラーレンは図12のように2次元配列することが分かっており，面内方向での配向分布が極めて良く，そのシングルドメインは数百ミクロンに達することがAFM等で観測されている[17, 18]。写真3には，雲母劈開面にフラーレン層をMBEで作製した薄膜のTEM像を示すが，作製条件を精密に制御することでこのように観測範囲内で欠陥のない単結晶薄膜を得ることが可能である。

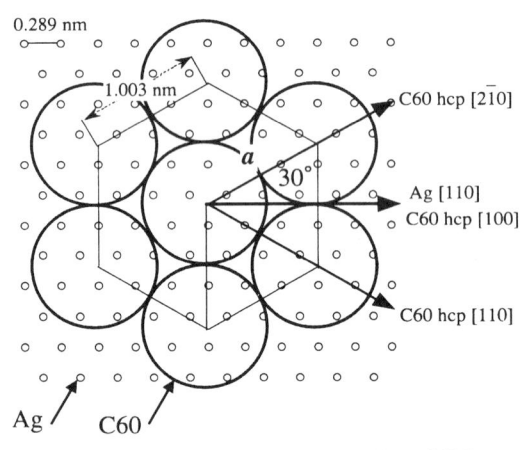

図12　銀の111面上でのフラーレンの2次元配向様式
エピタキシャル方位関係を示す。

第1章　分子配列・配向制御

写真3　雲母劈開面に形成したフラーレンの「単結晶様薄膜」のTEM像
観察範囲内で結晶のドメインはもとより欠陥も全く見られない。

本章で報告された一部データは，産業技術総合研究所ナノテクノロジー研究部門，阿澄玲子博士，松本睦良グループリーダー，同光技術研究部門，谷垣宣孝グループリーダー，八瀬清志副部門長，産業創造研究所光マテリアル研究部，堀田収博士との共同研究の成果であることを記して謝意を表する。

文　献

1) K. Yase, Y. Yoshida, T. Uno, N. Okui, *J. Cryst. Growth*, **166**, 942 (1996)
2) K. Yase, N. A. Kato, T. Hanada, H. Takiguchi, Y. Yoshida, G. Back, K. Abe, N. Tanigaki, *Thin Solid Films*, **331**, 131 (1998)
3) T. Shimada, R. Hashimoto, J. Koide, Y. Kamimuta, A. Koma, *Surf. Sci.*, **470**, L52 (2000)
4) Y. Yoshida, H. Takiguchi, T. Hanada, N. Tanigaki, E. M. Han, K. Yase, *J. Cryst. Growth*, **198**, 923 (1999)
5) 稲岡紀子生，八瀬清志，真空中で分子を並べる－有機蒸着膜，日本表面科学会編，共立出版 (1989)
6) A. Kubono, R. Akiyama, *Mol. Cryst. Liq. Cryst.*, **378**, 145 (2002)

7) 田中正夫, 駒省二, フタロシアニン, 有機エレクトロニクス材料研究会編, ぶんしん出版 (1991)
8) J. C. Wittmann, P. Smith, *Nature*, **352**, 414 (1991)
9) M. Brinkmann, S. Graff, C. Straupe, J. C. Wittmann, C. Chaumont, F. Nuesch, A. Aziz, M. Schaer, L. Zuppiroli, *J. Phys. Chem.*, **B107**, 10531 (2003)
10) N. Tanigaki, H. Kyotani, M. Wada, A. Kaito, Y. Yoshida, E. M. Han, K. Abe, K. Yase, *Thin Solid Films*, **331**, 229 (1998)
11) S. Nagamatsu, W. Takashima, K. Kaneto, Y. Yoshida, N. Tanigaki, K. Yase, K. Omote, *Macromolecules*, **36**, 5252 (2003)
12) Y. Yoshida, N. Tanigaki, K. Yase, S. Hotta, *Adv. Mater.*, **12**, 1587 (2000)
13) S. A. Lee, S. Hotta, F. Nakanishi, *J. Phys. Chem. A*, **104**, 1827 (2000)
14) Y. Y. Noh, J. J. Kim, Y. Yoshida, K. Yase, *Adv. Mater.*, **15**, 699 (2003)
15) A. M. Van de Craats, N. Stutzmann, O. Bunk, M. M. Nielsen, M. Watson, K. Mullen, H. D. Chanzy, H. Sirringhaus, R. H. Friend, *Adv. Mater.*, **15**, 495 (2003)
16) 篠原久典, 齊藤弥八, フラーレンの化学と物理, 名古屋大学出版会 (1997)
17) E. I. Altmann, R. J. Colton, *Surf. Sci.*, **295**, 13 (1993)
18) 吉田郵司, 谷垣宣孝, 八瀬清志, 表面科学, **18**, 52 (1997)

第2章　有機エピタキシャル成長

柳　久雄*

1　はじめに

半導体材料では，トップダウンテクノロジーにより3次元結晶のサイズをナノスケールに小さく低次元化して，量子サイズ効果を利用した様々なデバイスが開発されている。これに対して，有機材料は個々の分子がナノメートルサイズをもち，その低次元異方性の分子中に電子が閉じ込められた量子とみなせるので，個々の分子をマニピュレート，アセンブルして構造を組み立てるボトムアップテクノロジーによる材料設計が適している[1,2]。しかし，有機デバイスの現状においては，有機分子の低次元異方性を考慮した分子配列や結晶化についてはほとんど制御されておらず，無秩序，非晶質な等方体としてその平均化された物性を利用しているのがほとんどである。例えば，発光デバイスを例に見ると，図1(a)に示すように，半導体レーザーダイオードにおいては，エピタキシャル成長技術により各層間で完全に格子整合のとれた単結晶薄膜を積層し，欠陥をなくすことによりキャリアのトラップや無輻射遷移を抑制している。また，ドーピングによるp, n層の形成や化合物組成によるバンド制御により，エネルギー井戸構造を導入してキャリア

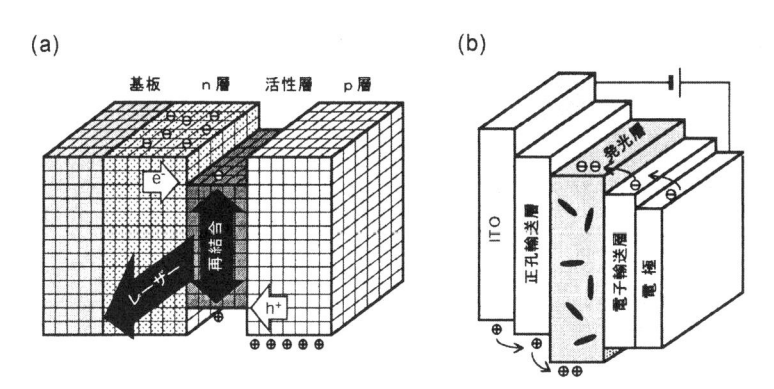

図1　量子井戸構造をもつ半導体レーザーダイオード(a)と非晶質膜積層構造をもつ有機 EL デバイス(b)の構造の比較

* Hisao Yanagi　神戸大学　工学部　応用化学科　助手

と光の閉じ込めを行い，高効率の発光増幅を実現している．一方，現在実用化が進められている有機 EL デバイスにおいては，図1(b)に示すように，一般に電荷輸送層，発光層には非晶質膜が用いられている．これは，真空蒸着法等による有機薄膜作製プロセスにおいて，単結晶性薄膜を得ることは非常に困難で，通常の条件下で製膜すると多結晶質膜が成長し，粒界においてキャリアのトラップや無輻射失活が起こるため，むしろ均一な非晶質膜化することによりこのような問題を低減している．しかし，このようなアプローチは本来有機分子がもつ低次元異方性の特徴を犠牲にしており，今後，有機デバイスがさらにその長所を生かして高機能化を目指すためには，薄膜結晶化や分子配列制御にもっと注意がはらわれなければならない．この観点から，本章では有機分子のエピタキシャル成長についてその指針をまとめ，いくつかの分子を例にとり筆者らのこれまでの取り組みについて述べる．

2 有機分子の異方性とエピタキシャル成長

有機材料の特徴の1つは，図2の例に示すように，個々の分子がさまざまな低次元異方性を有していることである．有機薄膜の結晶化や分子配列制御を行う場合，これらの個々の分子の異方構造に依存した分子間相互作用と，分子-基板間の相互作用を考慮する必要がある．例えば，フラーレンのような球状分子の場合，分子間に働く van der Waals 相互作用は等方的で，一般に基板との相互作用が無視できる安定成長条件下では，図3(a)左に示すように，最密充填面（C_{60}では（1 1 1）面）が大きく成長した形態をとる．これに対して，分子-基板間相互作用が働く準安定条件を適当に選べば，図3(a)右に示すように，分子が基板格子に沿ってエピタキシャル成

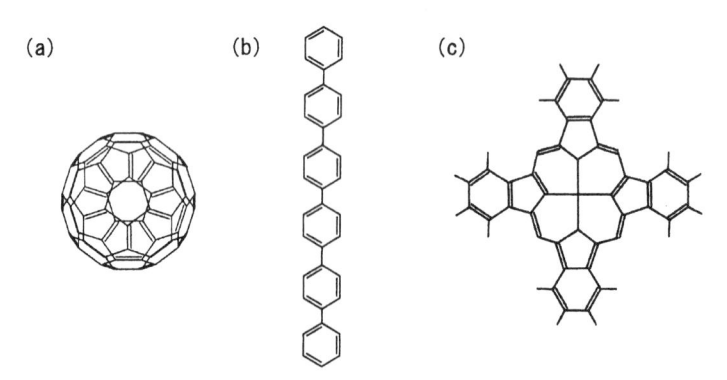

図2 様々な異方性をもつ有機分子
(a)C_{60}, (b)p-sexiphenyl, (c)phthalocyanine

第2章 有機エピタキシャル成長

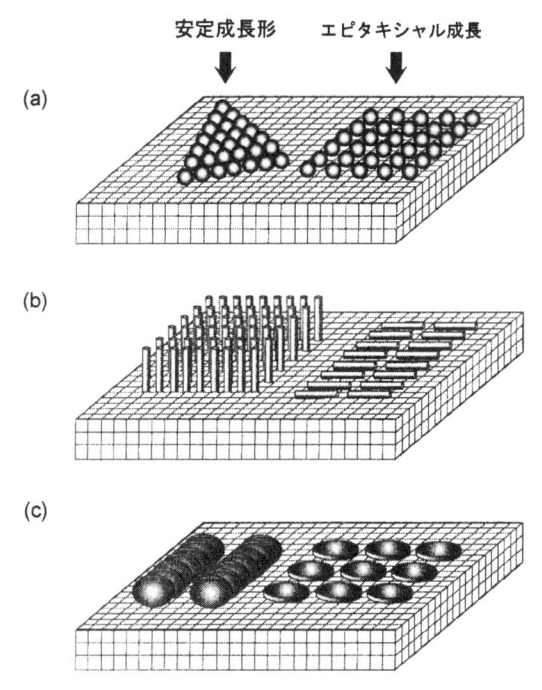

図3 様々な異方性をもつ有機分子の安定成長形とエピタキシャル成長
(a)球状分子, (b)線状分子, (c)平面分子

長した配向結晶が得られる。π共役系オリゴマーのような一次元分子では，分子間相互作用は分子鎖が並行に束になるように働くため，安定成長条件下では分子軸が基板面に対して直立した層状成長する（図3(b)左）のに対して，エピタキシャル成長条件下では，分子鎖と基板間の相互作用により分子軸が寝た配向を取り，結晶は分子軸に垂直な方向に大きく成長するのが一般的である（図3(b)右）。また，フタロシアニン類のような平面状分子では，分子面間相互作用により分子は平行にスタックしてカラム結晶を形成しやすい（図3(c)左）が，分子面と適度に相互作用する基板を選択した場合には，分子面が基板面上に平行に配向したエピタキシャル成長が得られる（図3(c)右）。

このように，分子間相互作用が分子-基板間相互作用より優勢な場合には，結晶は安定稠密面が成長した形態をとり，一般に結晶と基板格子間には一定の方位関係がない。これに対し，分子-基板間相互作用が働いてエピタキシャル成長する場合は，分子結晶格子と基板表面格子の間にエピタキシーが存在する。分子-基板間相互作用をもたらす要因としては，分子と基板原子間の静

電的相互作用が大きな役割を果たすことが分子力場および分子動力学計算により確かめられており[3~5]，アルカリハライドなどのイオン結晶上で良好なエピタキシャル成長が見られるのはそのためである。さらに，有機エピタキシャル成長の特徴として挙げられることは，一般に無機材料基板を用いた場合，成長した分子結晶の格子定数は基板表面の格子定数よりもはるかに大きいことである。従って，分子結晶格子は基板格子と整合を取るために，図4に示すように，様々な方位を取ったエピタキシーの中から最も格子ミスマッチの小さな配向を選択する。また，分子結晶と基板の格子点が整合しない場合でも，point-on-line 整合により配向成長することが知られている[6,7]。

このような有機エピタキシーにおいて問題となるのは，分子結晶の格子が基板格子よりも大きいため，両者の等価な整合点が多数存在することである。例えば，図5に示すような3×3の格子マッチングをとっている場合，分子の吸着点として9つの等価な基板の格子点がある。従って，隣り合う成長核において分子の吸着点がコヒーレントな格子整合となる場合には，これらの核は融合して1つの単結晶に成長するが（図5(a)），格子整合がインコヒーレントな核同志が衝突した場合は融合することはなく粒界を形成する（図5(b)）。図4(c), (d)のようなツインを形成するエピタキシーでは，このような粒界の生成はもっと深刻である。以上の理由から，有機エピタキシャル成長において，完全な単結晶性薄膜を成長させることは非常に難しく，これを解決するには1:1で格子整合するような長周期を有する基板の探索が今後重要な課題であるといえる。

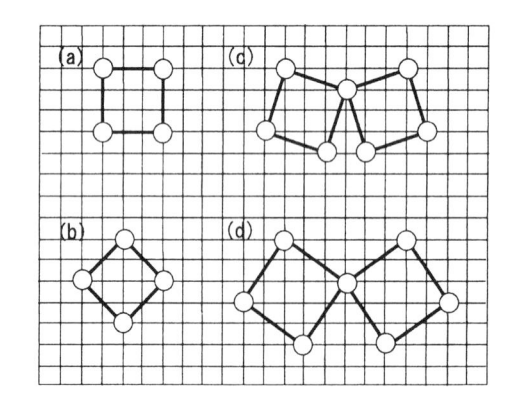

図4 正方格子基板上で正方格子をもつ分子結晶のエピタキシーの例
(a)3×3, (b)$2\sqrt{2}\times2\sqrt{2}$, (c)$\sqrt{10}\times\sqrt{10}$, (d)$\sqrt{13}\times\sqrt{13}$

第2章 有機エピタキシャル成長

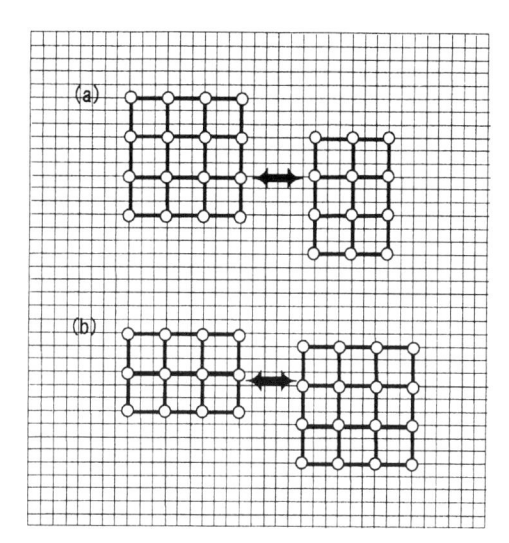

図5 コヒーレント(a)およびインコヒーレント(b)な核形成
(a)は単結晶化するが、(b)は粒界を形成する。

3 有機エピタキシャル薄膜の作製法

有機エピタキシャル薄膜の作製には、乾式プロセスとして真空蒸着（PVD）法、有機分子線エピタキシー（OMBE）法、湿式プロセスとしてラングミュア・ブロジェット法、セルフアセンブリング法が代表的なものとして挙げられる。乾式プロセスで用いられるエピタキシャル成長用の基板には、アルカリハライド（KCl, KBr, KI, NaClなど）単結晶、雲母、二硫化モリブデン（MoS_2）、グラファイト（HOPG）などのへき開面が多く用いられている。半導体のMBE法では蒸着源に高価なクヌーセン・セルが用いられるが、有機材料の場合、蒸発源温度が低いため、石英ルツボを抵抗加熱したもので十分である。

これらの手法については他書[8～10]に詳しく述べられているので、ここでは分子性結晶薄膜の精密な成長制御法として有望なホット・ウォール・エピタキシー（HWE）法について概説する。この手法は、化合物半導体のエピタキシャル薄膜作製のために用いられたものであるが[11]、その後、有機分子にも応用されるようになってきた[12～14]。図6にHWE法に用いられる装置の概略図を示す。基本構成は汎用の蒸着装置と同じであるが、HWE法では、蒸着源と基板の間に加熱した筒状のウォール（筆者らはタングステン・ヒーターを巻きつけた石英管を使用している）を挿入する。蒸着源温度（T_c）、基板温度（T_s）、ウォール温度（T_w）はそれぞれ独立に制御される。

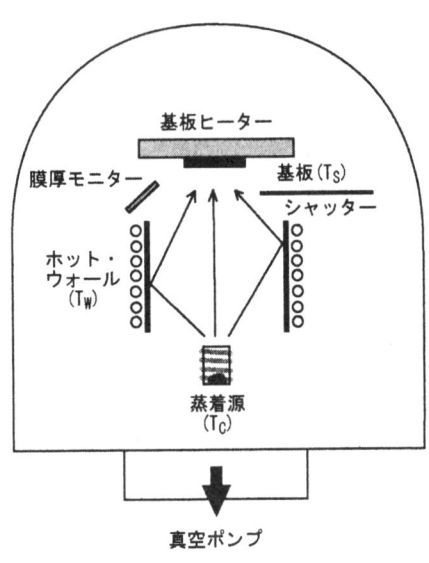

図6 HWE装置の概略図

一般の真空蒸着法では，蒸着源から昇華した分子は広角に広がり，ほとんどの分子は基板に到達することができない。従って，基板上での分子線の入射密度は低く，結晶化を促進するため T_s を高くすると，分子の吸着速度よりも脱着速度の方が大きくなり結晶は大きく成長しない。これに対して，HWE法では加熱したウォールを挿入しているため，昇華したほとんどの分子はウォールで反射され基板に入射する。T_w が低すぎると分子がウォールに吸着して分子の蒸気圧が低くなり結晶成長が進まず，逆に T_w が高すぎるとウォール内の蒸気圧が増して核成長速度が高くなるため微結晶が成長してしまう。しかし，T_s に対して T_w を適切に設定すると，基板状で分子の吸着速度と脱着速度がほぼ等しくなる擬平衡状態を作り出すことができ，基板上で拡散している分子は最も安定な成長端にのみ取り込まれるため，配向性の良い高品質の大きな結晶を成長させることができる。このように，HWE法は3つの温度パラメータにより結晶形態やサイズを制御することが可能で，基板の選択とともに今後さらに研究が進めば，単結晶薄膜の作製にとっても有用な方法であると思われる。

4 有機エピタキシャル成長の例

図2に示した次元性の異なる分子を用いた有機エピタキシャル成長例について以下に述べる。

第2章 有機エピタキシャル成長

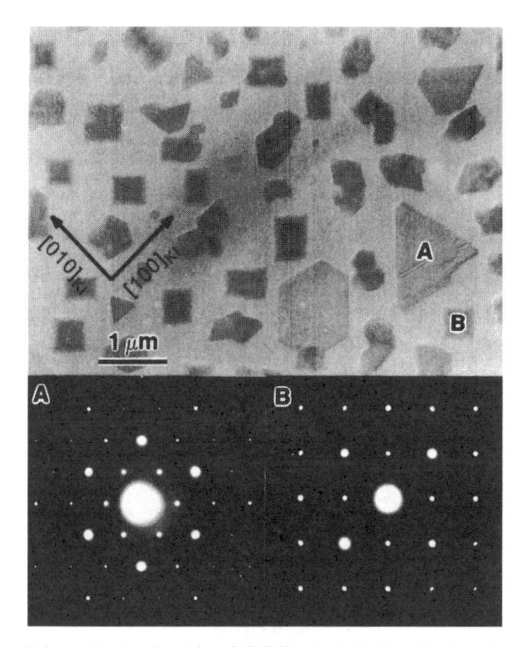

写真1 KI(001)面上に真空蒸着したC_{60}のTEM写真(上)と(111)配向した三角板状結晶(A)および(001)配向した四角形状結晶(B)より得られた電子線回折像(下)[15]

写真2 KI(001)面上でエピタキシャル成長したC_{60}の高分解能TEM像[15]

球状分子であるC_{60}（図2(a)）をPVD法を用いて$T_s=240℃$に保ったKI単結晶の（001）へき開面上に蒸着した膜の透過電子顕微鏡（TEM）像と電子線回折（ED）像を写真1に示す[15]。写真に見られるように，三角板状の結晶(A)と四角形状の結晶(B)が混在して成長しており，後者は結晶の辺がKIの［110］方向に平行になるように配向している。それぞれの結晶から得られたED像は異なった単結晶パターンを示しており，Aの三角板状結晶ではC_{60}面心立方結晶の（111）面が基板面に平行に接しているのに対して，Bの四角形状結晶ではその（001）面が基板面に接している。四角形状結晶から得られた図8の高分解能TEM像には[15]，格子定数1.41nmの正方格子中に配列した分子像が観察される。この格子長はKI結晶の$a=0.707$nmの2倍にマッチすることから，四角形状結晶中ではC_{60}の（001）面がKIの（001）面に対して$2×2$のエピタキシーをとって配向成長していることがわかる。一方，三角板状結晶ではその一辺がKIの

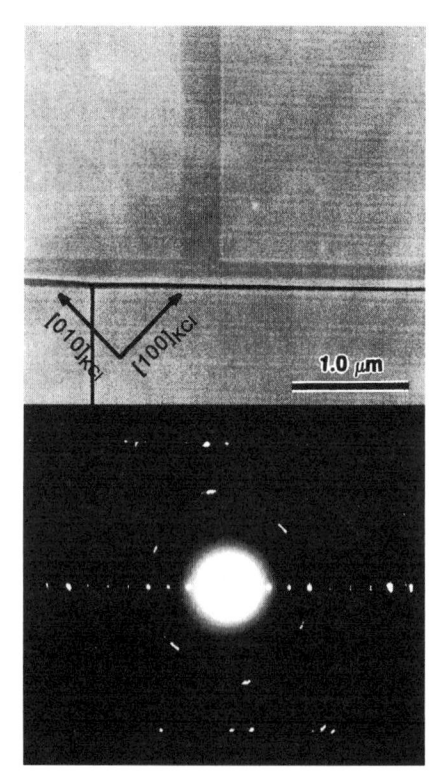

写真3 KCl（001）面上でエピタキシャル成長したp-6P結晶のTEM像（上）と電子線回折像（下）

第2章 有機エピタキシャル成長

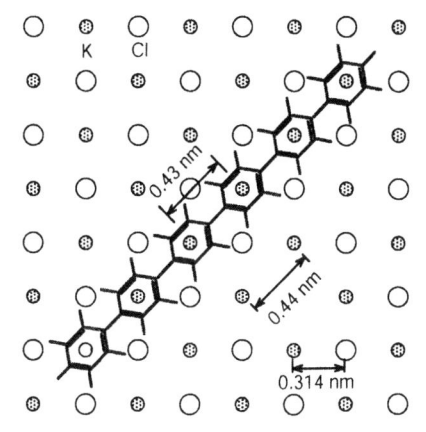

図7 KCl (0 0 1) 面上にエピタキシャル吸着した
p-6P 分子の概略図[16]

[1 1 0]方向に沿って配向しているものも見られるが，基板との相互作用によるエピタキシーの効果は四角形状結晶に比べて小さく，最稠密の(1 1 1)面が安定成長したものと考えられる。

次に一次元鎖状分子の例として，HWE法によりp-sexiphenyl (p-6P，図2(b)) をKCl (0 0 1) 面上にエピタキシャル成長させた結晶のTEM像とED像を写真2に示す。T_sおよびT_wを150℃前後に制御すると，長さが〜0.1mm，幅が数百nmに成長した針状あるいは棒状の結晶がKClの[1 1 0]方向に沿って直交して配向する[14]。これらの結晶から得られたEDパターンには赤道線上に面間隔2.7nmの0 0 1長周期回折斑点のシリーズが現れている。この回折面間隔はp-6Pの分子長に対応することから，p-6P分子はKClの(0 0 1)面に平行に寝て，図7に示すように[16]，KClの[1 1 0]方向に並んだイオン列に沿って配向吸着していると考えられる。ここで，p-6P分子のベンゼン環の繰返し周期 (0.43nm) がKCl [1 1 0] イオン周期 (0.44nm) と非常によくマッチしていることがわかる。また，結晶の長軸と0 0 1長周期回折シリーズの方位関係から，p-6P分子鎖は結晶の長軸に対して垂直にパッキングしていることがわかっている。

次に平面状分子の例として，中心にオキソメタルをもつフタロシアニン類をKBr (0 0 1) 面上に蒸着した膜のTEM像を写真4に示す[17]。上図はチタニルフタロシアニン (TiOPc) を$T_s=$200℃でPVD成長させたもので，ピラミッド上の結晶がKBr [1 1 0] 方向にならんでエピタキシャル成長している。この結晶から得られたED像は，写真5に示すように[17]，面間隔1.40nmの単結晶パターンを与えることから，結晶中でTiOPc分子は分子面を基板面に平行に接した正方格子中にパッキングしていることがわかる。この格子間隔の$\sqrt{2}$倍（面心格子に相当）がKBr結晶の$a=0.659$nmの3倍にマッチすることから，TiOPcの正方格子はKBr基板に対して3×3

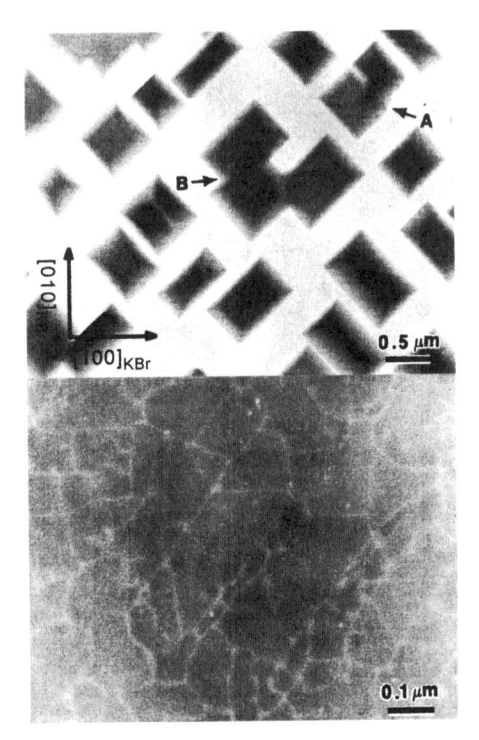

写真4 KBr（0 0 1）面上に基板温度200℃でPVD成長したTiOPc結晶（上）と基板温度20℃でMBE成長したTiOPc薄膜（下）のTEM像[17]

のエピタキシー（図4(a)）をとって配向成長していることがわかる。写真4の下図には，OMBE法によりバナジルフタロシアニン（VOPc）を $T_s=20℃$ でKBr（0 0 1）面上に成長させた薄膜のTEM像を示している。基板温度が低いため，PVD成長させたTiOPc結晶のようなアイランド化は起こらず，均一な膜状に成長している。この膜から得られたED像は写真5と同様のパターンを示すことから，VOPc分子はPVD成長させたTiOPc結晶と同じエピタキシャル成長していることがわかる。このことより，PVD法に比べて真空度の良いMBE法では，基板表面の清浄度が高いため，より低い基板温度においても分子拡散が十分起こりエピタキシャル成長が可能になったものと考えられる。しかし，VOPc膜には粒界が観察され，各々のグレインは同じ配向をした単結晶であるが，膜全体としては多結晶質であるといえる。このことは，前述したように，結晶核成長におけるエピタキシーのコヒーレンスが関与しており，その影響は写真4上に示した

第2章 有機エピタキシャル成長

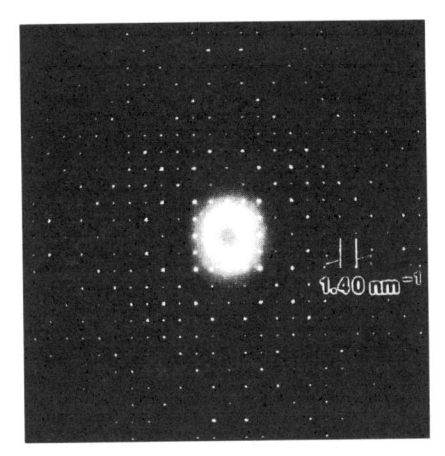

写真5 KBr（001）面上にエピタキシャル成長した
TiOPc結晶から得られた電子線回折像[17]

TiOPc結晶の成長において見て取れる。写真のA部では，2つの結晶が衝突してその間に粒界が存在しているのが観察されるが，B部では結晶間に境界が見られず均一に融合しているのがわかる。これは，図5に示したように，前者では2つの結晶の格子間の整合が取れていない（図5(b)）のに対して，後者ではコヒーレントな格子整合が起こって2つの結晶が単結晶化（図5(a)）していると考えられる。

5 おわりに

有機分子のエピタキシャル成長について，3種の低次元異方性をもつ分子を用いてその成長指針と実験例を述べた。上述したように，格子整合のコヒーレンスの問題により，現状では完全に単結晶化した有機エピタキシャル薄膜を作製することは実現していない。これを解決するには，分子結晶格子と1:1で整合するような基板の探索が必要で，有機デバイスへの応用を念頭に入れれば，長周期をもつ金属や半導体の再構成表面等はその有望な候補であると思われる。導電性有機薄膜を基板に用いることも考えられるが，無機基板に比べると，その表面の規則性や清浄度は分子配向やモルフォロジーを精密に制御するには十分ではない。

一方，有機分子がその分子間凝集力により，ニードルやアイランド状に自己組織化した不均一構造を形成する特徴を積極的に利用しようとするアプローチが考えられる。最近，半導体材料においては，量子ワイヤーや量子ドットを微細加工あるいは自己組織化により作製する試みが盛ん

になってきたが，有機結晶はまさに分子が自己組織化した低次元構造そのものであり，今後さらにそのデバイス化にあたって，有機エピタキシャル成長の重要性が高まってくると思われる。

文　献

1) D. M. Eigler, E. K. Schweizer, *Nature*, **344**, 524 (1990)
2) L. E. Brus, *Appl. Phys. A*, **52**, 465 (1991)
3) Y. Saito, M. Shiojiri, *J. Crystal Growth*, **67**, 91 (1984)
4) H. Tada, S. Mashiko, *Jpn. J. Appl. Phys.*, **34** 3889 (1995)
5) H. Yanagi, S. Doumi, T. Sasaki, H. Tada, *J. Appl. Phys.*, **80**, 4990 (1996)
6) A. Hoshino, S. Isoda, H. Kurata, T. Kobayashi, *J. Appl. Phys.*, **76**, 4113 (1994)
7) A. Hoshino, S. Isoda, H. Kurata, T. Kobayashi, *J. Crystal Growth*, **146**, 636 (1995)
8) 金原粲，薄膜の基本技術（第2版），東京大学出版会 (1986)
9) 麻蒔立男，薄膜作製の基礎（第3版），日刊工業新聞社 (1996)
10) A. Ulman, "An Introduction to Ultrathin Organic Films from Langmuir-Blodgett to Self-Assembly", Academic Press, San Diego (1991)
11) A. Lopez-Otero, *Thin Solid Films*, **49**, 3 (1978)
12) D. Stifter, H. Sitter, *Appl. Phys. Lett.*, **66**, 679 (1995)
13) A. Andreev, G. Matt, C. J. Brabec, H. Sitter, D. Badt, H. Seyringer, N. S. Sariciftci, *Adv. Mater.*, **12**, 629 (2000)
14) H. Yanagi, T. Ohara, T. Morikawa, *Adv. Mater.*, **13**, 1452 (2001)
15) H. Yanagi, T. Sasaki, *Appl. Phys. Lett.*, **65**, 1222 (1994)
16) T. Mikami, H. Yanagi, *Appl. Phys. Lett.*, **73**, 563 (1998)
17) H. Yanagi, T. Mikami, H. Tada, T. Terui, S. Mashiko, *J. Appl. Phys.*, **81**, 7306 (1997)

第3章 結晶成長

吉本則之*

1 はじめに

　有機半導体の結晶成長に関する研究は，1949年に発表させたHuberら[1]によるアントラセン（図1）に関するものが原点であると思われる。その後の約10年間，アントラセン単結晶の結晶成長と完全性に関する研究がいくつかのグループで精力的に行われた[2～6]。当時，有機半導体の物性研究のために良質かつ大型の単結晶が必要であったこととともに，放射線検出用のシンチレーター結晶として使われていたことが結晶成長の研究を推進する原動力となっていたようである[7]。その後1980年代後半までに有機半導体の単結晶育成に関する研究は，数多くの種類の化合物に拡大され，その間に単結晶育成に関する技術的基礎が確立された。その時点での有機半導体単結晶育成に関する網羅的なレビューがKarlによって著されている[8,9]。近年，Klocら[10]が育成した有機半導体単結晶を用いた研究に大きな関心が寄せられたことや，有機半導体デバイスの実用化が現実味を帯びて来るにしたがって，有機半導体の結晶成長への関心も高まっている。日本においても若い研究者たちによって，新たな化合物や新たな育成方法への挑戦的な研究が始まっている。Karl教授（Stuttgart大学）に代表されるこの分野の先達たちの長年にわたる地道な努力の成果を礎として，いま"有機半導体の結晶成長"は飛躍の時を迎えつつあるのかも知れない。

　本章では，有機半導体の結晶成長を概説する。まず，各種育成法に共通する結晶成長の基礎を解説する。また，有機結晶に特徴的な多形現象と，結晶多形の取り扱いについて述べる。次に，各種単結晶の育成法とその特徴，育成例を紹介する。最後に，有機半導体のエピタキシャル成長に関する最近の研究例を示す。

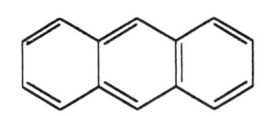

図1　アントラセンの分子構造

---

*　Noriyuki Yoshimoto　岩手大学　工学部　材料物性工学科　助教授

2 結晶成長の基礎

2.1 結晶成長の駆動力と核形成

結晶成長は母相（融液相，気相あるいは溶液相）からの結晶核の形成と，それに引き続く成長（結晶成長）の2つのプロセスからなる。母相から結晶相への相転移の駆動力は，母相と結晶相の化学ポテンシャルの差$\Delta\mu$であり，母相に応じてそれぞれ次のように表される[11]。

$$\text{融液相}: \Delta\mu = \frac{l\Delta T}{T_m}, \ \Delta T = T_m - T$$

$$\text{気相}: \Delta\mu = kT\ln\frac{p}{p_e} = kT\ln(1+\sigma), \ \sigma = \frac{p-p_e}{p_e}$$

$$\text{溶液相}: \Delta\mu = kT\ln\frac{C}{C_e} = kT\ln(1+\sigma), \ \sigma = \frac{C-C_e}{C_e}$$

ここで，lは融解の潜熱，T_mは平衡温度（融点），Tは実際の温度であり，T_mとの差ΔTは過冷却度と呼ばれ$\Delta\mu$に比例する量である。また，p_eとC_eは，それぞれ平衡蒸気圧と平衡濃度であり，pとCは実際の蒸気圧と溶質濃度である。kはボルツマン定数である。平衡蒸気圧と実際の蒸気圧のずれの度合い（気相成長の場合），あるいは，平衡濃度と実際の溶質濃度とのずれの度合い（溶液成長の場合）をそれぞれ共通にσで表し，過飽和度と呼ぶ。つまり結晶成長の駆動力を制御し得る現実的なパラメータは過飽和度であり，過飽和度を制御することにより，核形成や結晶成長の機構，さらに結晶の外形や配向，出現する結晶多形を制御することが可能となる。

均一核形成理論によれば，結晶核を形成するのに必要な自由エネルギーΔG^*は，次式で与えられる[11]。

$$\Delta G^* = \frac{4\omega\gamma^3\nu_c^2}{3\Delta\mu^2}$$

ここでωは形状因子，γは結晶核全体の表面エネルギー密度，ν_cは分子体積である。単位時間，単位体積あたりの核形成頻度Jは，

$$J = \nu_+ q_1 \exp\left[-\frac{\Delta G^*}{kT}\right]$$

で与えられる。ここで，ν_+は臨界核にさらに分子が1個組み込まれる頻度，q_1は環境相中の平衡溶質濃度である。したがって，結晶の核形成は，過冷却度や過飽和度に比例する結晶成長の駆動力$\Delta\mu$の関数として，母相によらず統一して理解することができる。

2.2 多形現象と核形成

有機化合物の結晶成長に際しては，育成条件に応じて複数の多形が同時に出現する場合がある。

第3章 結晶成長

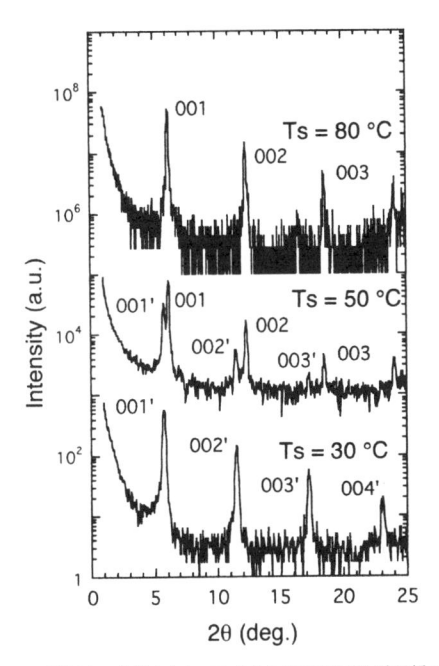

図2 NaCl基板上に作製されたペンタセン蒸着膜のX線回折パターン
基板温度は下から30℃, 50℃, 80℃である。基板温度の上昇とともにバルク相の割合が増加する。

例えばペンタセンの気相成長では, 4種類の多形が育成条件によって出現する[12]。図2は, NaCl基板上に真空蒸着したペンタセン薄膜のX線回折パターンである。基板温度の低い高過飽和度条件では, $d=14.5\text{Å}$ のいわゆる薄膜相($00l'$と表示)が出現するのに対し, 基板温度が上昇し, 過飽和度が低下するにともなって, $d=15.3\text{Å}$ のバルク相($00l$と表示)の結晶化が優勢となる多形現象が見られる。このような多形現象は, 核形成頻度の過飽和度依存性が多形によって異なるとして説明することができる[13]。

熱力学的安定性の異なる2つの多形（ⅠとⅡ）が結晶化する場合, それらの平衡蒸気圧の温度依存性は, 図3に示すように異なるカーブを描く。与えられた温度において, より安定な多形の平衡蒸気圧は, 準安定多形よりも常に低い（ただし, 温度変化に対して, 安定性が逆転する場合がある。つまり, 平衡蒸気圧曲線が交差する場合があるが, その場合もその温度領域における平衡蒸気圧が低い方の多形を安定相とすれば同様に議論できる。ここでは, 議論を単純化するためにすべて温度領域にわたって多形Ⅰが安定な場合を考える）。温度の異なる3点（P_1, P_2, P_3）

有機半導体の応用展開

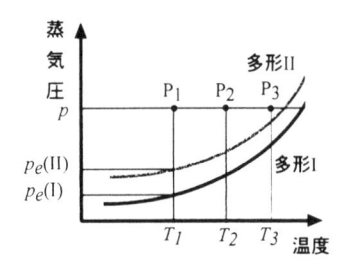

図3 2種類の多形の平衡蒸気圧の温度依存性
P1, P2, P3の順に温度の増加とともに過飽和度が減少する。また，同じ蒸気圧であっても，多形によって過飽和度が異なり，安定多形の過飽和度は準安定多形に比べて常に過飽和度が大きい。

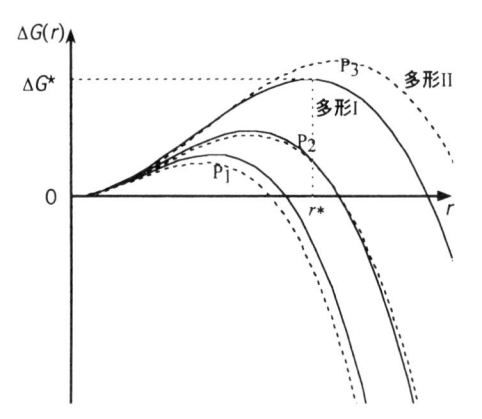

図4 クラスターの自由エネルギーのサイズ依存性
ΔG^*は臨界核形成の活性化自由エネルギーであり，過飽和の増加とともに減少する。表面エネルギーが準安定多形に有利である場合には，過飽和度によって多形間でΔG^*の逆転が起こる。

で平衡蒸気圧を上回る一定の蒸気圧pを与えると，各点において，過飽和度がそれぞれの多形に対して定義できる。安定多形Ⅰの飽和蒸気圧は，常に準安定多形Ⅱの飽和蒸気圧よりも低いので，安定多形Ⅰに対する$\Delta \mu$は，準安定多形Ⅱよりも常に大きな値を持つ。一方で，核形成を支配する他のパラメータも多形によって異なると考えられる。

たとえば，表面エネルギー密度γの値が多形Ⅱの核形成に対して有利である場合，$\Delta \mu$は核形成自由エネルギーに対して2乗効果にあるのに対し，γは3乗効果であり，過飽和度に依存して

第3章 結晶成長

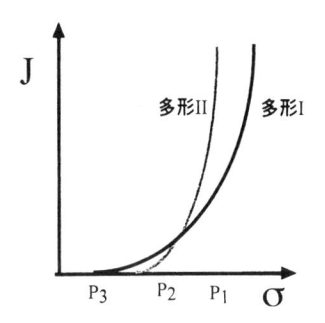

図5 核形成頻度の過飽和度依存性
低下飽和度では安定多形Ⅰ，高過飽和度では準安定多形Ⅱの核形成が優勢となる。

ΔG^*における逆転が可能となる．図4はその状況を示したものである．過飽和度の増加（P3→P2→P1）とともにΔG^*と臨界核のサイズγ^*が減少する．低下飽和度条件（P3）では，安定多形Ⅰに対する$\Delta\mu$の効果が相対的に大きいためにΔG^*は多形Ⅰの方が小さい．高過飽和度条件（P1）では，$\Delta\mu$における多形間の差が相対的に小さくなるために，安定多形Ⅰに対する駆動力の有利さを準安定多形Ⅱのγにおける有利さが上回り，ΔG^*は多形Ⅱの方が小さくなる．図5は，この状況を核形成頻度Jと過飽和度σの関係で表したものである．低過飽和度では安定多形Ⅰの核形成が優先し，過飽和度の増加とともに準安定多形Ⅱの核形成頻度が上回ることになる．このような駆動力に依存する多形の結晶化の振る舞いは，溶液成長，融液成長においても同様に取り扱うことが可能である．

2.3 配向制御と核形成

過飽和度に依存して結晶の配向が変化する現象についても，核形成の問題として理解することが可能である．一般に，長鎖状分子の蒸着膜の厚さ方向の配向は，過飽和度に依存して変化することが多い．有機半導体においても，たとえば，パラセキシフェニル（p-6P）のKCl基板上の蒸着膜は基板温度の上昇とともに分子軸を基板と平行にする配向（平行配向）から分子が立つ配向（垂直配向）変化する[14]．この場合，両者の$\Delta\mu$は同じであるので，配向が核形成時に決定されるならば，クラスターの表面エネルギーの違い（異方性）によって核形成頻度が逆転すると考えることができる．すなわち，高過飽和度で臨界核のサイズが小さい場合には，表面エネルギーの大きい分子の側面を基板に接した配向をとる方が，界面エネルギーの利得によってクラスター全体の表面エネルギーは減少する．一方，過飽和度が低下し，臨界核のサイズが大きい条件では，平板状のクラスターの最も広い面を表面エネルギーの最も低い c 面にとる垂直配向がより有利と

なる。

2.4 結晶成長速度

結晶の成長速度も $\Delta\mu$ の関数として統一して理解できることが理論的にも実験的にも明らかとなっている[11]。結晶のある面の成長速度を R, 界面における過飽和分が瞬時に結晶に取り込まれる場合（付着成長）の成長速度を R_{max} とすると，両者は以下の関係となる。

$$R = \alpha R_{max} \ (0 \leq \alpha \leq 1), \ R_{max} \propto \Delta\mu$$

ここで，α は凝縮係数と呼ばれ，結晶の取り込みサイト（キンクサイト）の供給が律速となる場合には1より小さい値をとる。たとえば，らせん転位によって取り込みサイトが供給される場合には，R は $(\Delta\mu)^2$ に比例する。各面によって凝縮係数とその過飽和度依存性は異なるので，結晶の外形は過飽和度に依存して変化する。有機結晶においては，この凝縮係数とその過飽和度依存性の異方性は著しい。望ましい外形の単結晶を育成する場合にはこの点を考慮する必要がある。

3 結晶育成法

有機半導体の単結晶育成は，金属や無機の半導体と同様に溶液法，融液法，気相法の各方法により単結晶の育成が可能である。しかしながら，分子性結晶の特徴として，一般に融液の蒸気圧が高く，融液成長では密封した系で育成する必要がある。また，加熱にあたって融点や昇華温度を迎えるまでに分解してしまう物質も多く，この場合は溶液成長や真空中での昇華など低温での育成法を選択しなければならない。

3.1 精　製

有機半導体の物性は，僅かな不純物によって著しく影響されることが知られている。アントラセンにテトラセンをドープした研究によると，ppm（10^{-6} mol/mol）オーダーの不純物によって輸送特性が劇的に変化することが示されている[9]。したがって，単結晶育成を行うにあたって，十分な精製を行う必要がある。

有機化合物の精製は，個々の化合物と不純物の化学的性質に応じた最適な精製法が選ばれるべきである。一般的には，蒸留，昇華，溶液を用いた再結晶などのプロセスを組み合わせ，何度か繰り返した後にゾーン精製法により，不純物濃度 1×10^{-7} 以下の高純度試料を得ることができる。図6に典型的な有機物用のゾーン精製装置を示す。この装置では溶融帯が連続的に下から上へと移動する。実行偏析係数が1より小さい不純物は上方へ移動し，1より大きい不純物は下端に濃

第3章 結晶成長

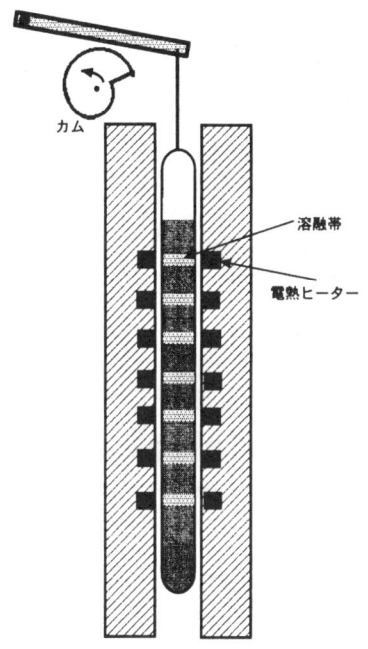

図6 有機材料用のゾーン精製装置
カムの回転により溶融帯が上方へ移動する。

縮される。

3.2 溶液法

　溶液の徐冷や溶媒の蒸発によって単結晶を育成することが可能である。溶液法は，溶媒が不純物とし結晶中に取り込まれるという欠点がある反面，融点よりもかなり低い温度での育成が可能であり熱分解の可能性を抑えることができる。また，温度調節によって微妙な過飽和度の調整が可能であり，多形や晶癖の制御や低速成長による高品質結晶の育成を行うことができる。

　電荷移動錯体では，一般に溶液中の電気化学的酸化還元法によって単結晶を育成する場合が多い。写真1はこの方法によって育成中の $\kappa-(BEDT-TTF)_2Cu[N(CN)_2]Br$ の写真である。この方法は陽極で中性のドナー分子から電子を奪い，生じたドナーイオンと電解質として溶液中に存在するアクセプターイオンとが電荷移動錯体を形成すると同時に，電極上に析出するものである。筆者らは，$(BEDT-TTF)_2I_3$ について，溶液中での平衡状態を特定し，溶解度を測定することによって，この複雑な結晶成長プロセスを過飽和度の関数として議論した[15]。さらに，図7に

有機半導体の応用展開

写真1 電気化学的酸化還元法による電荷移動錯体の単結晶育成
陽極（右の三角フラスコ中の白金棒）上に成長中の単結晶が見える。

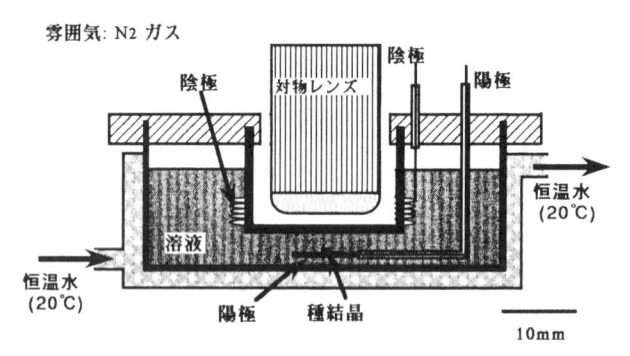

図7 電気化学的酸化還元法による電荷移動錯体の単結晶育成のその場観察セル

示すその場観察セルを作製し，結晶成長速度と過飽和度の関係を議論した[16]。また，育成温度と過飽和度によって核形成する多形を制御し，α形とβ形の単結晶の育成に成功したことを報告している（写真2)[17]。

その他の溶液法による単結晶育成の例として，Miyaharaらはアントラセンを溶媒とするユニークな単結晶育成法を開発し，ペリレン誘導体や銅フタロシアニンの10mmサイズの針状単結晶育成に成功したと報告している[18]。また，ごく最近，奥津らはアントラセン溶液にパルスレーザー

第3章 結晶成長

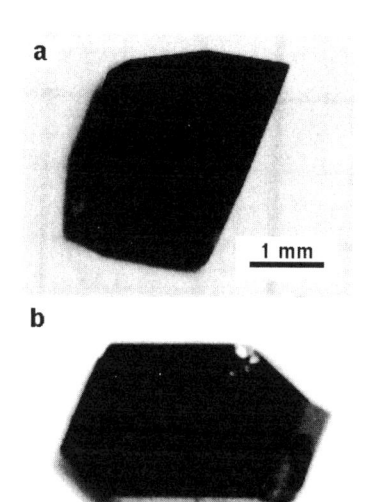

写真2 多形制御によって育成された（BEDT-TTF）$_2$I$_3$ の単結晶
a：α多形，b：β多形

光を照射することによって，局所的な過飽和状態を溶液中に作り出し，アントラセンの多形が母結晶の上にエピタキシャル成長することを見出した[19]。この方法は，核形成の位置を任意に設定でき，その後の溶質の供給も光りの照射量によって制御できるという点で優れており，新たな単結晶育成法として興味深い。

3.3 融液法

融液からの単結晶育成法は不純物の混入が少なく，大型の単結晶を育成することが比較的容易であることから，以前はアントラセンなどの単結晶育成に使用されていたようである[7]。有機化合物は一般に融液の蒸気圧が高いために，融液成長を行うためには密封された系で行われる。代表的な手法はブリッヂマン法とチョクラルスキー法である。ブリッヂマン法は密封したアンプル内に試料を充填し，急峻な温度勾配をもった炉の中をゆっくりと移動させることによって単結晶を育成する。アンプルの下部に細いネックを作ったり，下端をジクザグの形状にするなどにより，下端で発生した多数の核を淘汰し，生き残った単一の種結晶を成長させ単結晶を得る。結晶に生じるひずみを最小限にするために，育成後は徐冷やアニールをする必要があるが，アンプルの壁面と結晶が接触することによって受ける応力により，一般に他の方法によって育成された結晶と

比較して，転位密度は大きくなる。一方，チョクラルスキー法は，結晶と容器との接触がなく，独特の障壁を持ったひずみの少ない良質の単結晶を育成することが可能である。過去にベンゾフェノン，ザロールなどで育成例が報告されている[20〜23]。一般に融液の蒸気圧が高いために，密封した系で育成を行わなければならないこと，さらに，蒸発した材料化合物が育成装置内で気相成長し融液上に落下するなどの問題点がこの方法にはある。Karlらは，これらの問題点を克服した装置を作製し，単結晶育成に成功している[23]。

3.4 気相法

出発原料が微量である場合や，融点までに熱分解してしまう物質に対しては，気相成長法が有効である。密封系で育成する場合とキャリアガスを流しながら育成する場合がある。密封管を用いる場合は通常，管の長さ方向に温度勾配をつけ，高温部で昇華した原料が，適当な温度の場所で自然に核形成し結晶が成長させる。この場合，過飽和度を制御することが難しく，多数の結晶が核形成し，成長中の過飽和度も時間とともに変化するという問題がある。過飽和度を精密に制御できる気相成長法として，平板昇華（plate sublimation）法（図8）がある。この方法では，セル全体を一定温度に保ちながら，上下のガラス面をそれぞれ精密に温度制御し，上の面を僅かに低い温度に設定する。Karlらはこの方法により，cmサイズのアントラセン単結晶が得られたことを報告している[23]。

一方，温度勾配をつけたガラス管にキャリアガスをゆっくりと流し，高温部で昇華した原料をキャリアガスに乗せて輸送し結晶成長させる気相輸送法（Physical Vapor Transport）がある。この育成法では，過飽和度一定の条件で成長させることができ，かつ，平板昇華法より早く単結晶を育成することが可能である。最近，Kloc，Laudiseらはこの方法により，チオフェンオリゴ

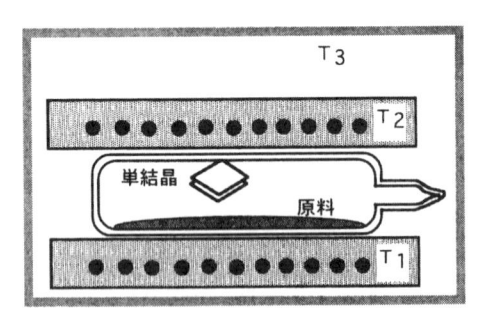

図8 平板昇華法に用いられる育成セル
T_2をT_1より僅かに低く設定することにより，低い飽和度での気相成長を実現できる。

第3章 結晶成長

マー（α-8T, α-6T, α-4T），ペンタセン，アントラセン，銅フタロシアニンなどの単結晶を育成したことを報告し[10,24]，さらに，これら化合物の蒸気圧の測定から，この方法による結晶成長の定量的な解析を行っている[25]。また，山口東京理科大学の城らは，キャリアガスの種類を変化させることによって，管内の対流の効果を明らかにし，条件を最適化することによって，各種有機半導体の大型単結晶の育成に成功している[26]。写真3は，城らによって育成された cm サイズのアントラセン単結晶の写真である。彼らはポリジアセチレンの大型単結晶の育成に初めて成功するなど，画期的な成果を次々と報告している。

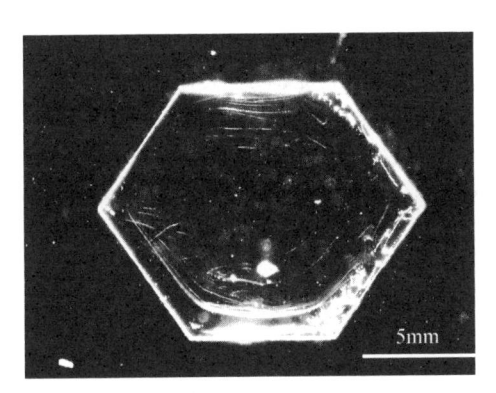

写真3 気相法によって育成されたアントラセン単結晶
（写真は山口東京理科大学の城貞晴博士の好意による）

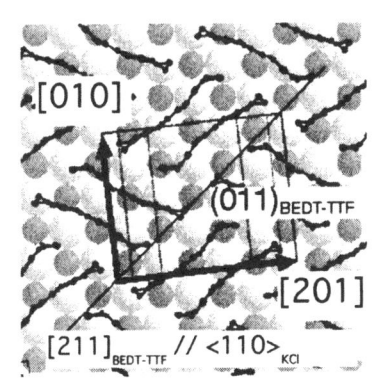

図9 面内X線回折によって決定された BEDT-TTF 蒸着膜のエピタキシャル方位関係
基板は KCl (0 0 1)。

真空蒸着法によるエピタキシャル成長も極端に過飽和度の大きな条件で行われる気相成長法である。アルカリハライド基板上では有機半導体を含む多くの有機化合物がエピタキシャル成長することが知られている。図9は，面内のX線回折測定によって決定されたKCl（0 0 1）基板上のBEDT-TTF蒸着膜のエピタキシャル方位関係を表している[27]。この系では，BEDT-TTFの[2 1 1]方位をKClの＜1 1 0＞に平行に面内配向し，この方向の一次元の格子整合がエピタキシャル方位関係を決定することが明らかとなった。有機蒸着膜のヘテロエピタキシーでは，多数の単結晶が島状に成長する。各島の方位が単一方向に揃い，かつ格子の周期の位相が一致すれば，島間の接合により基板全面を覆う単結晶薄膜を得られると考えられるが，これまで実現された例はない。それは，対称性の高い基板上に対称性の低い有機結晶が面内配向する場合，等価な配向方位が複数存在するためと，基板の格子定数に比べて有機結晶の格子定数が大きいために，島間での位相にも複数の自由度があるためである。過飽和度を低下させて形成する結晶核の数を低減すると，各島の形状は平衡形に近づき，極限では3次元のバルク結晶となるというジレンマがある。したがって，有機半導体の単結晶薄膜の実現には，新たな発想によるブレイクスルーが必要である。

文　　献

1) O. Huber et al., *Helv. Phys. Acta*, **22**, 418 (1949)
2) H. Mette, H. Pick, *Z. Physik*, **134**, 566 (1953)
3) R. C. Sangster et al., *J. Chem. Phys.*, **24**, 670 (1956)
4) F. R. Lipsett, *Can. J. Phys.*, **35**, 284 (1957)
5) J. N. Sherwood, S. J. Thomson, *J. Sci. Instr.*, **37**, 242 (1960)
6) 中田一郎, 応用物理, **30**, 560 (1961)
7) 中田一郎ほか, 結晶工学ハンドブック, 共立出版, p.976 (1971)
8) N. Karl, in H. C. Freyhardt, ed., "Crystals, Growth, Properies and Applications", Vol. 4, p.1-100, Supringer Verlag, Heidelberg (1980)
9) N. Karl, *Mol. Cryst. Liq. Cryst.*, **171**, 157 (1989)
10) Ch. Kloc et al., *J. Cryst. Growth*, **182**, 416 (1997)
11) 黒田登志雄, 結晶は生きている, サイエンス社 (1984)
12) C. C. Mattheus et al., *Synth. Met.*, **138**, 475 (2003)
13) 佐藤清隆, 小林雅通, 脂質の構造とダイナミックス, 共立出版(1992)
14) Y. Yoshida et al., *J. Cryst. Growth*, **198/199**, 923 (1999)
15) N. Yoshimoto et al., *J. Lowtemp. Phys.*, **105**, 1709 (1996)
16) N. Yoshimoto et al., *J. Cryst. Growth*, **167**, 574 (1996)

17) N. Yoshimoto et al., *Mol. Cryst. Liq. Cryst.*, **327**, 233 (1999)
18) T. Miyahara et al., *J. Cryst. Growth*, **229**, 553 (2001)
19) 奥津哲夫ら,日本結晶成長学会誌, **30**, No.3, 28 (2003)
20) J. Bleay et al., *J. Cryst. Growth*, **43**, 589 (1978)
21) Th. Schheffen-Lauenroth, H. Klapper et al., *J. Cryst. Growth*, **55**, 557 (1981)
22) K. Kato et al., *J. Cryst. Growth*, **73**, 203 (1985)
23) N. Karl, *J. Cryst. Growth*, **99**, 1009 (1990)
24) R. A. Laudise et al., *J. Cryst. Growth*, **187**, 449 (1998)
25) Ch. Kloc et al., *J. Cryst. Growth*, **193**, 563 (1998)
26) 城貞晴ら,日本結晶成長学会誌, **30**, No.3, 116 (2003)
27) N. Yoshimoto et al., *Mol. Cryst. Liq. Cryst.*, **377**, 381 (2002)

第4章　超薄膜作製

島田敏宏*

1　はじめに－ヘテロ超薄膜作成の意義

1分子～100分子程度の厚みしかない超薄膜を作成することは，低次元物質・ヘテロ界面の研究として興味深いのみならず，実用上も重要な意義を持つ。まず，有機半導体の超薄膜を作成する意義についてまとめてみよう。

① 薄膜化による電気抵抗の低減

有機ELなど電流動作型デバイスにおいて，有機半導体の移動度は低いので，低い電圧（数V～数十V）で十分な動作電流を流すためには有機分子の層をnm単位まで薄くする必要がある。

② 表面・界面新物質としてのヘテロ超薄膜

異種物質との表面・界面に形成されるヘテロ超薄膜は通常の物質にはない性質を持つため，新規磁性体や超伝導物質を念頭において物質探索が行われている。無機物や気体分子吸着系についてのこの種の研究は歴史があるが，有機分子ヘテロ界面に関する研究はここ数年盛んになっている。ヘテロ超薄膜特有の性質の例を挙げてみる。

(a) 基板からの電荷移動：有機ELでの電極界面に関連して盛んに研究が行われているが，金属表面上の有機分子超薄膜の電子状態が注目されている。金属の自由電子はトンネル効果により表面から数Å～10Åだけ真空側にしみ出している。金属や高ドープ無機半導体表面に異種物質，たとえば有機半導体の超薄膜が形成されると，しみ出した電子が有機半導体の伝導帯に入って超伝導を担ったり[1]，新しい電子状態を形成したりする可能性が実験的に指摘されている[2]。無機半導体においてはこのようなヘテロ界面を介したドーピングは不純物散乱のない伝導による高移動度をもたらすため，高速半導体素子の原理として広く使われている。

(b) エピタキシャル圧力：単結晶の上に異種物質の薄膜を成長させたとき，基板の結晶格子に整合したほうがエネルギーが低くなる場合がある。この現象は無機物の場合にはpseudomorphic growthとして知られており，最近，酸化物超伝導体などに対して薄膜成長により物質の結晶格子を変化させ物性を制御する研究が盛んに行われている[3]。有機半導体・反強誘電体に対しては，四角酸（$H_2C_4O_4$）の物性制御の実験が無機物に先駆けて行われている[4]。

---

*　Toshihiro Shimada　東京大学　理学部　化学科　助教授

(c) 低次元性：超薄膜半導体は2次元電子系としてふるまうことが期待される。2次元電子系の際立った量子効果の発現を目指した研究も行われている[5]。

③ 表面改質

無機物固体表面に有機分子を化学結合させて単分子膜を形成するいわゆる自己組織化膜（self assembled monolayer；SAM）は，無機デバイスと機能性有機分子の接合や分子－表面相互作用の外部からの制御によるバイオ微小流体素子への応用[6]が期待される。SAMはそれ単独ではなく，有機分子と無機基板の濡れ性を変化させることにより，有機半導体を絶縁膜上に形成する際のバッファ層として用いる応用，無機物の有機物に対する接着性を変化させてプラスチック上にFET構造を転写したり[7]，スタンプ法などにより脆弱な薄膜構造にソフトに電極をとりつける応用[8]も注目される。

2 安定な超薄膜形成の条件

2.1 熱力学的考察－wetting instability－

理想的な超薄膜は膜厚が極めて薄く，平面方向はできるだけ広く均一で穴のないものである。有機半導体の固体においては分子間のファンデアワールス結合が重要な役割を果たす。ファンデアワールス結合は他の化学結合に比べて位置・方向に対する自由度が高いため，形成した超薄膜が熱力学的に安定に存在するかどうかを考える必要がある。本節では超薄膜の安定性について考察する。

図1に示すように，基板上に成長した超薄膜には超薄膜の表面と基板との界面が存在する。

膜厚が非常に薄いときは膜がちぎれて基板が露出し不均一なものになる可能性がある。このようなことが起こると，膜厚方向に電流を流す場合に短絡するなど，超薄膜の機能が大幅に損なわれる。それを防ぐためには，物質の選択や表面の改質が重要である。表面積，界面の面積が単位面積増えるごとに必要なエネルギーをそれぞれ表面エネルギー，界面エネルギーと呼ぶ。これらは，単位長さあたりの表面張力・界面張力と物理的に同等である。

基板，超薄膜の単位面積あたりの表面エネルギーをそれぞれγ_S，γ_F，単位面積あたりの界面エネルギーをγ_Iと書こう。また，有機半導体が気相または液相から固相（薄膜）になるときに単位体積あたり得するエネルギーを凝集エネルギー（E_V）と呼ぶ。分子間結合の方向性や膜の流体力学的挙動などを考えない場合，E_V，γ_S，γ_Fとγ_Iの大小関係によって超薄膜がちぎれずに存在するかどうかが決まるといってよい。

γ_S，γ_Fとγ_Iが定まると，液体の場合は表面に対する接触角が一定になる。図1のように張力の表面並行成分がつりあうので，接触角をθとすると，$\gamma_S = \gamma_F \cos\theta + \gamma_I \cdots(1)$という関係が成り

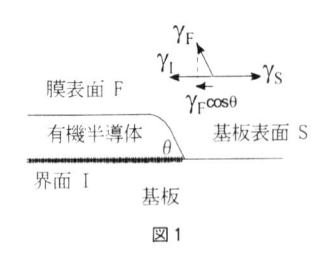

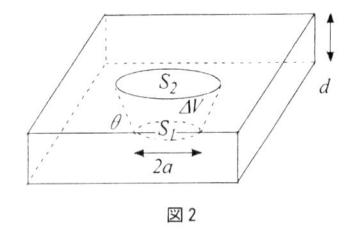

立つ．

そこで，膜厚 d が薄くなった場合に，膜に接触角 θ を持つ円錐台状の穴があいたときのエネルギーの損得を考えよう（図2）．失われた膜の体積を ΔV，穴の上面と下面（基板が露出．露出部分の半径を a）の面積を S_1, S_2，円錐台斜面の表面積を S_3 とすると，穴が開いたことによるエネルギーの変化 ΔE は，

$$\Delta E = E_V \Delta V + (-S_1 + S_3)\gamma_F + S_2(\gamma_S - \gamma_I) = (\pi/3)((a+d\cot\theta)^3 - a^3)E_V + \pi(-(a+d\cot\theta)^2 + (2a+d\cot\theta)d)\gamma_F + \pi a^2(\gamma_S - \gamma_I) = \pi(E_V d\cot\theta - \gamma_F(1-\cos\theta))(a+P)^2 + Q$$

となる．ただし，P, Q はそれぞれ E_V, d, γ_F, θ の関数である．ΔE が負となる $a(>0)$ が存在すると穴があいた状態が安定となる．図3に ΔE と a の関係を模式的に示した．ΔE は a の二次関数なので二次の係数 $A_2 = E_V d\cot\theta - \gamma_F(1-\cos\theta)$ が負となれば a が大きいときにかならず $\Delta E < 0$ が満たされる（図3のI）．この場合は穴はどんどん広がろうとし，最後には微小な液滴の集合体になってしまう．$\gamma_F(1-\cos\theta) > 0$ なので，この条件は d が十分小さくなると必ず成立する（不安定な膜）．$A_2 > 0$ であるような d の下限が目的とする膜厚より小さいかどうかが超薄膜作成に重要である．また，二次の係数が正であっても最小値が負であれば最小値を与える a の大きさの穴が多数開くことになる（図3のII）．この現象は自己組織的に面方向にナノ構造を作成するのに応用することができ，無機半導体の分野で盛んに研究されている[9, 10]．これ以外の場合は膜は熱力学的に安定である（図3のIII）．

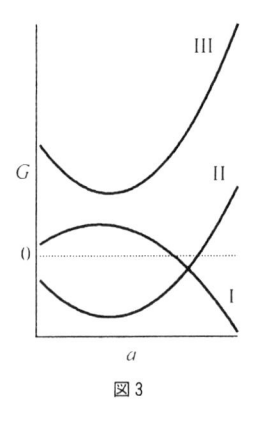

できるだけ薄い安定な膜を作りたい場合は，上記 A_2 が d が小さくても正になるようにすればよい．$\cot\theta$ は $\theta \to +0$ の極限で $\to +\infty$ になるので，接触角 θ を小さくするのがよい．最も単純な方法は界面エネルギー γ_I をできるだけ小さくすることであり，後述の自己組織化（SAM）膜のように界面に可逆な化学結合が生じるような系を選ぶことである．

膜厚と濡れの問題は古くから研究されているものの[11]，動きがある場合など，流体力学的取り

第4章　超薄膜作製

扱いはいまだに活発な研究対象である[12〜14]。以上は有機半導体を液体として取り扱ったが，非晶質の場合は固体の膜であっても大筋は適用可能である。結晶性の場合には表面・界面エネルギーに異方性があるため取り扱いが難しいが，同様の議論は可能であろう。

後述するように，超高真空中に置かれた清浄な界面においては，表面の自由電子や原子のダングリングボンドと有機分子との相互作用により基板の電子状態が変化する場合もある。その場合には，表面エネルギー・界面エネルギーは分子配列によって大きく変化するので，複雑な状況を生じる。

2.2　表面・界面・凝集エネルギーの測定方法

上述のように，安定な超薄膜形成が可能かどうかの指針を得るためには表面・界面・凝集の各エネルギーを測定すればよい。表面・界面エネルギーを求めるには，現在のところ，下記のような方法がある。

(1) 接触角測定

前節の議論からわかるように，超薄膜を形成する物質が液体（またはある温度で流動性を持つ物質）であれば接触角測定により，基板・成長物質と表面エネルギーと界面エネルギーについて知ることができる。端的に言えば，接触角がゼロに近い物質系が超薄膜形成に適している。問題は，有機半導体は多くが液体状態をとらないので，この方法が使えないことである。そこで，類似の官能基を持つ液体を用いた結果から推測することが行われる。

(2) 昇温脱離

表面科学において，吸着分子と表面との相互作用を測定するには昇温脱離法が用いられる。これは，一定速度で基板温度を上昇させ，単位時間当たり脱離する分子数を質量分析計で測定する方法である。脱離分子数の温度依存性を理論式でカーブフィッティングすることにより，吸着エネルギーを測定することができる。SAM膜のように，化学吸着で2分子層以上の吸着が無視できるときは吸着エネルギーが界面エネルギーに相当するが，蒸着膜のように2分子層以上の液滴状の膜形態をとることが可能な場合には，膜形態が変化することにより界面からではなく，凝集した3次元微結晶の表面から脱離することになり，測定されたエネルギーが界面エネルギーではなく，微結晶の凝集エネルギーとなってしまう[15]。

(3) パルス分子線

上述の問題点を避け，界面エネルギーを正確に求めるために，筆者らはパルス分子線散乱法を開発した。この方法は，図4に示すように，分子線をパルス化して基板表面に照射し，散乱されてくる分子の時間分布を測定するものである。基板温度を十分高く，分子線強度を十分弱くしておけば膜は形成されないため，昇温脱離の場合のような凝集の問題は生じない。この方法によっ

図4

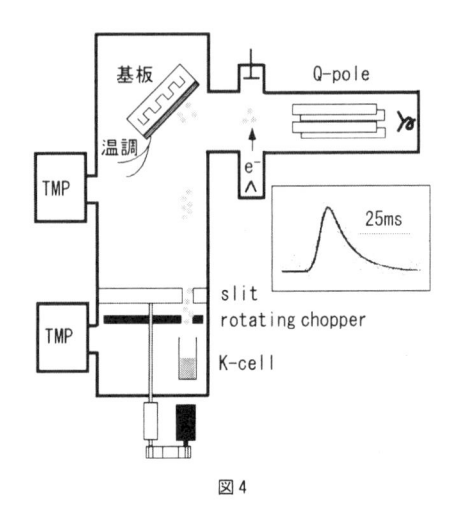

て筆者らは，分子・基板による吸着エネルギーの違い，化学処理やステップの効果，結晶成長ダイナミクスの制御について明らかにしている[16, 17]。

(4) 計　算

表面・界面エネルギーは計算で求めることもできる。GaAs系無機半導体[18]以外で報告されている例はまだないようであるが，ある程度の大きさを持つ分子クラスターを計算機の中で生成させ，いろいろな方向に対して分子層を付け加えてエネルギーを比較することにより，各結晶面の表面エネルギーを計算することができる。

有機半導体の凝集エネルギーを求める方法には，熱天秤と分子線強度の温度依存性の測定が行われている。熱重量分析は，有機半導体の粉末を真空中で熱天秤上で加熱し，蒸発減量の温度依存性を測定する[19]。分子線強度の温度依存性は，有機蒸発源の正面にイオンゲージ圧力計や質量分析器を設置し，分子線強度と蒸発源温度との関係を測定する[20]。いずれもアレニウスプロットにより蒸発に関与するエネルギーを求めることができる。

3　形成手法とその特徴

3.1　真空蒸着

有機半導体を用いて素子を作る時に多く用いられる方法である。通常は10^{-6} torr よりも良い高真空で蒸着を行うことにより蒸発した分子がそのまま基板表面に到達して膜ができる。真空度が10^{-4}〜10^{-5} torr よりも悪い場合は，残留気体分子が有機半導体分子に衝突する効果が現れ，

第4章　超薄膜作製

薄膜の形態が変化する。特に，真空度が1torr程度より悪くなると，基板に到達する前に空中で微結晶が成長し，それが基板上に付着する形で膜が成長する。結晶サイズとしては大きいものが得られること，およびマスク蒸着により微細パターン化が可能になることから，薄膜成長中に積極的に気体を導入する手法も提案されている[21]。

また，表面に様々な官能基を持つ有機分子を自己組織的に単分子層化学吸着させることにより，表面・界面エネルギーを変化させることができる。この表面を基板として有機半導体分子を蒸着することによりグレインサイズの大きな薄膜を作成し，有機FETの移動度を向上させた例が報告されている[22, 23]。

3.2　分子線蒸着

10^{-10} torr台以下の超高真空中で清浄な単結晶表面上への真空蒸着により有機分子をエピタキシャル成長させる研究は数多く行われている。口が細い蒸発源を用いると，原子・分子がビーム状に飛び出し，蒸発源を出てから基板表面に到達するまでに何物とも衝突しないので，分子線蒸着法（エピタキシーする場合は分子線エピタキシー法）と呼ばれている。前節で述べたような表面・界面エネルギーについての条件を満たす場合には，分子層レベルで平坦な超薄膜を得ることができるが，多くの場合，基板格子の対称性と薄膜結晶中の分子配列の対称性が異なるために等価なドメインが複数存在し，そのため大きくても数十μmまでの微結晶の集合体が得られるのみである。微結晶集合体には粒界が存在するため，キャリヤのトラップや短絡の問題が生じるので膜厚方向に電流を流す有機ELなどの用途では結晶化を嫌う場合が多い。しかし，完全な単結晶薄膜が得られればこの問題は解決され，有機半導体の性能を極限までひきだすことができることが期待される。この方向を目指した研究については，「エピタキシャル成長」の項を参照されたい。

界面新物性を目指した金属・半導体表面上での薄膜形成には，基板の清浄性を保つために超高真空が必要である。最近注目される例としては，ペンタセン/Cu（１１０）において，ペンタセンが吸着することにより基板表面の電子状態が変化し，金属の自由電子が分子の周りに定在波（電荷密度波）をつくり，それが次に吸着する分子に対する吸着ポテンシャルを形作るという機構で，自己組織化した結晶性の単分子膜が形成されることが報告されている[24]。

3.3　蒸着重合（有機CVD）

有機物に対する化学気相蒸着法（CVD）の一種である。熱分解や電子照射で生成したラジカルやイオンを基板上に照射し重合させる場合と，構成分子の表面上での脱水重合の場合がある。ユニオンカーバイド社が開発したパリレンC，パリレンN（ジパラキシリレン誘導体の熱分解に

よるポリパラキシレン誘導体）が有名である[25]。細かい隙間にも入り込んだ緻密な封止膜や1MV/cm 程度の絶縁膜が得られる。

3.4 自己組織化膜（Self Assembled Monolayer；SAM）[26]

2.1節の熱力学的考察からわかるように，基板と膜の界面形成の安定化エネルギーが大きいと膜の厚みを極限まで薄くすることができる。この条件は界面に化学結合が生じると満たされるため，界面に化学結合のできる金基板上でのチオール基（-SH）やシリコン酸化膜上のシラノール基（≥SiOH）の反応が用いられている。

有機分子1個の占有面積は一般に基板表面の原子1個の占有面積よりも大きいため，秩序の高い膜を作るためには有機分子が分子同士の相互作用を通して規則的な吸着位置を探す必要がある。このためには基板と膜の間の化学結合がある程度弱く，脱離と最吸着を繰り返すことができることが必要であり，金-チオール系がその条件を満たすため多くの研究が行われている。色素増感太陽電池や分子素子の研究で使われている一般の酸化物表面にはカルボキシル基（-COOH）やホスホリル基（>PO_2H）がSAMを形成することが報告されている[27]。

3.5 Langmuir-Blodgett 膜（LB膜）[26]

水の上に有機分子を含む溶液をたらし，気-液界面に広がった単分子層の面積をトラフを用いて圧縮する。表面圧計を用いて表面圧を測定しながら圧縮していくと，トラフ内がちょうど稠密な単分子膜で満たされたときに表面圧が急激に増大するので，これをモニターすることにより単分子膜を得ることができる。水の流動性により，自己組織的にある程度の長距離秩序を持つ2次元結晶を組ませることが可能である。ただし，固体基板上に膜を移し取るときに欠陥が入りやすいという問題点がある。

3.6 溶液噴射（溶液超薄膜法，スピンコート，インクジェット）

熱分解などのため蒸着不可能な有機半導体は多く存在する。この様な物質の分子レベルの超薄膜を作成するにはどのようにしたらよいであろうか。溶媒蒸気下で溶液を噴霧すると基板表面に付着した「溶液超薄膜」とでも言った物質ができる。そこから徐々に溶媒を蒸発させることにより，単分子層の膜厚をもったエピタキシャル膜も作成することができる[28]。その場合，基板と有機半導体の双方に親和性のある溶媒を選ぶことにより，製膜時の界面エネルギーが小さくなっているものと思われる。

溶液をたらしてから基板を高速でスピンさせるスピンコート法もこれに類した方法であるが，制御性は劣り，100nm 以下の均一な膜を得るのは難しい。

第4章　超薄膜作製

溶液噴射法を精密化したものとして，インクジェットプリンタを用いた高速・簡便なパターン形成に期待が持たれる。液滴形成，蒸発過程が膜の形態・結晶性を決めるのにきわめて重要であることがわかっている[29, 30]。プラスチックエレクトロニクスに適し，大面積のパターン形成を直接行うことができるという点で実用上きわめて重要であるため，研究が盛んに行われている。詳しくは「インクジェット作成」の項を参照されたい。

3.7 電解質交互吸着

電荷を帯びたコロイド粒子・高分子は，反対電荷を持つ表面に吸着・凝集する性質がある[31]。これを積極的に利用して，コロイド・高分子溶液から超薄膜ヘテロ界面や超格子を作成する手法が開発されている[32]。溶液の濃度，pHを変化させることにより膜の密度（緻密さ）を変えることができ，超格子を作成した場合，nmオーダーの均一性も報告されている[33]。

3.8 はけ塗り法による液晶のセルフスタンディング超薄膜

液晶を用いた2次元相転移の研究において，数mm程度の穴の開いた板に液晶を微小なハケ

表1

手法	概要	特徴	装置コスト	大量生産性
真空蒸着	真空下（最近はガス中でも）で蒸着	蒸発可能な分子のみ	中	○
分子線蒸着	超高真空で蒸着	清浄表面との相互作用	高	×
蒸着重合（有機CVD）	熱分解や電子照射で生成したラジカルやイオンを基板上に照射し重合，または構成分子の表面上での脱水重合	物質を選べば緻密な保護膜や絶縁膜が得られる	中	○
SAM	基板に化学吸着する官能基を持つ分子を溶液にして基板を浸漬	表面改質（他物質との親和性など）に有効	低	△
LB	水面上に両親媒性の分子を展開して基板上に転写	簡便だが欠陥を防ぐのが難しい	低	△
溶液噴射	溶液を噴霧または滴下し，溶媒を蒸発	パターン化可能（インクジェットプリント）ロールプロセス可能	中	○
電解質交互吸着	逆電荷を持つ高分子・コロイド電解質の溶液に交互に浸漬	大面積・ロールプロセス可能	低	○
ハケ塗り法	粘性と表面張力の高い液体を小さな穴に塗る	棒状液晶の場合，単分子膜が得られる	低	×

で塗布することにより1～多分子層の超薄膜が作成されている[34,35]。液晶の高い粘性と分子間相互作用の異方性，高い表面張力によりきわめて薄い膜が安定に存在するのだと考えられる。私見では，今後は液体，液晶など分子間結合の自由度の高い系も選択肢に入れて積極的に使用すべきではないかと思われる。

現在使われている手法の特徴について，表1にまとめた。

4 おわりに

均一で安定な超薄膜を作成する原理について熱力学的に考察し，関与する物質の表面・界面エネルギーの量的関係が膜の安定性に重要であることを指摘した。また，nmレベルの膜厚を持つ超薄膜を作成するのに現在用いられている手法を概観し，長所・短所について述べた。物質選択の自由度と量産性を考えると，今後はインクジェット法など溶液から超薄膜を形成する技術が重要になると考えられる。本稿が超薄膜作成を行う上での参考になれば幸いである。

文　献

1) C. Cepec, I. Vbornik, A. Goldoni, E. Magnano, G. Selvaggi, J. Kroger, G. Panaccione, G. Rossi, M. Sancrotti, *Phys. Rev. Lett.*, **86**, 3100 (2001)
2) T. Shimada, K. Hamaguchi, A. Koma, F. S. Ohuchi, *Appl. Phys. Lett.*, **72**, 1869 (1998)
3) J. P. Locquet, J. Perret, J. Fompeyrine, E. Machler, J. W. Seo, G. van Tendeloo, *Nature*, **394**, 453 (1998)
4) T. Shimada, H. Taira, A. Koma, *Chem. Phys. Lett.*, **291**, 419-424 (1998)
5) Y. F. Miura, M. Horikiri, S. Tajima, T. Wakaita, S. H. Saito, M. Sugi, *Synth. Metals*, **230**, 727 (2001)
6) D. L. Huber, R. P. Manginell, M. A. Samara, B. I. Kim, B. C. Bunker, *Science*, **301**, 352 (2003)
7) K. Fujita, T. Yasuda, T. Tsutsui, *Appl. Phys. Lett.*, **82**, 4373 (2003)
8) J. Zanmseil, K. W. Baldwin, J. A. Rogers, *J. Appl. Phys.*, **93**, 6117 (2003)
9) A. Lorke, R. J. Luyken, A. O. Govorov, J. P. Kotthaus, J. M. Garica, P. M. Petroff, *Phys. Rev. Lett.*, **84**, 2223 (2000)
10) R. Blossey, A. Lorke, *Phys. Rev. E*, **65**, 021603 (2002)
11) A. Vrij, *Faraday Discuss.*, **42**, 23 (1966)
12) R. Seemann, S. Herminghaus, K. Jacobs, *Phys. Rev. Lett.*, **86**, 5534 (2001)
13) A. A. Darhuber, J. P. Valentino, J. M. Davis, S. M. Troian, S. Wagner, *Appl. Phys. Lett.*,

第4章 超薄膜作製

   82, 657 (2003)
14) J. Becker, G. Grun, R. Seemann, H. Mantz, K. Jacobs, K. R. Mecke, R. Blossey, *Nature Materials*, **2**, 59 (2003)
15) T. Shimada, H. Taira, A. Koma, *Surf. Sci.*, **384**, 302-307 (1997)
16) T. Shimada, R. Hashimoto, J. Koide, Y. Kamimuta, A. Koma, *Surf. Sci.*, **470**, L52-56 (2000)
17) T. Shimada, K. A. Cho, A. Koma, *Phys. Rev. B*, **63**, 153034 (2001)
18) K. Nakajima, T. Ujihara, G. Sazaki, N. Usami, *J. Cryst. Growth*, **220**, 413 (2000)
19) K. Yase, Y. Takahashi, N. Ara-Kato, A. Kawazu, *Jpn. J. Appl. Phys.*, **34**, 636 (1995)
20) K. Yase, Y. Yoshida, *Jpn. J. Appl. Phys.*, **34**, 3903 (1995)
21) M. Stein, P. Penmans, J. B. Benziger, S. R. Forrest, *J. Appl. Phys.*, **93**, 4005 (2003)
22) S. Lukas, G. Witte, C. Wull, *Phys. Rev. Lett.*, **88**, 8301 (2002)
23) M. Stein, J. Mapel, J. B. Benziger, S. R. Forrest, *Appl. Phys. Lett.*, **81**, 268 (2002)
24) C. K. Song, B. W. Koo, S. B. Lee, D. H. Kim, *Jpn. J. Appl. Phys.*, **41**, 2730 (2002)
25) W. F. Gorham, *J. Polymer Science, Polymer Chemistry Edition*, **4**, 3027 (1966)
26) An Introduction to Ultrathin Organic Films-from Langmuir-Blodgett Films to Self-Assembly, Abraham Ulman, Academic Press, San Diego (1991)
27) 季刊化学総説42, 無機有機複合ナノ物質, 日本化学会編, 学会出版センター (1999)
28) T. Shimada, H. Nakatani, K. Ueno, A. Koma, Y. Kuninobu, M. Sawamura, E. Nakamura, *J. Appl. Phys.*, **90**, 209 (2001)
29) T. Kawase, H. Sirringhaus, R. H. Friend, T. Shimoda, *Adv. Mater.*, **13**, 1601 (2001)
30) K. Morii, T. Shimoda, 表面科学, **24**, 90 (2003)
31) G. Decher, *Science*, **277**, 1232 (1997)
32) S. S. Shiaratori, M. F. Rubner, *Macromolecules*, **33**, 4213 (2000)
33) S. S. Shiaratori, *Colloids and Surfaces A*, **198-200**, 415 (2002)
34) C. Y. Toung, R. Pindak, N. A. Clark, R. B. Meyer, *Phys. Rev. Lett.*, **40**, 773 (1978)
35) D. J. Tweet, R. Holyst, B. D. Swanson, H. Stragier, L. B. Sorensen, *Phys. Rev. Lett.*, **65**, 2157 (1990)

第5章　インクジェット製膜

下田達也*

1　はじめに

　本章では，溶液プロセスを用いた有機半導体電子デバイスの作成とその特性について述べる。このような目的の溶液プロセスは微小液滴を用いるので，我々は「マイクロ液体プロセス」と呼んでいる[1]。

　従来半導体や表示体といった電子デバイスの製造は，薄膜の作成を真空製膜で，素子のパターニングをフォトリソグラフィーで，そしてそれらのプロセスをクリーンルーム内で行うことが一般的であった。この方法は微細素子の大量製造法としては確立した優れた方法であるが，使用エネルギーや使用材料の利用効率は理想からはほど遠く，その効率は高々数パーセントと低い[1]。このことは電子デバイスの今後の発展を考えると，排出炭素量を増やし地球温暖化を促す頭の痛い問題である。ここに述べるマイクロ液体プロセスは，機能性溶液を用いて直接描画で電子デバイスを作成することを可能にする方法で，製造エネルギーや材料利用率を桁違いに向上させ，装置や工場も小型にすることが期待できる。

　インクジェット法は目的とする機能性物質を含んだ微小溶液を精確に作成し，精度よく基板上に着弾させることができるので，マイクロ液体プロセスにおいて大変有用な手法である。あたかもインクジェットプリンターで印刷するように電子デバイス素子を描画できるように思われるので，この方法を用いた電子デバイス作成はインクジェット印刷法などとも呼ばれる。しかしながら，基板に着弾した後の液滴の挙動は単純ではなく，表面エネルギーの力により基板上で変幻自在に動き回り，時には数個の液滴が1つに凝縮したりして形が定まらない。また，微小溶液は体積に対して表面積の割合が大きいので，溶媒の激しい蒸発が起こる。蒸発によって失われた体積を補うために，液滴内では激しい微小な流れが生じ，この流れに乗って溶質が運ばれ，溶質の偏析が起こる。これは日常的にも観測される現象で，紙の上の「コーヒーのしみ」，車のボディーについた「円形の水あか」などとして観測される。この溶質の移動現象をうまく制御しないと均一な厚みの薄膜の形成はおぼつかない。これらは吸水性のある紙の上に着弾した液滴ではあらわ

＊　Tatsuya Shimoda　セイコーエプソン㈱　研究開発本部
　　テクノロジープラットフォーム研究所　所長

第5章　インクジェット製膜

に観測されない現象でソリッドな基板の上に着弾した液滴を扱うマイクロ液体プロセスとの間の大きな違いである。

このように，インクジェット法はマイクロ液体プロセスにおいて重要な要素技術ではあるが，基板上に着弾した微小液滴には紙への印刷にない特有の挙動や現象が存在する。したがって，微小溶液から理想的な電子デバイス用を作成しようとしたときに，インクジェット現象を含めた微小液滴の挙動や特異な現象を理解し制御する必要がある。

本章では，液体材料として機能性高分子溶液を用いて，マイクロ液体プロセスによって有機トランジスタと有機ELディスプレイを作成した例を述べる。

2　マイクロ液体プロセスによる薄膜製造プロセス

インクジェット法を用いたマイクロ液体プロセスは次の工程よりなる。すなわち，機能性材料を溶液化（インク化）し，インクジェットヘッドでそのマイクロ液滴を精度良く作り出し吐出する工程（工程1），マイクロ液体を基板上の特定位置に精度良く着弾させ，その後に基板上で表面エネルギーの力によりマイクロ液滴をパターニングさせる工程（工程2），そしてパターニングされた基板上溶液から溶媒を乾燥させ固体膜を製膜する工程（工程3）である。それぞれの工程において特有な技術が必要であり，また特異な現象が観測される。図1にはマイクロ液体プロ

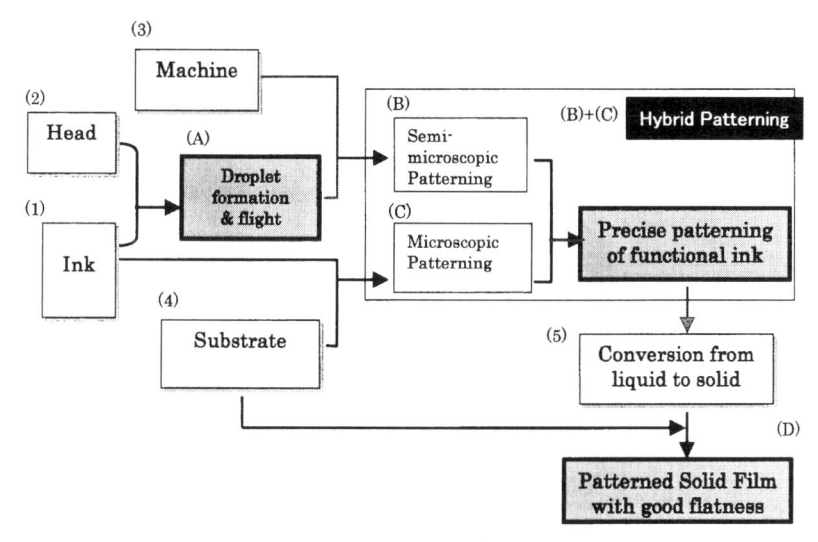

図1　マイクロ液体プロセスの全工程フロー

セスの全工程,すなわち材料のインク化からパターニングされた固体薄膜が形成される過程の工程フローを示した。図の中で,(1)〜(5)の数字で示された項目は要素技術を示し,(A)〜(D)は固有の現象を表している。これらの要素技術と固有現象を工程に沿って説明する。

2.1 工程1:機能性材料のマイクロ液体の生成
2.1.1 機能性材料のインク化技術

インク物性とインクジェットヘッド特性は相互に深く関連しており,両者が一体で機能性材料を微小液滴にして吐出させる。吐出される液滴の体積,重さ,吐出速度,吐出角度は常に一定でバラツキが少ないことが望ましい。機能性材料のインク化技術は前工程技術として重要な意味を持つ。溶剤の選定はまず最初のステップである。プリンター用のインクは水溶性であるが,マイクロ液体プロセスでは有機溶媒が多く使用される。インクジェット用インクには単独性能として低粘度,高い表面張力,ノズル表面で付着・固体化しないことなどが要求され,ヘッドと一体の動作性能としては上述したような安定した液体生成能力が要求される。材料のインク化のより具体的な例は後述する有機ELディスプレイ作成の中の「4.2 高分子材料のインク化」の項で述べる。

2.1.2 インクジェットヘッド

一方,ヘッド単体での評価項目としては,広い範囲のインク種に対応でき,耐溶剤性に優れ,使えるインクの粘度領域が広い,液滴を変性させない,といった項目が挙げられる。図2に現在筆者らがマイクロ液体プロセスに用いているセイコーエプソン社製のピエゾ素子を用いたオンデマンド型のインクジェットヘッド(MACH:Multi-Layer Actuator Head)を示した[2]。ピエゾヘッドは熱の発生がないので機能性液体を変性させることがない。図2に示したヘッドは積層し

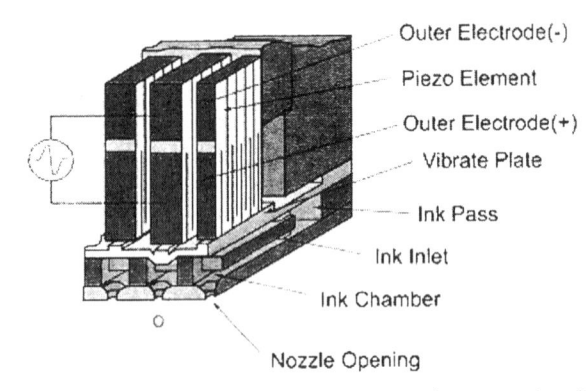

図2 オンディマンド型インクジェットヘッドMACH(セイコーエプソン製)

第5章 インクジェット製膜

たピエゾ素子を使用しているので板状ピエゾ素子より高い圧力を発生させることができ，制御性良く安定して高周波でインク滴を生成できる．インク滴の大きさはピエゾ素子に印加する電圧波形によって可変で，2〜20plの範囲で調整できる．耐久性にも優れており，25億回以上の液滴吐出を再現性良く行える[3]．

2.1.3 インク滴の生成・吐出現象

インクジェットによるインク滴の生成に関連する研究は，早くも1878年のRayleighの論文[4]による液柱分裂の理論に見られる．「ノズルから押し出された液柱が分裂するとき，表面に波長λの乱れ（くびれ）が生じ，一波長分の液体から一個の液滴が生成される」という理論である．1930年代になり，WeberはReyleighの論理に粘性の影響を加えて実用液体に適用可能な式を導いた[5]．しかし，この式は流速大では実験値との乖離が大きくなるという問題があった．1966年にGrantとMiddlemanは，Weber式の欠点である流速大の領域で実験値とのずれを補正する式を実験的に求めた[6]．一方，連続式のインクジェット技術（Continuous-Inkjet）が1960年代において実用化領域に達した．これは大気圧の数倍で加圧したインク液柱にピエゾ素子等で圧力脈動を加えて微小液滴を生成させるもので，Rayleighの乱れ波に同期した圧力変調を印加して表面の乱れを増幅させて液柱を引きちぎり微小液滴を生成させるという原理に基づいている．

そして1970年代になりDOD（Drop-On-Demand）型のインクジェットが開発され始め[7]，現在の主流の技術になっている．図2のヘッドもDOD型である．この方式はピエゾの圧力制御（電圧波形制御）を詳細に行い，インクに正負方向で速度分布を持たせて無理やり液柱をちぎる方法で，ヘッド内部の構造やノズル表面でのメニスカスの形成条件などが複雑に関連する．現在までのDOD型の高度な発展は，個々の経験の積み重ねで成し遂げられており，理論的な扱いはなされいる[8]ものの現実ヘッドの挙動を精確に予測できるまでには至っていない．この技術をさらに先鋭化させ，幅広い分野に適応するにはシミュレーションを含めた理論的側面の強化が望まれる．

2.2 工程2：マイクロ液体のパターニング工程

マイクロ液体を機械的なメカニズムにより基板上の特定位置に精度良く着弾させる工程（セミミクロ的なパターニング）と，着弾後に基板上において表面エネルギーの力により液滴自身が濡れ広がり自己組織的に精度良くパターニングする（ミクロ的なパターニング）工程からなる．すなわち，液滴のパターニング現象は機械的なものと表面エネルギーによるものが複合して起こるハイブリッドパターニングである．したがって，機械的な着弾精度がたとえ数十ミクロンずれていても，着弾後に起こるミクロ的なパターニングによって液滴は所望の位置と形状にサブミクロンの精度でパターニングされる．

VIP-01

X-Y-θ TABLE	
Travel(mm)	700×700
Target Size(mm)	Max. 500×400
Resolution	±0.5 μm
Repeatability	±2.0 μm
X Accuracy	±15.0 μm
Y Accuracy	±15.0 μm
HEAD	
Head	Epson Head(180Nozzle)
Adjustment	Manual 6-Axis

写真1　工業用インクジェット装置，外観と仕様（セイコーエプソン製）

2.2.1　インクジェット装置とセミミクロ的なパターニング

インクジェットヘッドと基板を搭載したX-Yテーブルを取り付けた位置決め装置。通常，高い位置精度を得るためにヘッドは固定で，基板を精密に移動させる。インク滴の着弾精度は，X-Yテーブル機械精度，テーブル移動速度，インク滴の吐出速度ばらつき，インク滴の飛行曲がり等の要因に支配される。したがって，ヘッドのノズルプレートと基板間の距離はインク滴の着弾精度を決める因子の1つで，通常1mm以内で管理される。このような目的のインクジェット装置は現在数箇所で製作されており，一部では市販されている。

写真1に筆者らが実験で使用している装置の概観図とその仕様を示した。簡単な雰囲気調整ができる構造になっている。インク滴の着弾精度に関しては後に述べる有機ELディスプレイ作成の中の「4.3　パターニング」の項に最近の成果も交えて詳しく述べる。

2.2.2　基板上の撥水・親水処理と液滴の自己組織的パターニング現象

ノズルから吐出された微小液滴は空中を飛翔し基板に着弾する。飛翔中の液滴は運動エネルギーE_kと自由空間での表面自由エネルギーF_oを有する。着弾すると何らかの形態で運動エネルギーを失い，表面自由エネルギーは基板上の値F_sに変化する。ここで着弾前後の表面自由エネルギーの変化ΔF（$=F_o-F_s$）と運動エネルギーE_kを比べてみる。E_kが大きいと液滴は基板上で固定できなくなり動き回る確率が大きくなる。図3に一例を示した[9]。この例では液滴の直径が100μm以下では表面エネルギー変化の方がE_kより大きくなる。筆者らが用いている液滴直径は20

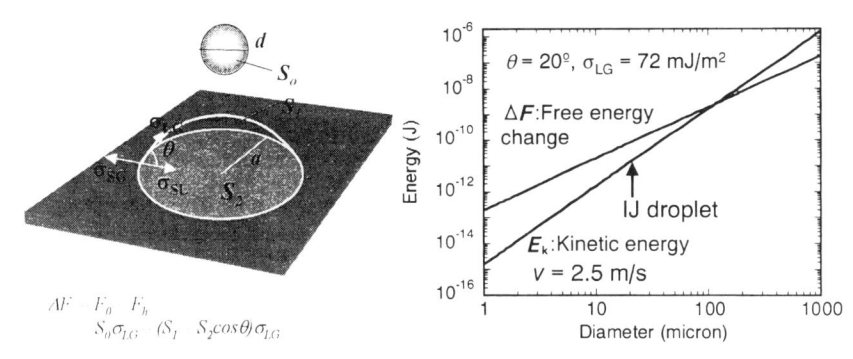

図3 水系インク滴が速度2.5m/sで接触角20°の基板に着弾したときの自由エネルギー変化ΔFと運動エネルギーE_kとの比較
液滴の直径が約$100\mu m$以下では$\Delta F > E_k$となる。

μm程度なので$\Delta F > E_k$の領域に入り，表面自由エネルギー変化によって液滴の基板上の動きが支配されることがわかる。ちなみに，直径$10 \sim 20 \mu m$程度の液滴においては重力エネルギーの寄与は表面エネルギーに比べ数桁小さくなり，重力は殆ど無視でき，重力で液滴は固定できない。

後に詳しく述べるが，マイクロ液体プロセスで有機ELディスプレイや有機TFTを作成するのに，前者では小さな画素に精度良く有機薄膜を形成するため，後者では短いチャネル長を得るために基板上に撥水/親水パターンを形成して液滴の自己組織的なパターニング現象を引き起こさせ，目的の精度と形を達成している。図4は撥水バンクを用いた自己組織的なパターニング現象を模式的に示したものである。ディスプレイ用の画素形成を念頭においている。図4(a)には液滴に自己組織的なパターニング現象を引き起こさせるために基板へ施す工夫の一例を示した。すなわち，バンクを導入し，何らかの手段でバンクの表面を撥水性に，バンクで囲まれた領域を親水性にしておく。そこにインクジェットで液滴を打ち込むと，図4(b)のようになり，たとえ少し位置がずれても表面エネルギーの力で液滴はバンクの間にきちんと収まる。このように微小液滴はその質量が小さいので表面エネルギーによって基板上を移動でき，エネルギー最小条件を見つけて安定する。

2.3 工程3：溶媒の乾燥による固体膜の形成

基板上のパターニングされた液滴から溶媒が蒸発して固体膜が形成される工程。

2.3.1 溶媒の乾燥制御

微小液滴の場合，マクロな液体に比べて一定体積に対して面積の比が圧倒的に大きい。例えば水を例にしてピペットの一滴とインクジェットの液滴とを比べてみると表1に示すようになる[1]。

有機半導体の応用展開

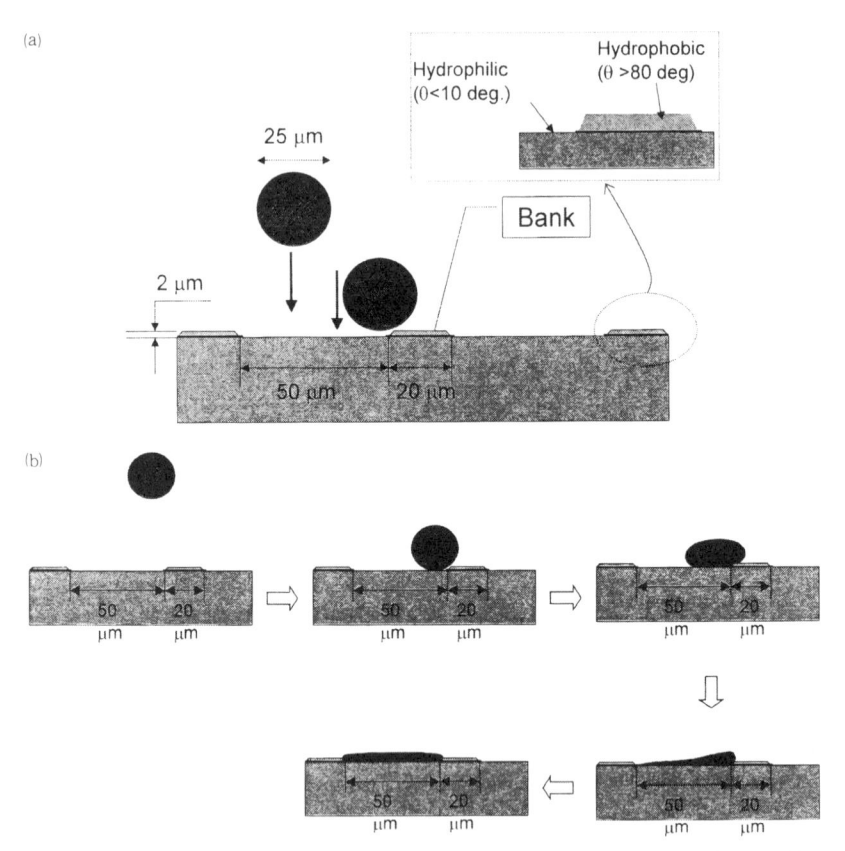

(a)

図4 (a)微小液滴の自己組織的なパターニング現象を引き起こすために基板に施す親水／撥水パターン処理と(b)インクジェットから吐出された微小液滴が基板上で自己組織的なパターニングを引き起こす様子

表1 マクロ液滴とミクロ液滴の表面積と体積の比

	ピペット液滴	インクジェット液滴
体積	0.02ml	10pl
直径	3.4mm	26μm
表面の分子数／全分子数	2.5×10^{-14}	7×10^{-6}

表は物理的イメージを鮮明にするために表面に出ている水分子の数と全水分子数との割合を両者で比べてみた。インクジェット液滴のほうがピペット液滴より表面に出ている分子の割合が1億

第5章 インクジェット製膜

倍も大きいことがわかる。このためにインクジェット液滴では溶媒の蒸発がマクロな液滴に対して圧倒的に速くなる。例えば沸点203℃の有機溶媒のピペット液滴とインクジェット液滴の乾燥時間を比べてみると，前者が8時間かかるのに対し後者は60秒で乾燥する。次に述べるように乾燥条件は製膜に対して決定的な影響を与えるので，乾燥時間が短い微小液滴では溶媒乾燥の制御技術は特に重要技術となる。

2.3.2 溶質のマイクロ輸送現象

基板上の溶液が乾燥するとき，液滴の周囲が基板にピン止めされると乾燥した体積を補うため中央から周囲に向かって微小な流れが生ずる。この流れに乗って溶質が搬送される現象が起こる[11]。これは前述したように，紙の上の「コーヒーのしみ」，車のボディーについた「円形の水あか」などとして日常的にも観測される。微小液滴では乾燥が激しく起こるので，この現象の起こる程度も大きい。しかしながら溶液はいつもピン止めされるわけではなく溶液は乾燥しながら収縮する場合もある（ディピニング）。このときには溶質は限りなく一点に集まる。これはテフロン上の液滴のように，一般に基板と液体との接触角が大きい時に起こる。したがって，平坦な薄膜を形成するには，表面エネルギーと乾燥条件の両方を制御することが必要になる。さらに実際のデバイス作成では，液滴は単独では存在せず必ず周囲にも乾燥途中の液滴が存在するので相互の蒸気圧の影響で乾燥条件は複雑化する。

3 有機薄膜トランジスタ（有機TFT）と回路の作成

ここではマイクロ液体プロセスによる全部高分子よりなる薄膜（有機TFT）の作成を紹介する[9, 12〜15]。ただしTFTはThin Film Transistorの略である。

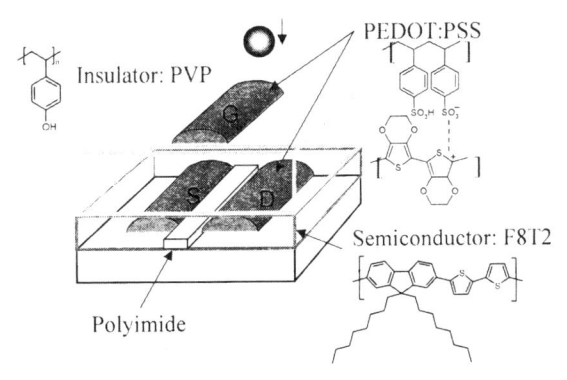

図5 全層が高分子材料からなる有機薄膜トランジスタの構造と使用材料

表2 液体プロセスで製造されるすべて高分子材料からなる TFT に用いられている高分子材料と使用溶剤およびその製膜方法

層の機能		材料	溶剤	製膜法
導電層	ソース・ドレイン	PEDOT	Water + PSS	インクジェット
	ゲート			
半導体層		F8T2	Xylen	スピンコート
絶縁層		PVP	Isopropanol	スピンコート

3.1 有機 TFT の構造と材料

開発した TFT の構造を図5に示す。トップゲート構造で，ソース，ドレインそしてゲートは導電性高分子である PEDOT (poly-ethylenedioxythiophene, Baytron P from Bayer AG) をインクジェット法で描画して形成した。PEDOT は PSS (Polystyrene sulphonate) 水溶液に分散されている。描画されたソース・ドレインの上には共役系高分子の半導体層が約 20nm の厚みで形成され，さらにその上には，約 500nm の厚みの高分子絶縁体層が形成されている。半導体層の材料は fluorene-bithiophene (F8T2) の共重合体で，絶縁体層は PVP (poly-vinylphenol) である。表2に TFT を構成する各層の材料と溶剤，そして製膜方法を示した。TFT のような三次元デバイスを溶液プロセスで実現する際に，上の層を形成するとき下の層を溶かしてはいけない。すなわち，また溶剤は薄膜の性能，製膜性そして層間の不溶性の条件を満たすようにして選定しなくてはいけない。筆者らは，表2に示すように材料と溶剤を選定して上記の問題を解決した。これらは互いに相溶しない性質をもち，導電/半導体，半導体/絶縁体，そして絶縁体/導電体の各界面をクリアーに形成することができた。

3.2 TFT 作成プロセス

TFT の作成はすべて常圧・常温の空気中で行った。最初にポリイミド (PI) のセパレータをフォトリソ法で形成する。PI はプラズマ処理によりその表面を撥水性にして，ラビングしておく。次にソースとドレインをインクジェット法で製膜し，半導体層と絶縁層はスピンコート法あるいはインクジェット法で形成し，最後にゲートをインクジェット法で描画する。今回は，半導体層と絶縁層はスピンコートで形成した。ポリイミドのセパレータの役割は，①トランジスタの短チャンネル長を精確に実現させることと，②半導体層の高分子を配向させることである。まず短チャンネル長の実現であるが，図6で示されたように PI の表面が撥水性でその両脇の基板を親水性にしておく。すると，上述したように液滴の自己組織的パターニングが実現できる。すなわち，着弾したインク滴は基板上で濡れ広がるが，図に示されているように撥水性の PI セパレータの側面で液体は止まり，ソースとドレインのそれぞれの一端は PI セパレータに添ってきちん

第5章 インクジェット製膜

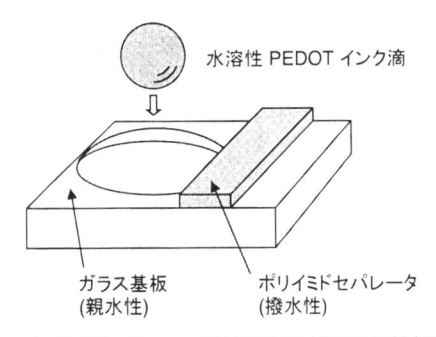

図6 自己組織的パターニングを引き起こさせるため親水性のガラス面に撥水性のポリイミドセパレータを形成した基板に PEDOT 水溶液を着弾させる様子

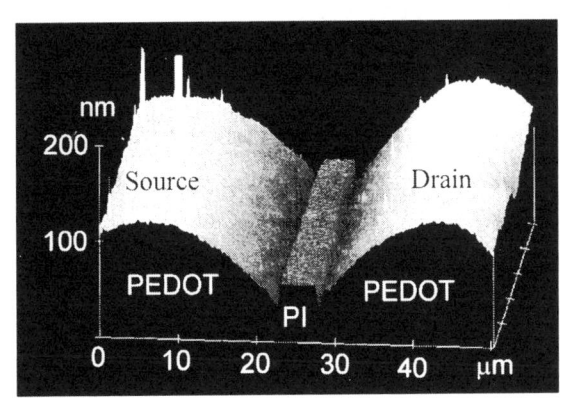

図7 自己組織的パターニングによって形成された PEDOT のソースとドレイン。ソースとドレインの間隔は 5μm。

と形成される。AFM像（図7）を見ると，ソースとドレインの PEDOT はセパレータにより互いに触れ合わずに形成され，この実験ではこのような方法で幅 5μm のチャンネルがインクジェット法で実現できた。PI セパレータのもう1つの役割は，半導体高分子を配向させ，TFT の移動度を高めることにある[10]。半導体層（F8T2）はキシレン溶剤で溶かれてスピンコートされ，N_2 雰囲気で 265℃以上の温度で焼成される。この温度では F8T2 は液晶状態になり，PI セパレータのラビング方向に沿って配向して，TFT の移動度が向上する。電荷の移動が高分子鎖の中で起こりやすくなるためである。

ゲート電極は前述のようにインクジェットで PEDOT を絶縁層上に描画して形成した。過去に

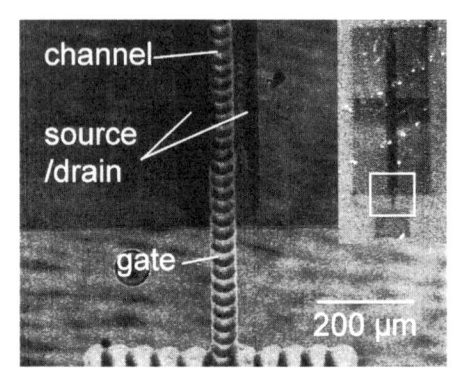

写真2 チャネル長が5μmの薄膜トランジスタ（TFT）の上部から見た写真。TFTの全体が図中右上に挿入されている。

リソグラフィーを用いないでTFTを作成した例[16〜18]があるが，これらはソースとドレインのみ形成をしているだけでゲート電極の形成までには至っていない。というのは，精確なアライメントができなかったからである。本実験のインクジェット装置には光学検出器がついており，PIセパレータのエッジが高コントラストで検出できるので，それを基準として高精度でゲートのインクジェット描画ができた。写真2にトランジスタを上から見た写真を示した。ゲート線が見事に直接描画されているのがわかる。

3.3 TFT特性

チャンネル長さ$L=5〜20\mu m$のTFTを作成した。本試作では保護膜コーティングはしていないので，TFT特性はN_2雰囲気中で調べられた。TFTの作成歩留まりは80%であった。欠陥の主因は回路のショートでなく，薄膜中に取り込まれたパーティクルであった。TFTの遷移特性を図8に示す。チャネル長$L=5\mu m$のTFTで，10^5以上のON/OFF比が得られている。作成したTFTは測定中でも劣化せず，ポリチオフェンを用いたTFTに比べて[16,18]，きわめて安定であることが分かった。これは半導体であるF8T2が酸素や水蒸気，さらに高分子中の不純物あるいは酸性のPSSに対して安定であることを示している。

出力特性を述べると，$L=20\mu m$，$W=3mm$のTFTではドレイン電流$I_d=-6\mu A$という大きな出力電流が得られた（$V_{ds}=V_g=-40V$）。このときの移動度は$0.02cm^2/Vs$であり，PI表面をラビング処理していないものに対して2〜3倍大きな値であった。さらにチャンネル長の短い$L=5\mu m$のトランジスタの出力特性を図9に示した。さらに大きなI_dが得られている。しかしV_{ds}

第5章 インクジェット製膜

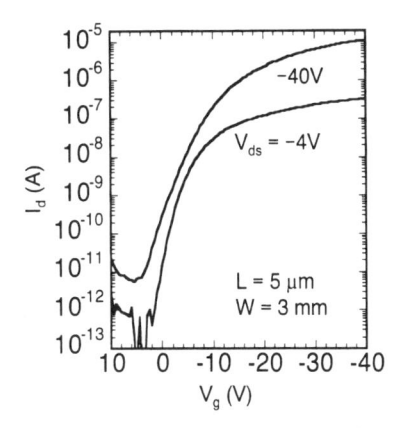

図8 開発したチャネル長0.5μm，チャネル幅3mm
の薄膜トランジスタの遷移特性

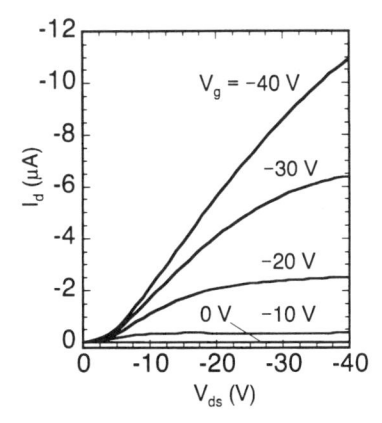

図9 開発したチャネル長0.5μm，チャネル幅3mm
の薄膜トランジスタの出力特性

が小さいときに非線形挙動が現れている。これはPEDOTの仕事関数（5eV）とF8T2のイオン化ポテンシャル（5.5eV）との差がつくるSchottkyバリアに電荷が注入されるときに起こると考えられる。しかしながら，V_{ds}が低い領域ではPEDOTの接触抵抗は金のそれよりも小さいことが寄生容量測定からうかがえる。このことは，PEDOTはホールをイオン化ポテンシャルの大きい有機半導体層に注入するという点において，金よりも優れていることを物語っている。したがって作成したTFT出力電流は，ホールの注入能力でなくPEDOTの導電率で決まる[12]。

255

3.4 有機 TFT 回路の作成と特性

この TFT を用いて3種類のインバータ回路を作成した。すなわちデプレッション負荷型，エンハンスメント負荷型，抵抗負荷型である。前二者では，図10に示すようにソース/ドレイン部とゲート電極をつなぐ垂直のコンタクト取る必要があり，絶縁層を突き抜ける垂直コンタクトホールを開けなくてはいけない。この形成においてもインクジェットは有効な手段になる。すなわち絶縁体層にエッチング液をインクジェット法で数滴打ち付けるとその部分が溶けて，さらに底から表面に溶けた材料が移動してクレータのような貫通孔が形成される（図11）。ここでは，メタノールやエタノールをエッチング液として用いた。その下の半導体層，PEDOT 層はこれらの溶剤には不溶なのでエッチング止めになる。垂直孔を形成した後でインクジェット法で PEDOT を孔に充填して垂直コンタクトを実現した。図12にそのようにして作成したデプレッション負荷型，エンハンスメント負荷型のインバータ回路の写真を回路図とともに示した。一方の抵抗負荷型は抵抗を PEDOT を PSS に薄めた溶液をインクジェット法で描いて形成した。図13に抵抗負

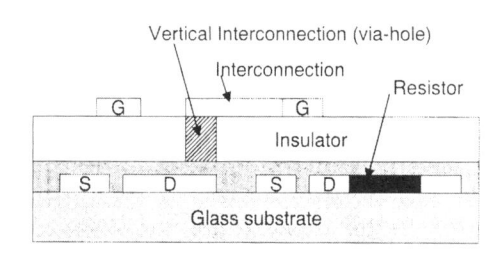

図10 インバータ回路の模式的な断面図

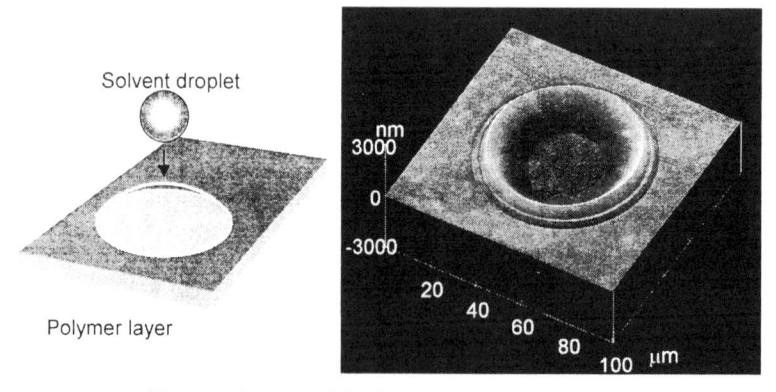

図11 インクジェット液滴で高分子層を溶解して開けた垂直孔

第5章 インクジェット製膜

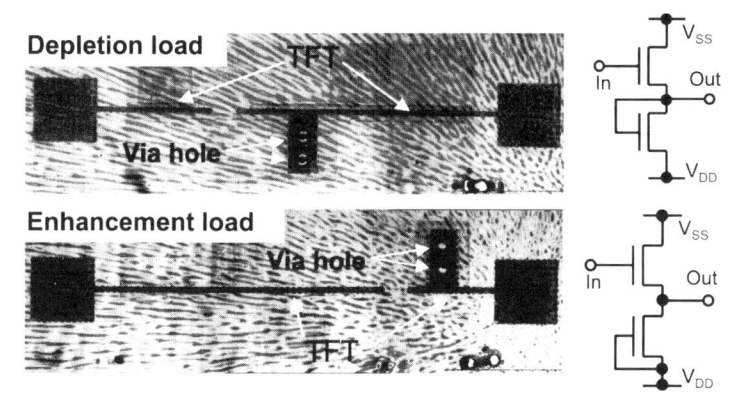

図12 作成したディプレーション負荷型，エンハンスメント負荷型インバータとその回路図

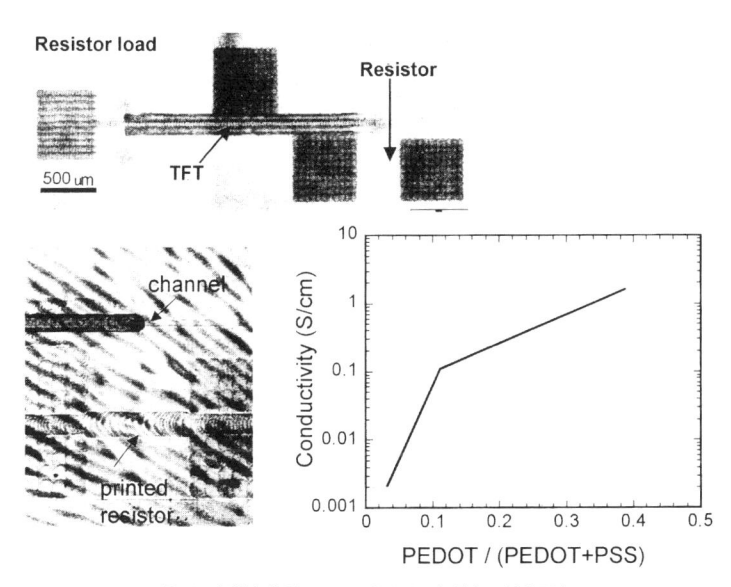

図13 抵抗負荷型インバータとその抵抗部の拡大写真
右下の図は溶液中のPEDOT含有量と抵抗値との関係

荷型インバータ回路の全体写真と抵抗部の拡大写真，そしてPEDOT＋PSS溶液中のPEDOT濃度と抵抗値との関係図を示した．抵抗値は溶液濃度，抵抗のディメンションで任意に調整できる点がインクジェット描画の特徴である．

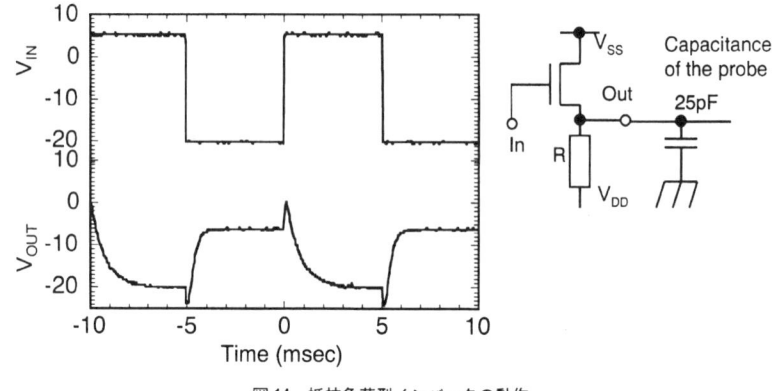

図14 抵抗負荷型インバータの動作

このようにして作成したインバータ回路を電源電圧 $V_{DD}=-20V$ で動作したところ両方のタイプにおいて1より大きな電圧利得が得られた。一例として図14に抵抗負荷型インバータ（$R=47$ MΩ）の100Hzでの動作特性を示した。入力電圧 V_{IN} に対して反転した出力電圧 V_{OUT} が観測されている。このデバイスは250Hzまでの動作が確認されている。PEDOTの導電率をさらに高め，ゲート電極の幅をさらに狭めればこれらのインバータの発信周波数は1kHz以上になるものと期待される。

4 有機ELディスプレイの作成[19～26]

筆者らは，英国のCDT社と共同で高分子有機EL材料を使用し，アクティブマトリックス（AM）型のディスプレイを開発してきた。ここで紹介するするディスプレイは全デジタル駆動のAM型フルカラー有機ELディスプレイである。インクジェット法を使用したマイクロ液体プロセスを用いて画素部の有機LEDアレイを作成した。

4.1 ディスプレイ仕様と画素構造[24]

表3にディスプレイの仕様を示した。駆動ドライバー内蔵のポリシリコンTFTのAM基板で3色の高分子材料からなる有機ダイオード（有機LED）アレイを駆動する構成である。図15にポリシリコンTFT基板の回路ブロック図を示した[25]。画素部と周辺回路より構成されている。DAコンバータを持たない全デジタル駆動なので，TFT基板の消費電力は少ない。写真3に9つの副画素から構成されるカラー画素の一画素分の写真を示した。縦方向に並んだ一列3つの副画

第5章 インクジェット製膜

表3 開発したディスプレイとTFT回路の仕様

ディスプレイ	画面	51mm×54mm
	厚さ	1mm
	重さ	10.3g
TFT回路	基板	0.7mm厚ガラス
	X,Yドライバー	全デジタル駆動
	画素	画素数:200×(RGB)×150
		画素ピッチ:70.5μm
		画素形(副画素):丸形状
中間調		面積諧調+時分割諧調→16諧調

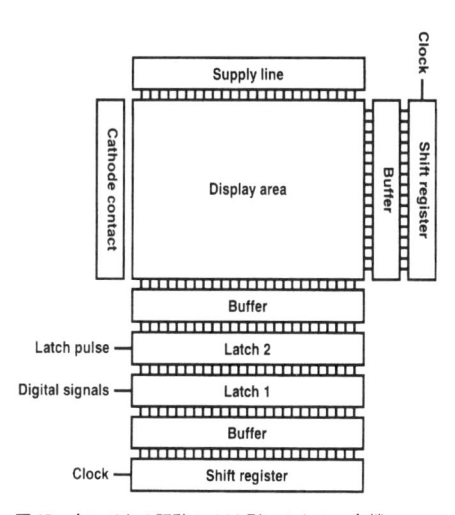

図15 全デジタル駆動のAM型フルカラー有機ディスプレイのTFT回路ブロック

素が青,緑,赤のそれぞれの色に対応する。各色は3つの副画素を図16に示したように点滅することで4諧調を表すことができる。これは面積諧調(Area Ratio Gray Scale)と呼ばれるデジタル諧調手法である[25]。このようなカラー画素を駆動するTFT画素回路を図17に示した。縦方向の一列に注目すると,各LED(LEP Diode:Light Emitting Polymer Diode)には2つのTFT(スイッチTFTと駆動TFT)が連結されて,一番下のLEDは独立に,上2つのLEDは同時に点滅される。1つのLEDから見ると,いわゆる2トランジスタ構成の画素回路であり,駆動が中間調のないON/OFF駆動になっている。面積諧調に時分割諧調(Time Ratio Gray

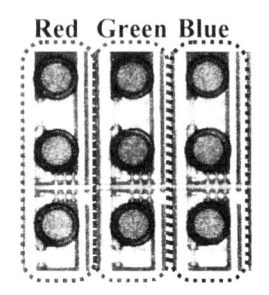

写真3　9個の副画素より構成される1つのカラー画素
1列が1色に対応する。

図16　デジタル入力信号により3つの副画素を点滅させて4階調を表現する方法

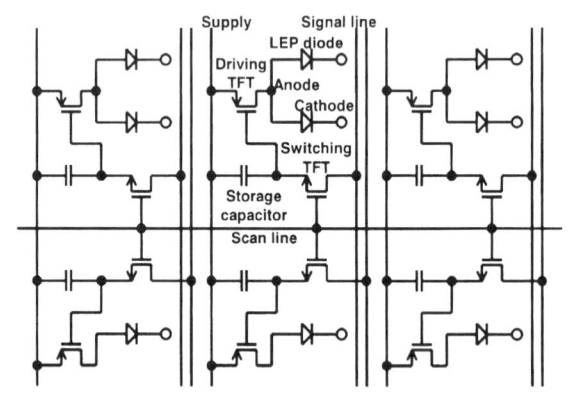

図17　1つのカラー画素を駆動するトランジスタ画素回路

Scale) を加えると，より多くの諧調を実現できる[26]。本ディスプレイでは面積諧調と時分割諧調の相方を採用して16諧調，すなわちカラーで4,096色を実現している。

第5章 インクジェット製膜

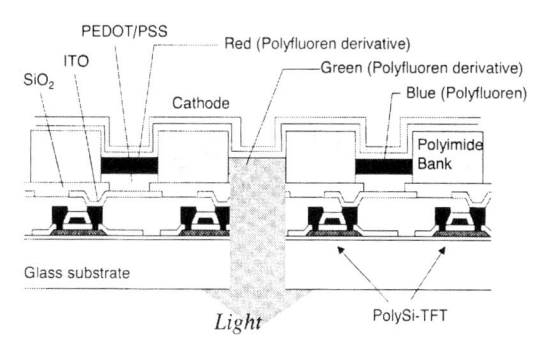

図18 開発した有機ELディスプレイの画素部の模式的な断面図

　図18に画素部の断面図を模式的に示した。TFTのITO電極の上にSiO$_2$とPI（ポリイミド）とでバンク構造と呼ばれるインクジェット製膜用の構造が形成されている。図13に示したようにバンクは丸形状である。次にホール輸送層であるPEDOT、有機EL層をインクジェット法で連続して製膜した後、陰極としてCa/Al電極を蒸着し、最後に0.3mm厚のガラスで封止をした。TFT基板は0.7mm厚のガラスなので、ディスプレイの総厚は1mmになる。このようにして得た有機LEDは図18で示されているように、陽極（ITO）／ホール輸送層（PEDOT：PSS）／高分子EL層（ポリフルオレン系）／陰極（Ca/Al）という構造になっている。LEDがオンになるとホールと電子がそれぞれ陽極と陰極より注入され有機EL中で再結合し励起子が形成される。その中の一重項が基底状態に戻るときに蛍光を発光する。光は透明なITO、ガラス基板を突き抜けて外に出る。

4.2　高分子材料のインク化

　一般的にインクジェット用のインクは低粘度で高い表面張力を持ち、ニュートン液体であることが要求される。粘度は、1〜10mPa・sec程度、表面張力は20〜70mN/mの範囲に入るように調整する。インクジェットヘッドのノズル口はインクとの接触角を厳密にコントロールするためフロン化される。接触角が小さいとインクはノズルから出た直後に広がってしまい、液滴が形成できなくなる。反対に接触角が大きすぎるとメニスカスが形成できなくなってしまう。最適値として35〜65度で調整される。またインク物性はインクシステムと呼ばれる条件を満足するものでなくてはいけない。これはインクがヘッドにスムーズに供給され、ヘッドのキャビティ内を速やかに満たすような特性を指しておりインク滴の安定性吐出にとって極めて重要である。さらに吐出されるインク液滴は、体積、重さ、吐出速度、吐出角度はいつも一定でバラツキが少ないほど望ましい。インクがこのような特性をもつには少なくとも空気の混入はあってはならないし、

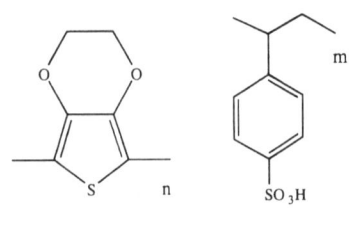

PEDOT　**PSS**

図19　ホール輸送層を構成する材料．PEDOT（polyethylene dioxythiophene）とPSS（polystylene sulphonate）の混合物

F8

TFB

F8BT

図20　代表的な高分子発光材料
ポリフルオレンとその誘導体。

インクがヘッド部材を溶かすようなこともあってはいけない。

前述したように有機LEDでは，ホール輸送層としてPEDOT（polyethylene dioxytiophene）を用いる。PEDOTは単独では分散できないので，PSS（polystyrene sulphonate）と混合して分散を安定化させる。水に数種の添加剤を加えてPEDOTとPSSの混合物が分散させると水系のPEDOTインクができ上がる（図19）。PSSの分量はPEDOTに対して1.2以上である。PEDOT/PSSはBayer社から「Bytron P®」の商品名で売り出されているものを用いた。ポリフルオレン（poly-(dialkylfluoren)）ならびにその誘導体を有機EL発光材料として用いた[27]。青色

第5章 インクジェット製膜

の発光材料としては，F8 (Poly(9,9-dioctylfluorene))，TFB (poly(9,9-dioctylfluorene-co-bis-N-(4-butylphenyl)diphenylamine)) などが，緑の発光材料としては F8BT (poly(9,9-dioctylfluoren-co-2,1,3-benzothiadiazole)) が代表的なものである[28]。これらの材料の構造式を図20に示した。これらの発光共役高分子はある程度の種類の有機溶剤に1～2wt%固溶する。沸点の比較的高い適切な溶剤を選べば，素性の良いインクが作成できる。沸点が高い溶媒を選ぶ理由はノズル面での溶媒の蒸発を抑えて，ノズルの目詰まりを防止するためである。

4.3 パターニング

写真4は写真3に示したカラー画素のAFM像である。ITOが円形のPIバンクで囲まれて1つの副画素を構成している。バンク直径は$30\mu m$，深さは$3\mu m$でピッチ$70.5\mu m$で並んでいる。この孔の中にインクジェットで最初にPEDOT/PSSの水溶性インクを打ち込み乾燥させホール輸送層を形成する。つづいて有機ELの有機溶剤インクを打ち込み有機EL層を形成する。今回はノズル面と基板の間隔は0.3mmで，この距離をインク滴は飛翔し着弾する。通常，ヘッドは固定で基板が精密に移動する。インク滴の着弾誤差は，インク滴の飛行曲がり，飛行速度のばらつき，そしてX-Yテーブルの機械的誤差に起因する。MACHヘッド（本文2.1.2項参照）の場合，飛行曲がりによる誤差aは$\pm 5\mu m$で，曲がり角度は0.95度と計算できる。インク滴の飛行速度V_dは7.0 ± 0.5m/secであるので，基板の移動速度が100mm/secであるとき，飛行速度ばらつきによる着弾誤差bは$\pm 1.2\mu m$となる。そしてX-Yテーブルの機械誤差cは$\pm 10\mu m$である。全着弾誤差dは，$d=(a^2+b^2+c^2)^{1/2}$で与えられ，その値は$d=\pm 11.2\mu m$となる。この数字は機械的な誤差としてはかなり精度が高いものである[29]。

図21は丸バンクの中に向かうインク滴の着弾の様子を，上記の着弾誤差を入れて描いたもの

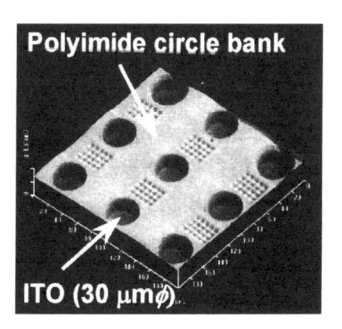

写真4 カラー画素のAFM像
ポリイミドバンクの厚さは$2\mu m$。

有機半導体の応用展開

図21　インク滴が有機EL画素部に着弾誤差を伴って着弾する様子
図中に着弾誤差を表す式と数値を示す

$$= \sqrt{(\text{fligft})^2 + \Delta v^2 + (\text{machine})^2}$$
$$= \sqrt{(\pm 5\mu m)^2 + (\pm 1.2\mu m)^2 + (\pm 10\mu m)^2}$$
$$= \pm 11.2\mu m$$

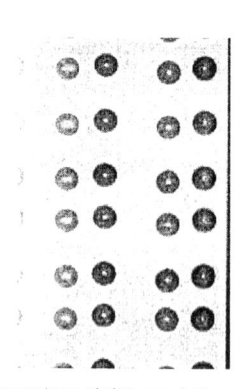

写真5　PEDOT/PSS滴液をインクジェットで平らな基板に着弾させた様子。着弾誤差がそのまま現れている。

である。インク滴の直径は代表的な値で$25\mu m$（7.2pl）にしてある。一見して，着弾誤差は直径が$30\mu m$のバンクには大きすぎることが分かり，このままでは精度的にはディスプレイ用の画素へのパターニングには使用できないと結論される。事実，基板上への液滴の着弾した後の様子は写真5のような具合で着弾位置ばらつきが観測される。画素のパターニングとしては少なくとも1桁高い精度が要求される。

このような高い精度は前述したように，液滴の自己組織的パターニング現象を引き起こさせることで達成できる。そのためには基板に撥水・親水パターンを形成する必要がある。最初に写真

第5章　インクジェット製膜

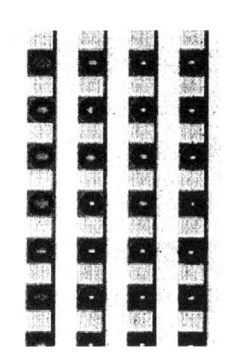

写真6　有機 EL の液滴がバンク内に自己組織的にパターニングされた写真

3の画素基板に酸素プラズマ処理を施す。すると PEDOT/PSS インクと ITO，PI バンクとの間の接触角はともに20度になる。つづいて CF_4 プラズマ処理を行うと，PI 表面に CF_2 や CFH が形成され，PEDOT/PSS インクと PI バンクとの接触角は100度くらいまで上昇した。しかしながら，PEDOT/PSS インクと ITO の接触角は微増にとどまり，ITO と PI バンクに対する PEDOT/PSS インクの接触角の差は顕著になる。すなわち，PI バンクは撥水性に，ITO は親水性に変えられ基板に撥水・親水パターンが形成できる[19]。このようにしてからインクジェットで PEDOT/PSS インクをバンクに打ち込むと，液滴の自己パターニング現象により写真6に示すようにすべての液滴は表面エネルギーの力で着弾誤差が補正されバンク内にきちんと収納される。図1のマイクロ液体プロセスの工程フローに示されたハイブリッドパターニングの方法に従いサブミクロンのパターニング精度が得られたことがわかる。

4.4　乾燥プロセス

　微小液滴はマクロ液滴に比べて乾燥速度が極端に大きいため，前述したように均一な薄膜を得るためには乾燥を注意深く制御することは重要である。微小溶液の乾燥速度は主にその溶媒の蒸気圧に拠っている。図22は蒸発時間の蒸気圧依存性を示したものである[17]。測定は同じ湿度で室温にて20plの液滴を基板上で着弾させ $615\mu m^2$ に広げた状態で測定した。予想されるように蒸発速度は驚くほど速い。例えば，蒸気圧が 0.1mmHg の溶媒は200℃程度の蒸発温度であり，ピペット溶液（0.02ml）では乾燥に8時間もかかるのに対し，微小液滴ではわずか数分で蒸発してしまう。また，乾燥時に溶液のエッジが基板にピン止めされると，エッジ付近から蒸発する液分を補うために中央部から周辺に向かう流れができる。この流れに乗って溶質が周辺に運ばれ，いわゆる「コーヒーのしみ」できる。この場合，真中がへこんだリング状の固体膜になる。従っ

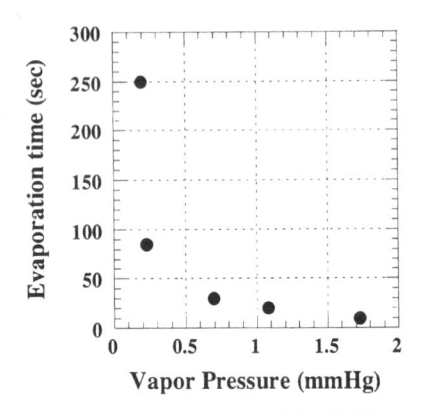

図22 微小液滴の蒸発速度の蒸気圧依存性

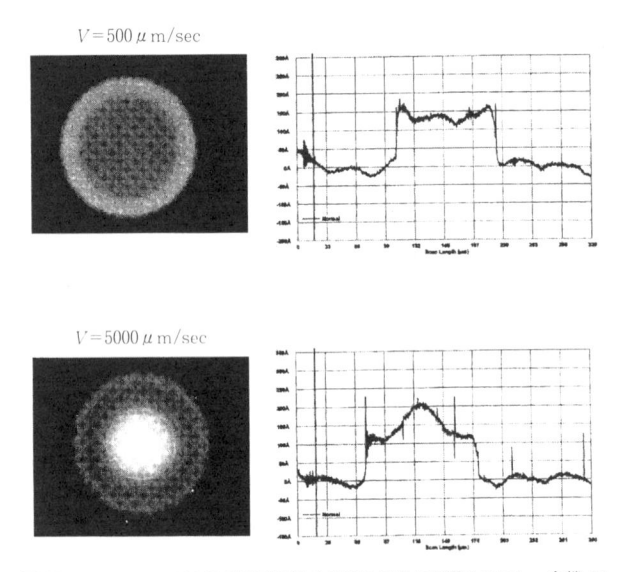

図23 X-Yステージの移動速度が微小液滴の乾燥に影響を及ぼし，有機EL薄膜の膜厚プロフィールを変化させ，その結果発光特性も変化させる

て，電子デバイス用に均一な厚みの固体膜を形成しようとすると溶媒の蒸発条件と液体と基板あるいはバンクとの接触条件は重要な制御因子となる。

図23に基板の移動速度が膜厚のプロフィールに決定的に影響を及ぼす例を示した[10]。図は青

第 5 章　インクジェット製膜

の有機 EL 薄膜の PL 発光（Photo Luminescence）とその膜厚分布である。前述したようにインクジェット製膜はヘッドが固定で，基板が移動する。図中の V は基板の移動速度を示しているが，液滴から見ると液滴に吹き付ける気流の風速におよそ比例する。風速が速い（$V=5{,}000\mu\mathrm{m/sec}$）とき膜は真中が盛り上がった形状であり，遅い（$V=500\mu\mathrm{m/sec}$）ときにはわずかに周囲がとがった形状になる。このように風速，すなわち乾燥条件で膜の形状は大いに変化することが分かる。これらは孤立した液滴の結果であるが，実際の有機 EL ディスプレイでは有機 LED アレイを作

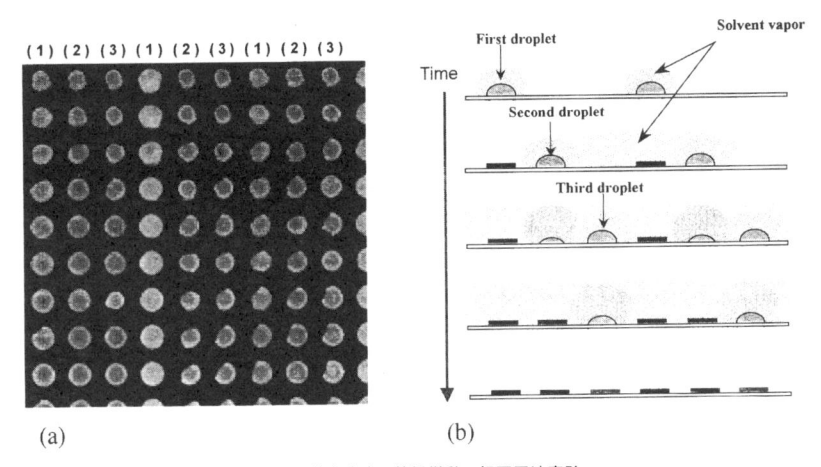

図 24　微小液滴の乾燥挙動の相互干渉実験
(1)列目は最初に着弾，以後(2)列，(3)列と液滴は着弾し，引き続いて乾燥過程に入る。(a)固体膜からの PL 発光，(b)蒸気圧が相互干渉し乾燥挙動が変化する様子。

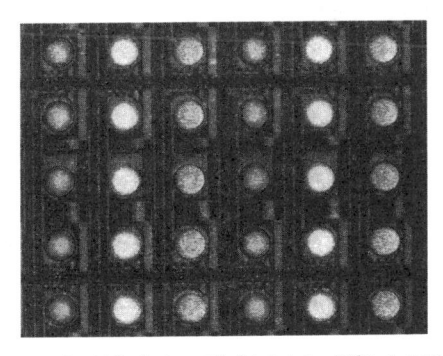

写真 7　マイクロ液体プロセスで作成したカラー画素からの EL 発光

成するので，多数並んだ液滴の乾燥挙動を制御する必要がある。この場合には液滴の発する蒸気圧がお互いに周囲の液滴の乾燥に影響を与える。

図24(a)は乾燥の相互干渉の存在を明確に示した実験結果である[29]。この写真は緑の有機EL高分子をインクジェット法で平面基板に製膜し，そのPL光を観測したものである。インクジェット製膜は3列おきに行った。すなわち，図の上に(1)と示されている列は最初に製膜され，次に第(2)列，第(3)列と続いて製膜した。結果として列ごとに光の強度は異なり，最初に製膜された第(1)列から一番強い光が発せられ，次には第(2)列，第(3)列と順に弱くなっている。明らかに膜質がインクジェット製膜の順序で変化していることが分かる。この現象がなぜ起こるのか図24(b)で説明する。最初に製膜される第(1)列の液滴は，列間隔は大きいので列間の蒸気圧の干渉は極めて少ない。つぎに第(2)列の液滴の乾燥は第(1)列から発する蒸気圧の影響を受けて乾燥は遅くなる。第(3)列目になると，第(1)列，第(2)列からの蒸気圧の影響を受け，乾燥はますます遅くなる。このような乾燥条件が膜質と膜厚の分布に影響を及ぼし，それが列ごとの発光特性を変化させているものと結論できる。

以上説明したように液滴の乾燥条件は有機EL薄膜の発光特性を決定的に支配する要因である。乾燥をきちんと制御することではじめて目的の特性を有する有機LEDが成できる。写真7にこのようにして得られたカラー有機ELディスプレイのカラー画素からのEL発光を示した。

4.5 ディスプレイ特性

写真7に示された有機LEDアレイを，図15と図17で示された回路で駆動することによりカラー画像を表示することができる[30]。時分割駆動を加えて1色16諧調にして得られたカラー画

写真8 開発したAM型有機ELディスプレイの画像

第5章　インクジェット製膜

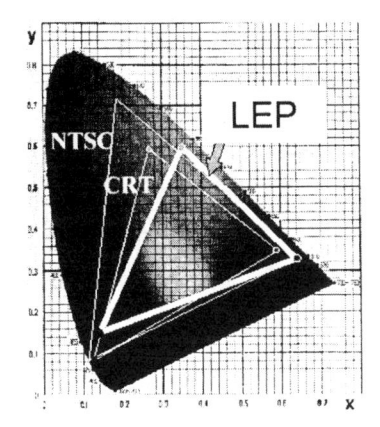

図25　セイコーエプソンで開発されたディスプレイのCIE色度図

像のを写真8に示した。鮮やかなカラー画像が得られた。また図25にはセイコーエプソンで最近開発した有機ELディスプレイのCIEカラー色度図を示した[31]。有機LEDはもちろんインクジェット法で高分子EL材料を製膜して作成した。CRTに劣らぬ広いカラー領域が再現されていることが示されている。

発光効率と有機LED素子寿命はディスプレイの品質の中でも重要項目である。これらの特性は有機LEDの素子構造と使用材料に大きく依存する。高分子型の有機LEDを構成する材料には、陽極材料、ホール輸送材料、発光材料（LEP；Light Emitting Polymer）、中間挿入膜材料、陰極材料等があるが、この中で発光材料LEPが発光効率と素子寿命に最も影響を及ぼす。LEP材料の最近の進展は目覚しい。素子寿命は2002年末で、緑色と赤色でそれぞれ2万5,000時間と4万時間を超えたことが報告されている[32]。青色はそのバンドギャップが大きく発光エネルギーが高いので長寿命化が難しかったが2002年末には8,000時間まで達している。ただし、これらは初期輝度が100cd/m^{2}で得られた値である。一方、LED効率においては、赤色、緑色、青色でそれぞれ2.3 lm/W、15 lm/W、2.5 lm/Wが得られている[32]。

5　インクジェットで製膜した薄膜の特徴[29]

これまで高分子材料を例にして、インクジェット法での微小溶液の生成、基板上での表面エネルギーによる微小液滴の自己組織的なパターニング、けた違いに早い乾燥時間、そして局所蒸気分圧が薄膜の物理形状に強い影響を及ぼすことを述べてきた。明らかになったことは、マイクロ

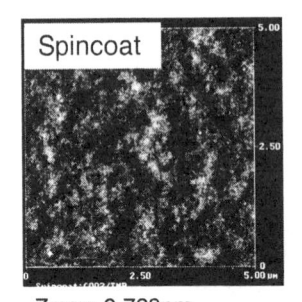

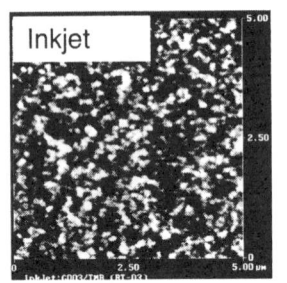

有機半導体の応用展開

Spincoat	Inkjet
Zmax: 9.723nm	Zmax: 5.984nm
Ra : 0.864nm	Ra : 0.363nm

写真9　緑色有機 EL 薄膜の AFM 像と表面粗さ
スピンコート品とインクジェット品との比較。

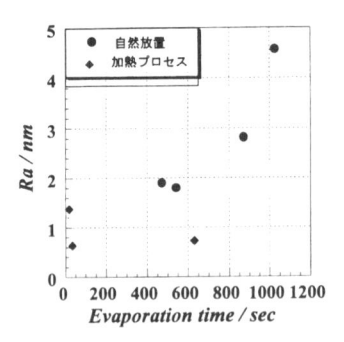

図26　高分子 EL 薄膜の表面荒さの蒸発速度依存性

　液体はその体積が極端に小さい故に巨視的な液体とは異なる振る舞いをすることである。従って，マイクロ液体プロセスによって製膜された膜の特性は，当然巨視的製膜方法のものと異なっていることが予想される。本節では，巨視的製膜法としてスピンコート膜を取り上げてマイクロ液体プロセスと比較してみる。

　まず両者の表面モホロジーの違いを見てみた。写真9にインクジェットとスピンコートで製膜された面積約 $25\mu m^2$ の緑色高分子有機 EL 膜の AFM 像を示す。写真には表面粗さのデータも同時に示されている。明らかにインクジェット液滴で製膜したものの方が表面の凹凸が大きい。この表面の凹凸の度合いは微小液滴の乾燥スピードによっても大きく変化する。図26に示すように乾燥時間が長ければ長いほど膜の凹凸の度合いは大きくなる。

　次に膜の電気特性を見てみた。図27にはホール輸送層に使用されている PEDOT 膜の電圧抵

第5章　インクジェット製膜

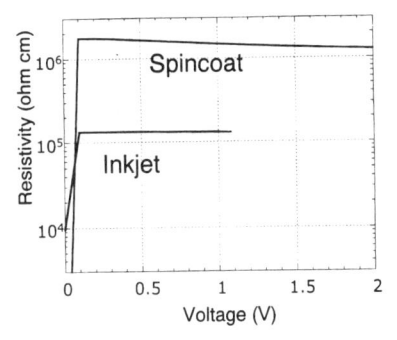

図27　PEDOTの抵抗値
スピンコート品とインクジェット品との比較。

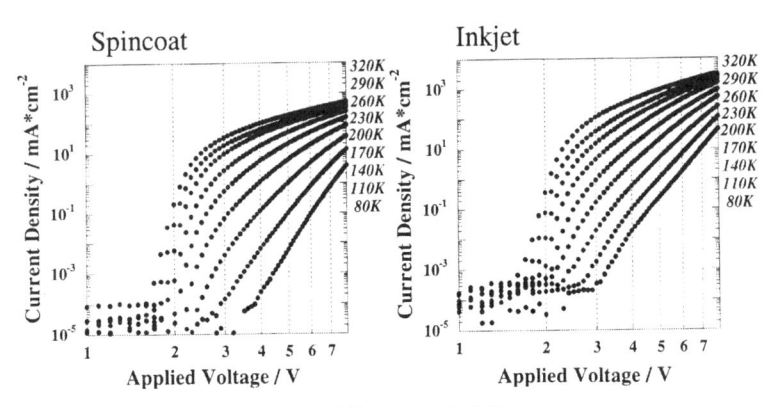

図28　有機LEDのI-V特性
スピンコート品とインクジェット品との比較。

抗特性を示した。測定資料は，ITO/PEDOT/Alの3層膜を用いた。同じ組成のPEDOTを厚さ50nmになるようにインクジェットとスピンコートで製膜した。図よりインクジェットで製膜した膜のほうがスピンコート幕よりも1桁抵抗が低くなっていることがわかる。したがって，同じ印加電圧においてインクジェット膜の電流値スピンコートのものに対しては1桁上昇する。

次に赤色の高分子有機ELについて両者の電気特性を比較してみた。ダイオード素子構造は，ITO/PEDOT：PSS/PEL/LiFe/Caを用いた。図28に温度を低温（80K）から室温の少し上（320K）まで変えて電圧電流特性を調べた結果を示す。両者とも1ボルト付近では電流は殆ど流れずにリークがないことを示している。また両者とも2ボルト付近で電流の立ち上がり（すなわち閾値電圧を持ち），低温よりも高温のほうが閾値電圧は低く，電流は流れやすくなることは共

271

有機半導体の応用展開

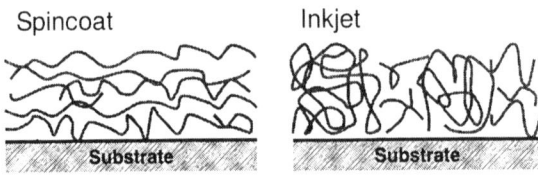

図29 薄膜中の高分子鎖の様子
スピンコート品とインクジェット品との比較。

通である。しかしながら，どの温度に対してもインクジェット膜のほうがスピンコート膜よりも大きな電流密度を持つことがわかった。両者はとくに低温での振る舞いに大きな差が見られる。すなわちインクジェット膜では閾値電圧がスピンコート膜にくらべ低電圧側になっており，80Kにおいては1V程度もの差になる。PLED（Polymer Light Emitting Diode）の低温での電流特性はTCLC（Trap Controlled Limiting Current）であると仮定すると，対数－対数プロットの傾き M は絶対温度の逆数に比例関係を示し，その係数がトラップ深さに相当するという理論を当てはめると次のような結論が得られる。すなわち，インクジェット膜とスピンコート膜ではトラップ深さに差があり，前者は500Kで後者は700Kと見積もれる。すなわち，スピンコート膜はトラップが深くそれだけ電流が流れにくいことが説明できる。

製膜過程を考慮に入れて，以上述べた膜の表面モホロジーと電気特性から両者の膜質を推定してみたい。スピンコート膜は溶液が濡れ広がった後は回転しながら薄膜を乾燥させるので，回転による遠心力により高分子は二次元的構造をとりやすくなる。それに加えて，垂直方向のみの蒸発による乾燥のためさらに二次元的な構造は強まる。一方，インクジェット膜では微小液滴ゆえに乾燥過程中の物質移動の自由度が大きい。したがって前者においては，二元的構造をとりやすいのに対し，後者では主にVan der Waals力により高分子がより三次元構造をとりやすくなる。この様子を模式的に図29に示した。先に述べたAFMによる表面モホロジー観察もこの考察を裏付けている。もしこのような構造が実現されているならば，スピンコート膜での導電機構は分子鎖間のホッピング伝導が支配的であり電流は流れにくい。一方，インクジェット膜では三次元構造をとるため主差鎖内の導電もある程度可能になり総じて電流が流れやすくなる。

結論として，冒頭に推測したように，マイクロ液体プロセスによって製膜された膜の特性は，巨視的製膜方法のものと異なっていることが明確に示された。この差異をうまく利用すると従来の巨視的な製膜方法による薄膜よりも特性に優れた膜が得られることが期待できる。

第 5 章　インクジェット製膜

6　おわりに

　マイクロ液体プロセスの構想に基づき，インクジェット法を利用して機能性高分子材料を用いて，有機 TFT ならびに有機 EL ディスプレイを試作した。両デバイスとも実用に耐えられる十分高い特性が得られ，マイクロ液体プロセスの有用性が実証された。

　マイクロ液体プロセスよって薄膜が形成される過程は大きく 3 工程に分類され，図 1 に示されたような工程フローになる。まず材料を溶液化して微小溶液（マイクロ液体）を生成・吐出するインクジェット工程，次にそのマイクロ液体が機械的なパターニングと表面エネルギーによる自己組織的なパターニングを組み合わせたハイブリッドパターニングによってサブミクロンの精度で基板上にパターニングされる工程，最後にそのパターン化溶液が乾燥して固体薄膜になる工程である。このようにして目的の形状の薄膜が基板上の精確な場所にきちんと形成できる。

　このようなマイクロ液体プロセスの研究開発活動の中で，種々の機能性材料の溶液化（インク化）が可能になり，パターニング精度は従来のインクジェット法そのままでは薄膜デバイスの要求精度に対して 1 桁ほど低かったものが実用精度にまで高められた。また，マイクロ液体においては溶媒の乾燥時間がけた違いに早く，局所蒸気分圧が薄膜の物理形状の形成に強い影響を及ぼすこと，またその制御技術の重要性が明らかにされた。さらに，マイクロ液体プロセス膜の特性は，巨視的製膜方法のものと異なっていることが分かり，マイクロ液体の製膜時の制御方法を工夫することで同じ材料を用いても従来特性より高い特性が得られる可能性も示唆された。このようにマイクロ液体プロセスは今後の有機デバイスの作成には有力手段であることが確認された。

　本稿に述べた一連の技術および理論的な成果は，セイコーエプソン㈱の研究開発部門と生産技術部門と社内外の共同研究開発機関との活動の中で多くの方々によって生み出されたものである。この技術はセイコーエプソンで長く培ってきたインクジェットの高い技術がベースとなっている。まず，セイコーエプソンでこの技術を育まれてきた多くの方々に感謝致したい。本解説の 1 つ 1 つの成果に関しては，詳しい参考文献を掲げてありますので参考にしていただきたい。これらの共著者の方々とその活動を支えていただいた方々に深く感謝申し上げる。特に，マイクロ液体プロセスの基礎技術・有機 EL の基礎解析，有機トランジスタ技術に関しては，セイコーエプソン㈱テクノロジープラットフォーム研究所，森井克行・川瀬健夫の両博士に感謝申し上げたい。また，有機 EL ディスプレイ開発では英国 CDT 社の J. H. Burroughes，C. R. Towns の両博士に，有機 TFT 開発では英国 Cambridge 大学の H. Sirringhaus 教授に感謝申し上げる。また，英国 Cambridge 大学 Cavendish 研究所の R. H. Friend 教授には，有機 EL，有機 TFT と 8 年にもわたり共同研究でお世話になっており深く感謝申し上げたい。

文　　献

1) 下田達也, "マイクロリキッドプロセスを用いたデバイスの創生と将来展望", 微細化加工・基礎篇, pp.101-142, 高分子学会編, ㈱エヌ・ティー・エス (2002.9.30)
2) S. Sakai, "Dynamics of Piezoelectric Inkjet Printing Systems", Proc. IS & T NIP 16, pp.15-20 (2000)
3) H. Kiguchi, S. Katagami, Y. Yamada, S. Miyashita, H. Aruga, A. Mori, T. Shimoda, R. Kimura, T. Nakamura, H. Miyamoto, Y. Takeuchi, "Completion of TFD-LCDs with Color Filters by Pigment Inkjet Printing", Technical Digest of Asia Display/IDW'01, p.1745 (2001)
4) J. W. S. Rayleigh, "On the Instability of Jets", *Pro. London*, Vol.10, pp.4-13 (1878)
5) C. Weber, "Disintegration of Liquid Jets", *Z. Angew. Math. Mech.*, Vol.11, pp.135-159 (1939)
6) R. P. Grant, S. Middleman, "Newtonian Jet Stability", Vol.12, pp.669-678 (1966)
7) E. L. Kyser, S. B. Sears, "Method and Apparatus for Recording with Writing Fluids and Drop Projection Means Therefore", US patent 3946398 (1976)
8) X. Zhang, O. A. Basaran, "An Experimental study of dynamics of drop formation", *Phys. Fluids*, Vol.7, pp.1184-1203 (1995)
9) T. Kawase, H. Sirringhaus, R. H. Friend, T. Shimoda, "All-Polymer Thin Film Transistors Fabricated by High-Resolution Ink-jet Printing", Tech Digest of SID01, pp.40-43 (2001)
10) 森井克行, 下田達也, "インクジェット製膜", 表面科学, Vol.24, pp.90-97 (2003)
11) R. D. Deegan, O. Bakajin, T. F. Dupont, G. Huber, S. R. Nagel, T. A. Witten, "Capillary flow as the cause of ring stains from dried liquid drops", *Nature (London)*, Vol.389, p.827 (1997)
12) H. Sirringhaus, T. Kawase, R. H. Friend, T. Shimoda, M. Inbasekaran, W. Wu, E. P. Woo, "High-Resolution Inkjet Printing of All-Polymer Transistor Circuits", *Science*, **280**, p.2123 (2000)
13) T. Kawase, H. Sirringhaus, R. H. Friend, T. Shimoda, "All-Polymer Thin Film Transistors Fabricated by High-Resolution Ink-jet Printing", Tech Digest of IEDM, p.623 (2000)
14) 下田達也, 川瀬健夫, "インクジェットプリント法による有機トランジスタ", 応用物理, 第70巻, 第12号, p.1452 (2001)
15) T. Kawase, C. Newsome, S. Inoue, T. Saeki, H. Kawai, S. Kanbe, T. Shimoda, H. Sirringhaus, D. Mackenzie, S. Burns, R. Friend, "Active-Matrix Operation of Electrophoretic Devices with Inkjet-Printed Polymer Thin Film Transistors", Tech Digest of SID02, p.1017 (2002)
16) W. S. Beh, I. T. Kim, D. Qin, Y. Xia, G. M. Whitesides, *Adv. Mater.*, **12**, p.1038 (1999)
17) J. Tate, J. A. Rogers, C. D. W. Jones, B. Vyas, D. W. Murphy, W. Li, Z. Bao, R. E. Slusher, A. Dodabalaour, H. E. Katz, *Langmuir*, **16**, p.6054 (2000)

18) Z. Bao, Y. Feng, A. Dodabalapur, V. R. Faju, A. J. Lovinger, *Chem. Mater.*, **9**, p.1299 (1997)
19) T. Shimoda, S. Kanbe, H. Kobayashi, S. Seki, H. Kiguchi, I. Yudasak, M. Kimura S. Miyashita, R. H. Friend, J. H. Burroughes, C. R. Towns, "Multicolor Pixel Patterning of Light-Emitting Polymer by Ink-Jet Printing", Tech Digest of SID99, p.376 (1999)
20) S. Kanbe, H. Kobayashi, S. Seki, H. Kiguchi, I. Yudasaka, M. Kimura, S. Miyashita, T. Shimoda, J. H. Burroughes, C. R. Towns, R. H. Friend, "Patterning of High Performance Poly (dialkylfluorene) derivatives for Light-Emitting Color Display by Ink-Jet Printing", Euro Display'99, p.85 (1999)
21) T. Shimoda, M. Kimura, S. Seki, H. Kiguchi, S. Kanbe, S. Miyashita, R. H. Friend, J. H. Burroughes, C. R. Towns, I. S. Millard, "Technology for Active Matrix Light Emitting Polymer Display", Tech. Dig. IEDM-99, p.107 (1999)
22) H. Kobayashi, S. Kanbe, S. Seki, H. Kiguchi, M. Kimura, I. Yudasaka, S. Miyashita, T. Shimoda, C. R. Towns, J. H. Burroughes, R. H. Friend, "A Novel RGB Multi-color Light Emitting Polymer Display", *Synthetic Metals*, **111-112**, p.125 (2000)
23) 関俊一, 宮下悟, "有機EL薄膜作成技術－ウエットプロセス－", 応用物理, 第70巻, 第1号, pp.70-73 (2001)
24) 下田達也, "インクジェット法によるアクティブ駆動のフルカラー有機ELディスプレイ", OPTRONICS, No.231, p.133 (2001.3)
25) M. Kimura, H. Maeda, Y. Matsueda, H. Kobayashi, S. Miyashita, T. Shimoda, "An area-ratio gray-scale method to achieve image uniformity in TFT-LEPs", *Journal of SID*, Vol.8 No.2, p.99 (2000)
26) M. Kimura, R. Nozawa, H. Maeda, Y. Matsueda, S. Inoue, S. Miyashita, T. Shimoda, H. Ohshima, S. W. B. Tam, P. Migliorato, J. H. Burroughes, C. R. Towns, R. H. Friend, "Low temperature poly-Si TFT display using light-emitting polymer", Tech Digest of AM-LCD2000, p.189 (2000)
27) M. Fukuda, K. Sawada, K. Yoshino, *J. Poly. Sci. A1*, **31**, p.2016 (1993)
28) I. S. Millard, *Synth. Met.*, **111**, p.119 (2000)
29) T. Shimoda, K. Morii, S. Seki, H. Kiguchi, "Inkjet Printing of Light-Emitting Polymer Display", to be published in MRS Bulletin on inkjet printing, Nov.2003
30) オプトロニクス (OPTRONICS), 2001年3月号表紙, No.231 (2001.3)
31) S. Tanabe, Miyashuta, "Inkjet Technology for OLED Display Fabrication", Conf. Proc. of OLED2002 (Oct., 2002 in San Diego)
32) K. Heeks, S. Hough, "Commercialization of LEP Display", Information Display 4 & 5 p.14 (2003)

索 引

【A】
ASE ……………………………………120

【B】
baias stress effects …………………17
BC TFT ………………………………15
Btp$_2$Ir(acac) ………………………53

【C】
C. F. Carlson ………………………36
catenane ……………………………137
CF$_4$ プラズマ処理 ………………265
CIE カラー色度図 …………………269
C$_{70}$ …………………………………184

【D】
D-E ヒステリシス測定 …………106
DBR …………………………………125
DFB …………………………………125
Diphenylpyrimidine ………………183
Distributed Bragg Reflector ……125
Distributed Feedback ……………124

【E】
Eu(DBM)$_3$phen ……………………56

【F】
Fc ナノシート ………………………133
ferrocene 誘導体 …………………133
FIrpic ………………………………55
fluorene-bithiophene (F8T2) ……13, 252
F8 (poly(9,9-dioctylfluorene)) ……263
F8BT (poly(9,9/dioctylfluoren-co-2,1,3-benzothiadiazole)) ……………263

【G】
Grotthus-type 電子移動機構 ………66

【I】
IMPS …………………………………69, 75
IMVS …………………………………75
Intensity Modulated Photocurrent Spectroscopy ……………………69
Intensity Modulated Photovoltage Spectroscopy ……………………74
Ir(ppy)$_3$ ……………………………53

【L】
Langmuir-Blodgett 法 ………130, 213
LangmuirBlodgett 膜 (LB 膜) …130, 136, 240

【M】
MIS 構造 ……………………………19
MLCT : Metal to Ligand Charge Transfer …53
MOS トランジスタ …………………156
MOSFET ……………………………19

【N】
n 型ドープ ……………………………83
4,4'-N,N'-dicarbazole-biphenyl[CBP] ……53

【O】
OLED …………………………………7, 51
OPC ……………………………1, 7, 36
Organic light emitting diode ……51

【P】
p-sexiphenyl ………………………217
p 型ドープ ……………………………83
PEDOT (poly-ethylenedioxythiophene) ……………………………77, 252
peri-hexabenzocoronene 誘導体 …171
2-phenylbenzothiazole 誘導体 ……172
PL 発光 (Photo Luminescence) …267
poly N-vinylcarbazole ……………165

索引

poly-4-vinylphenol ……………………16
poly-9,9′dioctyl-fluorene-*co*-bithiophene…13
pseudomorphic growth ………………234
pseudorotaxane ………………………138
PSS (polystyrene sulphonate) ………262
PtOEP …………………………………53
PVDF …………………………………109
PVK ……………………………………37
PVP (poly-vinylphenol) ………………252

【R】

regioregular poly(3-hexylthiophene) ………10
rotaxane………………………………138
RRP3HT ………………………………10
Ru 錯体 ………………………………133
Ru ナノシート ………………………135

【S】

scanning Kelvin probe force microscope …15
spiro-MeOTAD ………………………76

【T】

T-T annihilation ………………………63
TC TFT …………………………………15
TCNQ 錯塩 ……………………………96
Terthiophene 誘導体 ……………173, 186
TFB (poly (9,9-dioctylfluorene-*co*-bis-N-
 (4-butylphenyl)diphenylamine)) ………263
TFT ……………………………………8
TNF ……………………………………37
Triphenylene 系液晶 …………………171

【V】

Van der Waals…………………………272
van der Waals 相互作用 ………………210
VCSEL …………………………………126
VDF-TrFE ……………………………109

【W】

wetting instability ……………………235

【あ】

アーク放電法 …………………………143
アームチェア型のナノチューブ ………143
アクリル（メタクリル）アミド高分子 …131
アゾ顔料 ………………………………40
圧電性 …………………………………104
圧電定数 ………………………………105
圧電率 …………………………………113
アトムリレートランジスタ ……………158
アモルファスカーボン …………………143
アモルファスシリコン …………………8
アモルファス層 ………………………71
アモルファス半導体 …………………85
アモルファス有機半導体 ………………166
アルカリハライド ……………………213
アルミニウム（Al）固体電解コンデンサ …91
アントラセン ……………………2, 135
アンバイポーラー拡散…………………73

【い】

イオン化ポテンシャル …………………255
イオン性ポリマー ……………………82
イオン伝導 ……………………………92
一元グラファイト ……………………85
一軸配向膜 ……………………………199
一重項 …………………………………261
一重項励起子 …………………………51
イミダゾリウムイオン …………………66
イリジウム ……………………………51
インクジェット ………………………240
インドール三量体 ……………………84

【え】

永久双極子 ……………………………105
液晶-電極界面 …………………………181
液晶性高分子 …………………………12
液晶性有機半導体 ……………………165
エネルギー移動（back energy transfer）……60
エネルギー貯蔵電極 …………………82
エピタキシャル圧力 …………………231

索引

エピタキシャル成長·················23, 210, 232
エレクトロン輸送材料·················45
円筒型ポリアセンキャパシタ·················88

【お】

オーミックコンタクト·················149
応力·················105
オクタエチル白金ポルフィリン·················204
オリゴチオフェン·················20, 200
オリゴフェニレン·················198
オリゴマー·················20

【か】

カーボンナノチューブ·················141
カーボンナノホーン·················148
界面エネルギー·················235
界面張力·················235
カイラリティ·················141
カイラル（chiral）ベクトル·················142
カイラル指数·················142
化学気相成長法·················143
化学重合法·················99
核形成頻度·················222
拡散長·················67
過飽和度·················222
過冷却度·················222

【き】

気相法·················230
気相輸送法（Physical Vapor Transport）·················230
機能分離型感光体·················37
基板温度·················198
キャリア移動·················17
キャリア移動度·················12, 23, 27
吸収係数·················66
球状分子·················196
共晶錯体·················39
共役系高分子·················252
強誘電性·················106
強誘電相転移·················108
強誘電体·················104

強誘電特性·················106
均一核形成理論·················222
金属化有機フィルムコンデンサ·················91
金属ナノチューブ·················148
凝集エネルギー·················235
凝縮係数·················226

【く】

駆動力·················222
クマリン·················184
クロスジャンクション·················147
クロルダイアンブルー·················40
グラファイト·················143
グラフェン·················142

【け】

結晶欠陥密度·················149
結晶性高分子·················105
結晶性有機半導体·················168
結晶の配向·················225
ゲート絶縁膜·················8, 19
ゲート電極·················8

【こ】

格子整合·················232
構造相転移·················108
高分子絶縁体層·················252
高分子ナノシート·················132
高分子ナノシートフォトダイオード·················135
高分子LB積層膜·················131
固体エレクトロニクス·················155
固体電解質·················95
ゴーシュ結合·················111

【さ】

再結合寿命·················67
酸化アルミニウム·················93
酸化チタン·················66
三重項励起状態·················52
3端子デバイス·················160
酸素プラズマ処理·················265

索引

残留分極量 …………………………………110

【し】

シアン化ビニリデン系 ………………………115
色素吸着………………………………………73
仕事関数 ……………………………………255
自然エネルギー貯蔵デバイス………………89
集積化技術 …………………………………160
主査型液晶性高分子 ………………………183
昇温脱離 ……………………………………237
焦電一次効果 ………………………………117
焦電性 ………………………………………104
焦電二次効果 ………………………………117
焦電率 ………………………………………115
真空蒸着（PVD）法 ………196, 213, 232, 238
ジグザグ型のナノチューブ …………………143
3次元結晶 …………………………………209
自己組織化 ………………………………3, 25
自己組織化技術………………………………34
自己組織化膜（SAM）………………………235
自発分極 ……………………………………106
ジフェノキノン誘導体 ………………………176
蒸着重合（有機CVD）………………………239
蒸着速度 ……………………………………198
情報技術 ……………………………………152
情報タグ………………………………………28

【す】

水素結合 ……………………………………132
垂直共振器面発光レーザ …………………126
垂直配向………………………………195, 225
スイッチング速度 ……………………………156
スイッチング時間 ………………………107, 111
スイッチング素子 ……………………………136
スチリルベンゼン ……………………………120
ストークスシフト ……………………………119
スピンコート …………………………………240
スピン統計則…………………………………51
スメクティック液晶 …………………………169
スメクティック液晶性有機半導体 …………178

【せ】

精製 …………………………………………226
成長速度 ……………………………………226
静電的相互作用 ……………………………211
静電誘導トランジスタ ………………………31
接触角測定 …………………………………237
接着剤 ………………………………………235
セパレータ紙…………………………………94
セラミックコンデンサ …………………………91
セルフアセンブリング法 ……………………213
絶縁体／半導体界面 …………………………8

【そ】

走査型プローブ顕微鏡 ………………………33
走査電子顕微鏡 ……………………………160
ゾーン精製法 ………………………………226
増幅された自然放出光 ……………………120

【た】

ターチオフェン誘導体…………………173, 186
ターフェニル誘導体 ………………………173
多形現象 ……………………………………223
多結晶シリコン ………………………………27
多孔質…………………………………………66
単一分子エレクトロニクス …………………155
単一分子デバイス …………………………153
単一分子発光デバイス ……………………159
単結晶薄膜 …………………………209, 232
単層ナノチューブ……………………………143
タンタルコンデンサ ……………………………91
単分子膜 ……………………………………130
脱真空プロセス ………………………………17
弾性的変数 …………………………………105

【ち】

チオフェン／フェニレン・コオリゴマー
 …………………………………20, 123, 203
チオフェンオリゴマー…………………………16
チオフェン系高分子 …………………………10
蓄積層…………………………………………19

279

索引

チタニウムフタロシアニン ……………45
チタニルフタロシアニン ……………217
チャネル ……………………………19
超分子化学 …………………………137
直鎖状分子 …………………………196
チョクラルスキー法 …………………229
チルベン誘導体 ………………………46

【て】

抵抗成分（ESR） ……………………94
低次元異方性 ………………………210
テトラフェニルベンジジン誘導体 ……45
テンプレート ………………………200
ディスコティック液晶 ………165, 169, 205
電界効果移動度 ………………………7
電界効果型トランジスタ ………………19
電解質交互吸着 ……………………241
電解重合法 …………………………99
電荷移動 ……………………………234
電荷移動錯体 …………………37, 92, 227
電界放出 ……………………………148
電荷発生材料 …………………………40
電荷輸送材料 ……………………45, 167
電気陰性度 …………………………109
電気化学キャパシタ …………………81
電気化学的酸化還元法 ………………227
電気機械結合定数 ……………………106
電気的係数 …………………………105
電気変位 ……………………………105
電子拡散 …………………………66, 73, 75
電子拡散係数 ……………………67, 68, 71
電子寿命 …………………………74, 75
電子伝導 ……………………………66
電子伝導体 …………………………92
伝導帯 ………………………………66
伝導度 ………………………………77
電場 …………………………………105

【と】

透過電子顕微鏡 ……………………160
透明導電性ガラス ……………………76

トップゲートトランジスタ …………146
トップダウンテクノロジー …………209
トラップサイト ……………………71, 73
トリアリールボラン誘導体 …………176
トリニトロフルオレノン ………37, 176
トリフェニルアミン誘導体 …………45
トリフェニレン誘導体 ……………165
トンネル電流 ………………………138
導電異方性 …………………………22
導電性高分子 …………………80, 92, 97
導電性分子 …………………………161
導電パス ……………………………25
ドレイン電圧 …………………………8
ドレイン電流 …………………………8

【な】

ナノインプリント法 …………………125
ナノシートフォトダイオード ………135
ナノスケールトランジスタ ……………33
ナノチューブトランジスタ …………145

【に】

ニュートン液体 ……………………261
2端子単一分子機能 …………………160

【ね】

熱分解法 ……………………………143
熱膨張率 ……………………………117
ネマティック液晶 ……………………169
燃料電池 ……………………………147

【の】

ノイマン型アーキテクチャ …………153
脳の情報処理 ………………………154

【は】

白色OLED …………………………62
薄膜結晶化 …………………………210
はけ塗り法 …………………………241
発光効率 ……………………………25
発光材料 ……………………………269

索引

反転層 ……………………………………19
半導体ナノチューブ …………………145
半導体レーザーダイオード …………209
バイオセンサ ……………………………33
バッファ層 ……………………………235
バナジルフタロシアニン ……………218
バリスティック伝導 …………………146
板状結晶 ………………………………198
バンドギャップ ………………………162
π共役系オリゴマー …………………211
π共役結合 ………………………………82
パルス分子線 …………………………237

【ひ】

光取り出し効率 …………………………52
光駆動型論理演算素子 ………………132
光駆動型 AND 論理演算素子 ………135
光誘起電子移動 ………………………135
非結晶質膜 ……………………………210
非晶質シリコン …………………………27
非晶性高分子 …………………………105
ヒドラゾン誘導体 ………………………45
比表面積 …………………………………71
表面エネルギー ………………………235
表面エネルギー密度 …………………224
表面改質（SAM による）……………235
表面吸着 …………………………………71
表面張力 ………………………………235
ビスフルオレン誘導体 ………………176
ビフェニール誘導体 …………………173
ピレン誘導体 …………………………172

【ふ】

ファインケミカル ………………………1
ファンデアワールス結合 ……………235
フェナンスレン ………………………135
フェニルナフタレン誘導体 …173, 176, 181
フェニルベンゾチアゾール誘導体 …173
複合領域 ………………………………164
フタロシアニン顔料 ……………………42
フタロシアニン誘導体 ………………169

フタロシアニン類 ……………………211
フッ化ビニリデン-トリフルオロエチレン共重合
　体 …………………………………107, 109
フッ化ビニリデン系高分子 …………105
フラーレン ………………………31, 143, 206
フレキシブルプラスチック基板 ………73
ブリッヂマン法 ………………………229
分極処理 ………………………………113
分光増感剤 ……………………………184
分子-表面相互作用 ……………………235
分子カラム構造 ………………………195
分子形状 ………………………………195
分子スイッチングデバイス …………138
分子線蒸着 ……………………………239
分子素子 ………………………………130
分子単電子トランジスタ ……………156
分子長軸 …………………………………20
分子デバイス …………………………130
分子トランジスタ ………………………28
分子配列・配向制御 …………………195
分子配列組立技術 ………………………3
分子配列制御 …………………………210
分子フォトダイオード ………………132
プラスチックエレクトロニクスおよびフォトニク
　ス ………………………………………25
プリンタブルトランジスタ ……………34
プローブ顕微鏡 …………………………15

【へ】

平衡形 …………………………………232
平行配向 …………………………195, 225
平板昇華（plate sublimation）法 ……230
平面状分子 ……………………………196
ヘテロ積層膜 …………………………132
ヘテロ接合界面 ………………………135
ヘテロ超薄膜 …………………………234
ヘリング・ボーン構造 …………………20
偏光発光 ………………………………203
ベンゾコロネン誘導体 ………………172
ベンゾチアゾール誘導体 ……………165
ベンゾチエノベンゾチオフェン誘導体 …173

281

索引

ベンゾピリリウム系色素 ……………………39
ペンタセン ………………………………27, 168

【ほ】

ポーラロン ……………………………………127
ホールキャリア輸送材料 ……………………45
ホール伝導 ……………………………………76
ホール輸送 ……………………………………77
ホール輸送材料 ……………………………269
ホール輸送層 ………………………………261
ホット・ウォール・エピタキシー（HWE）法
 ……………………………………………213
ホッピング伝導 ………………………………12
棒状結晶 ……………………………………198
ボタン形ポリアセンキャパシタ ……………86
ボトムアップアプローチ …………………138
ボトムアップテクノロジー ………………209
ボトムアップ方式 …………………………130
ポリピロール …………………………………97
ポーラス電極 …………………………………71
ホッピング伝導 ……………………………182
ポリ-N-ビニルカルバゾール ………………37
ポリ-p-フェニレンビニレン ………………120
ポリ 3-(4-フルオロフェニル)-チオフェン ……84
ポリ-3-メチルチオフェン ……………………84
ポリアセチレン …………………………80, 97
ポリアセン ……………………………………84
ポリアニリン …………………………………81
ポリイミド（PI） ……………………………252
ポリインドール ………………………………84
ポリエチレンジオキシチオフェン ……77, 97
ポリシリコン TFT …………………………258
ポリシリレン …………………………………46
ポリチオフェン ………………………80, 97, 254
ポリドメイン構造 …………………………179
ポリピロール …………………………………80
ポリフィリン ………………………………169
ポリフルオレン（poly-(dialkylfluoren)）
 ……………………………………123, 262
ポリペプチド ………………………………115
ポリマー二次電池 ……………………………80

ポリマーフレキシブル基板 …………………8

【ま】

マイクロマシン技術 ………………………160
摩擦転写法 …………………………………199

【む】

無機機能性材料 ……………………………152
無機構造材料 ………………………………152
無機 p 型半導体 ………………………………76
無輻射遷移 …………………………………209

【め】

メソポーラス ……………………………70, 77
メソポーラス構造 ……………………………77
面内 X 線回折法 ……………………………200

【も】

モノドメイン構造 …………………………179
モルフォロジー ………………………………71

【ゆ】

融液法 ………………………………………229
有機機能性材料 ……………………………153
有機構造材料 ………………………………152
有機光導電体 …………………………………36
有機超薄膜 …………………………………130
有機トランジスタ …………………19, 27, 245
有機薄膜トランジスタ ……………………251
有機発光ダイオード …………………………51
有機発光トランジスタ ………………………31
有機半導体 ……………………………………27
有機分子線エピタキシー（OMBE）法 ……213
有機ホール伝導体 ……………………………76
有機ホール輸送体 ……………………………76
有機 EL ディスプレイ ……………………245
有機 EL 発光材料 …………………………262
有機 LED ………………………………………1
有機 TFT ………………………………………7
歪み …………………………………………105

索引

【よ】
溶液超薄膜法 …………………………240
溶液プロセス ……………………………7
溶液法 …………………………………227
溶融再結晶法 …………………………25
陽極材料 ………………………………269
溶融塩 …………………………………76
四準位系のレーザ材料 ………………119

【ら】
ラングミュア・ブロジェット法…………130, 213

【り】
量子コンピューティング ………………153

量子サイズ効果 ………………………209
量子ドット ……………………………219
量子ビット ……………………………160
量子ワイヤー …………………………219
リン光材料 ……………………………51

【れ】
レーザー ………………………………25
レーザー蒸発法 ………………………143
励起子 …………………………………261
励起子生成効率 ………………………52
レドックス ……………………………68
レドックス反応 ………………………82

《CMCテクニカルライブラリー》発行にあたって

弊社は、1961年創立以来、多くの技術レポートを発行してまいりました。これらの多くは、その時代の最先端情報を企業や研究機関などの法人に提供することを目的としたもので、価格も一般の理工書に比べて遙かに高価なものでした。

一方、ある時代に最先端であった技術も、実用化され、応用展開されるにあたって普及期、成熟期を迎えていきます。ところが、最先端の時代に一流の研究者によって書かれたレポートの内容は、時代を経ても当該技術を学ぶ技術書、理工書としていささかも遜色のないことを、多くの方々が指摘されています。

弊社では過去に発行した技術レポートを個人向けの廉価な普及版《**CMCテクニカルライブラリー**》として発行することとしました。このシリーズが、21世紀の科学技術の発展にいささかでも貢献できれば幸いです。

2000年12月

株式会社　シーエムシー出版

有機半導体の展開　　　　　　　　　　　　　　　　（B0857）

2003年10月31日　初　版　第1刷発行
2008年10月25日　普及版　第1刷発行

監　修　　谷口　彬雄　　　　　　　　　　　　Printed in Japan
発行者　　辻　　賢司
発行所　　株式会社　シーエムシー出版
　　　　　東京都千代田区内神田1-13-1　豊島屋ビル
　　　　　電話03 (3293) 2061
　　　　　http://www.cmcbooks.co.jp

〔印刷　倉敷印刷株式会社〕　　　　　　　　　　© Y. Taniguchi, 2008

定価はカバーに表示してあります。
落丁・乱丁本はお取替えいたします。

ISBN978-4-7813-0030-6 C3054 ¥4000E

本書の内容の一部あるいは全部を無断で複写（コピー）することは、法律で認められた場合を除き、著作者および出版社の権利の侵害になります。

CMCテクニカルライブラリーのご案内

白色LED照明システム技術と応用
監修／田口常正
ISBN978-4-7813-0008-5　　　　　B851
A5判・262頁　本体3,600円＋税（〒380円）
初版2003年6月　普及版2008年6月

構成および内容：白色LED研究開発の状況：歴史的背景／光源の基礎特性／発光メカニズム／青色LED, 近紫外LEDの作製（結晶成長／デバイス作製 他）／高効率近紫外LEDと白色LED（ZnSe系白色LED 他）／実装化技術（蛍光体とパッケージング 他）／応用と実用化（一般照明装置の製品化／海外の動向, 研究開発予測および市場性 他）
執筆者：内田裕士／森 哲／山田陽一 他24名

炭素繊維の応用と市場
編者／前田 豊
ISBN978-4-7813-0006-1　　　　　B849
A5判・226頁　本体3,000円＋税（〒380円）
初版2000年11月　普及版2008年6月

構成および内容：炭素繊維の特性（分類／形態／市販炭素繊維製品／性質／周辺繊維 他）／複合材料の設計・成形・後加工・試験検査／最新応用技術／炭素繊維・複合材料の用途分野別の最新動向（航空宇宙分野／スポーツ・レジャー分野／産業・工業分野 他）／メーカー・加工業者の現状と動向（炭素繊維メーカー／特許からみたCFメーカー／FRP成形加工業者／CFRPを取り扱う大手ユーザー 他）他

超小型燃料電池の開発動向
編者／神谷信行／梅田 実
ISBN978-4-88231-994-8　　　　　B848
A5判・235頁　本体3,400円＋税（〒380円）
初版2003年6月　普及版2008年5月

構成および内容：直接形メタノール燃料電池／マイクロ燃料電池・マイクロ改質器／二次電池との比較／固体高分子電解質膜, 電極材料／MEA（膜電極接合体）／平面積層方式／燃料の多様化（アルコール, アセタール系）／ジメチルエーテル／水素化ホウ素燃料／アスコルビン酸／グルコース 他）／計測評価法（セルインピーダンス／パルス負荷 他）
執筆者：内田 勇／田中秀治／畑中達也 他10名

エレクトロニクス薄膜技術
監修／白木靖寛
ISBN978-4-88231-993-1　　　　　B847
A5判・253頁　本体3,600円＋税（〒380円）
初版2003年5月　普及版2008年5月

構成および内容：計算化学による結晶成長制御手法／常圧プラズマCVD技術／ラダー電極を用いたVHFプラズマ応用薄膜形成技術／触媒化学気相積法／コンビナトリアルテクノロジー／パルスパワー技術／半導体薄膜の作製（高誘電体ゲート絶縁膜 他）／ナノ構造磁性薄膜の作製とスピントロニクスへの応用（強磁性トンネル接合（MTJ）他）他
執筆者：久保百司／高見誠一／宮本 明 他23名

高分子添加剤と環境対策
監修／大勝靖一
ISBN978-4-88231-975-7　　　　　B846
A5判・370頁　本体5,400円＋税（〒380円）
初版2003年5月　普及版2008年4月

構成および内容：総論（劣化の本質と防止／添加剤の相乗・拮抗作用 他）／機能維持剤（紫外線吸収剤／アミン系／イオウ系・リン系／金属捕捉剤 他）／機能付与剤（加工性／光化学性／電気性／表面性／バルク性 他）／添加剤の分析と環境対策（高温ガスクロによる分析／変色トラブルの解析例／内分泌かく乱化学物質／添加剤と法規制 他）
執筆者：飛田悦男／児島史利／石井玉樹 他30名

農薬開発の動向 -生物制御科学への展開-
監修／山本 出
ISBN978-4-88231-974-0　　　　　B845
A5判・337頁　本体5,200円＋税（〒380円）
初版2003年5月　普及版2008年4月

構成および内容：殺菌剤（細胞膜機能の阻害剤 他）／殺虫剤（ネオニコチノイド系剤 他）／殺ダニ剤（神経作用性 他）／除草剤・植物成長調節剤（カロチノイド生合成阻害剤 他）／製剤／生物農薬（ウイルス剤 他）／天然物／遺伝子組換え作物／昆虫ゲノム研究の害虫防除への展開／創薬研究へのコンピュータ利用／世界の農薬市場／米国の農薬規制
執筆者：三浦一郎／上原正浩／織田雅次 他17名

耐熱性高分子電子材料の展開
監修／柿本雅明／江坂 明
ISBN978-4-88231-973-3　　　　　B844
A5判・231頁　本体3,200円＋税（〒380円）
初版2003年5月　普及版2008年3月

構成および内容：【基礎】耐熱性高分子の分子設計／耐熱性高分子の物性／低誘電率材料の分子設計／光反応性耐熱性材料の分子設計【応用】耐熱注型材料／ポリイミドフィルム／アラミド繊維紙／アラミドフィルム／耐熱性粘着テープ／半導体封止用成形材料／その他注目材料（ベンゾシクロブテン樹脂／液晶ポリマー／BTレジン 他）
執筆者：今井淑夫／竹市 力／後藤幸平 他16名

二次電池材料の開発
監修／吉野 彰
ISBN978-4-88231-972-6　　　　　B843
A5判・266頁　本体3,800円＋税（〒380円）
初版2003年5月　普及版2008年3月

構成および内容：【総論】リチウム系二次電池の技術と材料・原理と基本材料構成【リチウム系二次電池材料】コバルト系・ニッケル系・マンガン系・有機系正極材料／炭素系・合金系・その他非炭素系負極材料／イオン電池用電極液／ポリマー・無機固体電解質 他【新しい蓄電素子とその材料編】プロトン・ラジカル電池 他【海外の状況】
執筆者：山﨑信幸／荒井 創／櫻井庸司 他27名

※ 書籍をご購入の際は、最寄りの書店にご注文いただくか、㈱シーエムシー出版のホームページ（http://www.cmcbooks.co.jp/）にてお申し込み下さい。

CMCテクニカルライブラリーのご案内

水分解光触媒技術 -太陽光と水で水素を造る-
監修／荒川裕則
ISBN978-4-88231-963-4　　　　B842
A5判・260頁　本体3,600円+税（〒380円）
初版2003年4月　普及版2008年2月

構成および内容：酸化チタン電極による水の光分解の発見／紫外光応答性二段階光触媒による水分解の達成（炭酸塩添加法／Ta系酸化物へのドーパント効果 他）／紫外光応答性二段光触媒による水分解／可視光応答性光触媒による水分解の達成（レドックス媒体／色素増感光触媒 他）／太陽電池材料を利用した水の光電気化学的分解／海外での取り組み
執筆者：藤嶋 昭／佐藤真理／山下弘巳 他20名

機能性色素の技術
監修／中澄博行
ISBN978-4-88231-962-7　　　　B841
A5判・266頁　本体3,800円+税（〒380円）
初版2003年3月　普及版2008年2月

構成および内容：【総論】計算化学による色素の分子設計 他【エレクトロニクス機能】新規フタロシアニン化合物 他【情報表示機能】有機EL材料 他【情報記録機能】インクジェットプリンタ用色素／フォトクロミズム 他【染色・捺染の最新技術】超臨界二酸化炭素流体を用いる合成繊維の染色 他【機能性フィルム】近赤外線吸収色素 他
執筆者：蛭田公広／谷口彬雄／雀部博之 他22名

電波吸収体の技術と応用 II
監修／橋本 修
ISBN978-4-88231-961-0　　　　B840
A5判・387頁　本体5,400円+税（〒380円）
初版2003年3月　普及版2008年1月

構成および内容：【材料・設計編】狭帯域・広帯域・ミリ波電波吸収体【測定法編】材料定数／電波吸収量【材料編】ITS（弾性エポキシ・ITS用吸音電波吸収体 他）／電子部品（ノイズ抑制・高周波シート 他）／ビル・建材・電波暗室（透明電波吸収体 他）【応用編】インテリジェントビル／携帯電話など小型デジタル機器／ETC【市場編】市場動向
執筆者：宗 哲／栗原 弘／戸高嘉彦 他32名

光材料・デバイスの技術開発
編集／八百隆文
ISBN978-4-88231-960-3　　　　B839
A5判・240頁　本体3,400円+税（〒380円）
初版2003年4月　普及版2008年1月

構成および内容：【ディスプレイ】プラズマディスプレイ 他【有機ELデバイス】有機EL素子／キャリア輸送材料 他【発光ダイオード(LED)】高効率発光メカニズム／白色LED 他【半導体レーザ】赤外半導体レーザ 他【新機能光デバイス】太陽光発電／光記録技術 他【環境調和型光・電子半導体】シリコン基板上の化合物半導体 他
執筆者：別井圭一／三上明義／金丸正剛 他10名

プロセスケミストリーの展開
監修／日本プロセス化学会
ISBN978-4-88231-945-0　　　　B838
A5判・290頁　本体4,000円+税（〒380円）
初版2003年1月　普及版2007年12月

構成および内容：【総論】有名反応のプロセス化学的評価 他【基礎的反応】触媒的不斉炭素‐炭素結合形成反応／進化するBINAP化学 他【合成の自動化】ロボット合成／マイクロリアクター 他【工業的製造プロセス】7-ニトロインドール類の工業的製造法の開発／抗高血圧薬塩酸エホニジピン原薬の製造研究／ノスカール錠用原体分散体の工業化 他
執筆者：塩入孝之／富岡 清／左右田 茂 他28名

UV・EB硬化技術 IV
監修／市村國宏　編集／ラドテック研究会
ISBN978-4-88231-944-3　　　　B837
A5判・320頁　本体4,400円+税（〒380円）
初版2002年12月　普及版2007年12月

構成および内容：【材料開発の動向】アクリル系モノマー・オリゴマー／光開始剤 他【硬化装置及び加工技術の動向】UV硬化装置の動向と加工技術／レーザーと加工技術 他【応用技術の動向】缶コーティング／粘接着剤／印刷関連材料／フラットパネルディスプレイ／ホログラム／半導体用レジスト／光ディスク／光学材料／フィルムの表面加工 他
執筆者：川上直彦／岡崎栄一／岡 英隆 他32名

電気化学キャパシタの開発と応用 II
監修／西野 敦／直井勝彦
ISBN978-4-88231-943-6　　　　B836
A5判・345頁　本体4,800円+税（〒380円）
初版2003年1月　普及版2007年11月

構成および内容：【技術編】世界の主なEDLCメーカー【構成材料編】活性炭／電解液／電気二重層キャパシタ（EDLC）用半製品、各種部材／装置・安全対策ハウジング, ガス透過弁【応用技術編】ハイパワーキャパシタの自動車への応用例／UPS 他【新技術動向編】ハイブリッドキャパシタ／無機有機ナノコンポジット／イオン性液体 他
執筆者：尾崎潤二／齋藤貴之／松井啓真 他40名

RFタグの開発技術
監修／寺浦信之
ISBN978-4-88231-942-9　　　　B835
A5判・295頁　本体4,200円+税（〒380円）
初版2003年2月　普及版2007年11月

構成および内容：【社会的位置付け編】RFID活用の条件 他【技術的位置付け編】バーチャルリアリティーへの応用 他【標準化・法規制編】電波防護 他【チップ・実装・材料編】粘着タグ 他【読み取り書きこみ機編】携帯式リーダーと応用事例 他【社会システムへの適用編】電子機器管理 他【個別システムの構築編】コイル・オン・チップRFID 他
執筆者：大見孝吉／椎野 潤／吉本隆一 他24名

※書籍をご購入の際は、最寄りの書店にご注文いただくか、㈱シーエムシー出版のホームページ（http://www.cmcbooks.co.jp/）にてお申し込み下さい。

CMCテクニカルライブラリーのご案内

燃料電池自動車の材料技術
監修／太田健一郎／佐藤 登
ISBN978-4-88231-940-5　　　B833
A5判・275頁　本体3,800円＋税　（〒380円）
初版2002年12月　普及版2007年10月

構成および内容：【環境エネルギー問題と燃料電池】自動車を取り巻く環境問題とエネルギー動向／燃料電池の電気化学 他【燃料電池自動車と水素自動車の開発】燃料電池自動車市場の将来展望 他【燃料電池と材料技術】固体高分子型燃料電池用改質触媒／直接メタノール形燃料電池 他【水素製造と貯蔵材料】水素製造技術／高圧ガス容器 他
執筆者：坂本良悟／野崎 健／柏木孝夫 他17名

透明導電膜 II
監修／澤田 豊
ISBN978-4-88231-939-9　　　B832
A5判・242頁　本体3,400円＋税　（〒380円）
初版2002年10月　普及版2007年10月

構成および内容：【材料編】透明導電膜の導電性と赤外遮蔽特性／コランダム型結晶構造ITOの合成と物性 他【製造・加工編】スパッタ法によるプラスチック基板への製膜／塗布光分解法による透明導電膜の作製 他【分析・評価編】FE-SEMによる透明導電膜の評価 他【応用編】有機EL用透明導電膜／色素増感太陽電池用透明導電膜 他
執筆者：水橋 衛／南 内嗣／太田裕道 他24名

接着剤と接着技術
監修／永田宏二
ISBN978-4-88231-938-2　　　B831
A5判・364頁　本体5,400円＋税　（〒380円）
初版2002年8月　普及版2007年10月

構成および内容：【接着剤の設計】ホットメルト／エポキシ／ゴム系接着剤 他【接着層の機能－硬化接着物を中心に－】力学的機能／熱的特性／生体適合性／接着層の複合機能 他【表面処理技術】光オゾン法／プラズマ処理／プライマー 他【塗布技術】スクリーン技術／ディスペンサー 他【評価技術】塗布性の評価／放散VOC／接着試験法
執筆者：駒峯郁夫／越智光一／山口幸一 他20名

再生医療工学の技術
監修／筏 義人
ISBN978-4-88231-937-5　　　B830
A5判・251頁　本体3,800円＋税　（〒380円）
初版2002年6月　普及版2007年9月

構成および内容：再生医療工学序論／【再生用工学技術】再生用材料（有機系材料／無機系材料 他）／再生支援法（細胞分離法／免疫拒絶回避法 他）／【再生組織】全身（血球／末梢神経）／頭・頸部（頭蓋骨／網膜 他）／胸・腹部（心臓弁／小腸 他）／四肢部（関節軟骨／半月板 他）【これからの再生用細胞】幹細胞（ES細胞／毛幹細胞 他）
執筆者：森田真一郎／伊藤敦夫／菊地正紀 他58名

難燃性高分子の高性能化
監修／西原 一
ISBN978-4-88231-936-8　　　B829
A5判・446頁　本体6,000円＋税　（〒380円）
初版2002年6月　普及版2007年9月

構成および内容：【総論編】難燃性高分子材料の特性向上の理論と実際／リサイクル性【規制・評価編】難燃規制・規格および難燃性評価方法／実用評価【高性能化事例編】各種難燃剤／各種難燃性高分子材料／成形加工技術による高性能化事例／各産業分野での高性能化事例（エラストマー／PBT）【安全性編】難燃剤の安全性と環境問題
執筆者：酒井賢郎／西澤 仁／山崎秀夫 他28名

洗浄技術の展開
監修／角田光雄
ISBN978-4-88231-935-1　　　B828
A5判・338頁　本体4,600円＋税　（〒380円）
初版2002年5月　普及版2007年9月

構成および内容：洗浄技術の新展開／洗浄技術に係わる地球環境問題／新しい洗浄剤／高機能化水の利用／物理洗浄技術／ドライ洗浄技術／超臨界流体技術の洗浄分野への応用／光励起反応を用いた漏れ制御材料によるセルフクリーニング／密閉型洗浄プロセス／周辺付帯技術／磁気ディスクへの応用／汚れの剥離の機構／評価技術
執筆者：小田切力／太田至彦／信夫維二 他20名

老化防止・美白・保湿化粧品の開発技術
監修／鈴木正人
ISBN978-4-88231-934-4　　　B827
A5判・196頁　本体3,400円＋税　（〒380円）
初版2001年6月　普及版2007年8月

構成および内容：【メカニズム】光老化とサンケアの科学／色素沈着／保湿／老化・シミ保湿の相互関係 他【制御】老化の制御方法／保湿に対する制御方法／総合的な制御方法 他【評価法】老化防止／美白／保湿 他【化粧品への応用】剤形の剤形設計／老化防止（抗シワ）機能性化粧品／美白剤とその応用／総合的な老化防止化粧料の提案 他
執筆者：市橋正光／伊福欧二／正木仁 他14名

色素増感太陽電池
企画監修／荒川裕則
ISBN978-4-88231-933-7　　　B826
A5判・340頁　本体4,800円＋税　（〒380円）
初版2001年5月　普及版2007年8月

構成および内容：【グレッツェル・セルの基礎と実際】作製の実際／電解質溶液／レドックスの影響 他【グレッツェル・セルの材料開発】有機増感色素／キサンテン系色素／非チタニア型／多色多層パターン化 他【固体化】擬固体色素増感太陽電池 他【光電池の新展開及び特許】ルテニウム錯体　自己組織化分子層修飾電極を用いた光電池 他
執筆者：藤嶋昭／松村道雄／石沢均 他37名

※書籍をご購入の際は、最寄りの書店にご注文いただくか、㈱シーエムシー出版のホームページ（http://www.cmcbooks.co.jp/）にてお申し込み下さい。

CMCテクニカルライブラリーのご案内

食品機能素材の開発 II
監修／太田明一
ISBN978-4-88231-932-0　B825
A5判・386頁　本体5,400円＋税（〒380円）
初版2001年4月　普及版2007年8月

構成および内容：【総論】食品の機能因子／フリーラジカルによる各種疾病の発症と抗酸化成分による予防／フリーラジカルスカベンジャー／血液の流動性（ヘモレオロジー）／ヒト遺伝子と機能性成分 他【素材】ビタミン／ミネラル／脂質／植物由来素材／動物由来素材／微生物由来素材／お茶（健康茶）／乳製品を中心とした発酵食品 他
執筆者：大澤俊彦／大野尚仁／島崎弘幸 他66名

ナノマテリアルの技術
編集／小泉光惠／目義雄／中條澄／新原晧一
ISBN978-4-88231-929-0　B822
A5判・321頁　本体4,600円＋税（〒380円）
初版2001年4月　普及版2007年7月

構成および内容：【ナノ粒子】製造・物性・機能／応用展開【ナノコンポジット】材料の構造・機能／ポリマー系／半導体系／セラミックス系／金属系【ナノマテリアルの応用】カーボンナノチューブ／新しい有機−無機センサー材料／次世代型太陽光発電材料／スピンエレクトロニクス／バイオマグネット／デンドリマー／フォトニクス材料 他
執筆者：佐々木正／北條純一／奥山喜久夫 他68名

機能性エマルションの技術と評価
監修／角田光雄
ISBN978-4-88231-927-6　B820
A5判・266頁　本体3,600円＋税（〒380円）
初版2002年4月　普及版2007年7月

構成および内容：【基礎・評価編】乳化技術／マイクロエマルション／マルチブルエマルション／ミクロ構造制御／生体エマルション／乳化剤の最適選定／乳化装置／エマルションの粒径／レオロジー特性 他【応用編】化粧品／食品／医療／農薬／生分解性エマルションの繊維・紙への応用／塗料／土木・建築／感光材料／接着剤／洗浄 他
執筆者：阿部正彦／酒井俊郎／中島英夫 他17名

フォトニック結晶技術の応用
監修／川上彰二郎
ISBN978-4-88231-925-2　B818
A5判・284頁　本体4,000円＋税（〒380円）
初版2002年3月　普及版2007年7月

構成および内容：【フォトニック結晶中の光伝搬，導波，光閉じ込め現象】電磁界解析法／数値解析技術ファイバー 他【バンドギャップ工学】半導体完全3次元フォトニック結晶／テラヘルツ帯フォトニック結晶 他【発光デバイス】Smith-Purcel放射 他【バンド工学】シリコンマイクロフォトニクス／陽極酸化ポーラスアルミナ／多光子吸収 他
執筆者：納富雅也／大寺康夫／小柴正則 他26名

コーティング用添加剤の技術
監修／桐生春雄
ISBN978-4-88231-930-6　B823
A5判・227頁　本体3,400円＋税（〒380円）
初版2001年2月　普及版2007年6月

構成および内容：塗料の流動性と塗膜形成／溶液性状改善用添加剤（皮張り防止剤／揺変剤／消泡剤 他）／塗膜性能改善用添加剤（防錆剤／スリップ剤・スリ傷防止剤／つや消し剤 他）／機能性付与を目的とした添加剤（防汚剤／難燃剤 他）／環境対応型コーティングに求められる機能と課題（水性・粉体・ハイソリッド塗料）
執筆者：飯塚義雄／坪田実／柳澤秀好 他12名

ウッドケミカルスの技術
監修／飯塚堯介
ISBN978-4-88231-928-3　B821
A5判・309頁　本体4,400円＋税（〒380円）
初版2000年10月　普及版2007年6月

構成および内容：バイオマスの成分分離技術／セルロケミカルスの新展開（セルラーゼ／セルロース 他）／ヘミセルロースの利用技術（オリゴ糖 他）／リグニンの利用技術／抽出成分の利用技術（精油／タンニン）／木材のプラスチック化／ウッドセラミックス／エネルギー資源としての木材（燃焼／熱分解／ガス化 他） 他
執筆者：佐野嘉拓／渡辺隆司／志水一允 他16名

機能性化粧品の開発 III
監修／鈴木正人
ISBN978-4-88231-926-9　B819
A5判・367頁　本体5,400円＋税（〒380円）
初版2000年1月　普及版2007年6月

構成および内容：機能と生体メカニズム（保湿・美白・老化防止・ニキビ・低刺激・低アレルギー・ボディケア／育毛剤／サンスクリーン 他）／評価技術（スリミング／クレンジング・洗浄／制汗・デオドラント／くすみ／抗菌性 他）／機能を高める新しい製剤技術（リポソーム／マイクロカプセル／シート状パック／シワ・シミ隠蔽 他）
執筆者：佐々木一郎／足立佳津良／河合江理子 他45名

インクジェット技術と材料
監修／高橋恭介
ISBN978-4-88231-924-5　B817
A5判・197頁　本体3,000円＋税（〒380円）
初版2002年9月　普及版2007年5月

構成および内容：【総論編】デジタルプリンティングテクノロジー【応用編】オフセット印刷／請求書プリントシステム／産業用マーキング／マイクロマシン／オンデマンド捺染 他【インク・用紙・記録材料編】UVインク／コート紙／光沢紙／アルミナ微粒子／合成紙を用いたインクジェット用紙／印刷用組成用シリカ／紙用薬品 他
執筆者：毛利匡孝／村形哲伸／斎藤正夫 他19名

※ 書籍をご購入の際は、最寄りの書店にご注文いただくか、㈱シーエムシー出版のホームページ（http://www.cmcbooks.co.jp/）にてお申し込み下さい。

CMCテクニカルライブラリー のご案内

食品加工技術の展開
監修／藤田 哲／小林登史夫／亀和田光男
ISBN978-4-88231-923-8 　B816
A5判・264頁　本体3,800円＋税　（〒380円）
初版2002年8月　普及版2007年5月

構成および内容：資源エネルギー関連技術（バイオマス利用／ゼロエミッション 他）／貯蔵流通技術（自然冷熱エネルギー／低温殺菌と加熱殺菌 他）／新規食品加工技術（乾燥（造粒）技術／膜分離技術／冷凍技術／鮮度保持 他）／食品計測・分析技術（食品の非破壊計測技術／BSEに関して）／第二世代遺伝子組換え技術 他
執筆者：髙木健次／柳本正勝／神力達夫 他22人

グリーンプラスチック技術
監修／井上義夫
ISBN978-4-88231-922-1 　B815
A5判・304頁　本体4,200円＋税　（〒380円）
初版2002年6月　普及版2007年5月

構成および内容：【総論編】環境調和型高分子材料開発／生分解性プラスチック 他【基礎編】新規ラクチド共重合体／微生物、天然物、植物資源、活性汚泥を用いた生分解性プラスチック 他【応用編】ポリ乳酸／カプロラクトン系ポリエステル"セルグリーン"／コハク酸系ポリエステル"ビオノーレ"／含芳香環ポリエステル 他
執筆者：大島一史／木村良晴／白浜博幸 他29名

ナノテクノロジーとレジスト材料
監修／山岡亞夫
ISBN978-4-88231-921-4 　B814
A5判・253頁　本体3,600円＋税　（〒380円）
初版2002年9月　普及版2007年4月

構成および内容：トップダウンテクノロジー（ナノテクノロジー／X線リソグラフィ／超微細加工 他）／広がりゆく微細化技術（プリント配線技術と感光性樹脂／スクリーン印刷／ヘテロ系記録材料 他）／新しいレジスト材料（ナノパターニング／走査プローブ顕微鏡の応用／近接場光／自己組織化／光プロセス／ナノインプリント 他）他
執筆者：玉村敏昭／後河内透／田口孝雄 他17名

光機能性有機・高分子材料
監修／市村國宏
ISBN978-4-88231-920-7 　B813
A5判・312頁　本体4,400円＋税　（〒380円）
初版2002年7月　普及版2007年4月

構成および内容：ナノ素材（デンドリマー／光機能性SAM 他）／光機能性デバイス材料（色素増感太陽電池／有機ELデバイス 他）／分子配向と光機能（ディスコティック液晶膜 他）／多光子励起と光機能（三次元有機フォトニック結晶／三次元超高密度メモリー 他）／新展開をめざして（有機無機ハイブリッド材料 他）他
執筆者：横山士吉／関 隆広／中川 勝他26名

コンビナトリアルサイエンスの展開
編集／髙橋孝志／鯉沼秀臣／植田充美
ISBN978-4-88231-914-6 　B807
A5判・377頁　本体5,200円＋税　（〒380円）
初版2002年3月　普及版2007年4月

構成および内容：コンビナトリアルケミストリー（パラジウム触媒固相合成／糖鎖合成 他）／コンビナトリアル技術による材料開発（マテリアルハイウェイの構築／新ガラス創製／新機能ポリマー／固体触媒／計算化学 他）／バイオエンジニアリング（新機能性分子創製／テーラーメイド生体触媒／新機能細胞の創製 他）他
執筆者：吉田潤一／山田昌樹／岡田伸之 他54名

フッ素系材料と技術　21世紀の展望
松尾 仁 著
ISBN978-4-88231-919-1 　B812
A5判・189頁　本体2,600円＋税　（〒380円）
初版2002年4月　普及版2007年3月

構成および内容：フッ素樹脂（PTFEの溶融成形／新フッ素樹脂／超臨界媒体中での重合法の開発 他）／フッ素コーティング（非粘着コート／耐候性塗料／ポリマーアロイ 他）／フッ素膜（食塩電解法イオン交換膜／燃料電池への応用／分離膜 他）／生理活性物質・中間体（医薬／農薬／合成法の進歩 他）／新材料・新用途展開（半導体関連材料／光ファイバー／電池材料／イオン性液体 他）他

色材用ポリマー応用技術
監修／星埜由典
ISBN978-4-88231-916-0 　B809
A5判・372頁　本体5,200円＋税　（〒380円）
初版2002年3月　普及版2007年3月

構成および内容：色材用ポリマー（アクリル系／アミノ系／新架橋システム 他）／各種塗料（自動車用／金属容器用／重防食塗料 他）／接着剤・粘着剤（光規品用／エレクトロニクス用／医療用 他）／各種インキ（グラビアインキ／フレキソインキ／RCインキ 他）／色材のキャラクタリゼーション（表面形態／レオロジー／熱分析 他）他
執筆者：石倉慎一／村上俊夫／山本庸二郎 他25名

プラズマ・イオンビームとナノテクノロジー
監修／上條榮治
ISBN978-4-88231-915-3 　B808
A5判・316頁　本体4,400円＋税　（〒380円）
初版2002年3月　普及版2007年3月

構成および内容：プラズマ装置（プラズマCVD装置／電子サイクロトロン共鳴プラズマ／イオンプレーティング装置 他）／イオンビーム装置（イオン注入装置／イオンビームスパッタ装置 他）／ダイヤモンドおよび関連材料（半導体ダイヤモンドの電子素子応用／DLC／窒化炭素 他）／光機能材料（透明導電性材料／光学薄膜材料 他）他
執筆者：橘 邦英／佐々木光正／鈴木正康 他34名

※ 書籍をご購入の際は、最寄りの書店にご注文いただくか、㈱シーエムシー出版のホームページ(http://www.cmcbooks.co.jp/)にてお申し込み下さい。

CMCテクニカルライブラリーのご案内

マイクロマシン技術
監修／北原時雄／石川雄一
ISBN978-4-88231-912-2　　B805
A5判・328頁　本体4,600円＋税（〒380円）
初版2002年3月　普及版2007年2月

構成および内容：ファブリケーション（シリコンプロセス／LIGA／マイクロ放電加工／機械加工　他）／駆動機構（静電型／電磁型／形状記憶合金型　他）／デバイス（インクジェットプリンタヘッド／DMD／SPM／マイクロジャイロ／光電変換デバイス　他）／トータルマイクロシステム（メンテナンスシステム／ファクトリ／流体システム　他）他
執筆者：太田　亮／平田嘉裕／正木　健　他43名

機能性インキ技術
編集／大島壯一
ISBN978-4-88231-911-5　　B804
A5判・300頁　本体4,200円＋税（〒380円）
初版2002年1月　普及版2007年2月

構成および内容：【電気・電子機能】ジェットインキ／静電トナー／ポリマー型導電性ペースト　他【光機能】オプトケミカル／蓄光・夜光／フォトクロミック　他【熱機能】熱転写用インキと転写方法／示温／感熱　他【その他の特殊機能】繊維製品用／磁性／プロテイン／パッド印刷用　他【環境対応型】水性UV／ハイブリッド／EB／大豆油　他
執筆者：野口弘道／山崎　弘／田近　弘　他21名

リチウム二次電池の技術展開
編集／金村聖志
ISBN978-4-88231-910-8　　B803
A5判・215頁　本体3,000円＋税（〒380円）
初版2002年1月　普及版2007年2月

構成および内容：電池材料の最新技術（無機系正極材料／有機硫黄系正極材料／負極材料／電解質／その他の電池用周辺部材／用途開発の到達点と今後の展開　他）／次世代電池の開発動向（リチウムポリマー二次電池／リチウムセラミック二次電池　他）／用途開発（ネットワーク技術／人間支援技術／ゼロ・エミッション技術　他）他
執筆者：直井勝彦／石川正司／吉野　彰　他10名

特殊機能コーティング技術
監修／桐生春明／三代澤良明
ISBN978-4-88231-909-2　　B802
A5判・289頁　本体4,200円＋税（〒380円）
初版2002年3月　普及版2007年1月

構成および内容：電子・電気的機能（導電性コーティング／層間絶縁膜　他）／機械的機能（耐摩耗性／制振・防音　他）／化学的機能（消臭・脱臭／耐酸性雨　他）／光学的機能（蓄光／UV硬化　他）／表面機能（結露防止塗料／撥水・撥油性／クロムフリー薄膜表面処理　他）／生態機能（非錫系の加水分解型防汚塗料／抗菌・抗カビ　他）他
執筆者：中道敏彦／小浜信行／河野正彦　他24名

ブロードバンド光ファイバ
監修／藤井陽一
ISBN978-4-88231-908-5　　B801
A5判・180頁　本体2,600円＋税（〒380円）
初版2001年12月　普及版2007年1月

構成および内容：製造技術と特性（石英系／偏波保持　他）／WDM伝送システム用部品ファイバ（ラマン増幅器／分散補償デバイス／ファイバ型光受動部品　他）／ソリトン光通信システム（光ソリトン"通信"の変遷／制御と光3R／波長多重ソリトン伝送技術　他）光ファイバ応用センサ（干渉方式光ファイバジャイロ／ひずみセンサ　他）
執筆者：小倉邦男／姫野邦治／松浦祐司　他11名

ポリマー系ナノコンポジットの技術動向
編集／中條　澄
ISBN978-4-88231-906-1　　B799
A5判・240頁　本体3,200円＋税（〒380円）
初版2001年10月　普及版2007年1月

構成および内容：原料・製造法（層状粘土鉱物の現状／ゾル-ゲル法　他）／各種最新技術（ポリアミド／熱硬化性樹脂／エラストマー／PET　他）／高機能化（ポリマーの難燃化／ハイブリッド／ナノコンポジットコーティング　他）／トピックス（カーボンナノチューブ／貴金属ナノ粒子ペースト／グラファイト層間重合／位置選択的分子ハイブリッド　他）他
執筆者：安倍一也／長谷川直樹／佐藤紀夫　他20名

キラルテクノロジーの進展
監修／大橋武久
ISBN4-88231-905-5　　B798
A5判・292頁　本体4,000円＋税（〒380円）
初版2001年9月　普及版2006年12月

構成および内容：【合成技術】単純ケトン類の実用的水素化触媒の開発／カルバペネム系抗生物質中間体の合成法開発／抗HIV薬中間体の開発／光学活性γ, δ-ラクトンの開発と応用　他【バイオ技術】ATP再生系を用いた有用物質の新規生産法／新酵素法によるD-パントラクトンの工業生産／環境適合性キレート剤とバイオプロセスの応用　他
執筆者：藤尾達郎／村上尚道／今本恒雄　他26名

有機ケイ素材料科学の進歩
監修／櫻井英樹
ISBN4-88231-904-7　　B797
A5判・269頁　本体3,600円＋税（〒380円）
初版2001年9月　普及版2006年12月

構成および内容：【基礎】ケイ素を含むπ電子系／ポリシランを基盤としたナノ構造体／ポリシランの光学材料への展開／オリゴシラン薄膜の自己組織化構造と電荷輸送特性　他【応用】発光素子の構成要素となる新規化合物の合成／高耐熱性含ケイ素樹脂／有機金属化合物を含有するケイ素系高分子の合成と性質／IPN形成とケイ素合成樹脂　他
執筆者：吉田　勝／玉尾皓平／横山正明　他25名

※ 書籍をご購入の際は、最寄りの書店にご注文いただくか、
㈱シーエムシー出版のホームページ（http://www.cmcbooks.co.jp/）にてお申し込み下さい。

CMCテクニカルライブラリーのご案内

DNAチップの開発 II
監修／松永 是
ISBN4-88231-902-0　　　　B795
A5判・247頁　本体3,600円＋税（〒380円）
初版2001年7月　普及版2006年12月

構成および内容：【チップ技術】新基板技術／遺伝子増幅系内蔵型DNAチップ／電気化学発光法を用いたDNAチップリーダーの開発 他【関連技術】改良SSCPによる高速SNPs検出／走査プローブ顕微鏡によるDNA解析／三次元動画像によるタンパク質構造変化の可視化 他【バイオインフォマティクス】パスウェイデータベース／オーダーメイド医療とIn silico biology 他
執筆者：新保 斎／隅蔵康一／一石英一郎 他37名

マイクロビヤ技術とビルドアップ配線板の製造技術　編著／英 一太
ISBN4-88231-907-1 f　　　　B800
A5判・178頁　本体2,600円＋税（〒380円）
初版2001年7月　普及版2006年11月

構成および内容：構造と種類／穴あけ技術／フォトビヤプロセス／ビヤホールの埋込み技術／UV硬化型液状ソルダーマスクによる穴埋め加工法／ビヤホール層間接続のためのメタライゼーション技術／日本のマイクロ基板用材料の開発動向／基板の細線回路のパターニングと回路加工／表面型実装型エリアアレイ（BGA，CSP）／フリップチップボンディング／導電性ペースト／電気銅めっき 他

新エネルギー自動車の開発
監修／山田興一／佐藤 登
ISBN4-88231-901-2　　　　B794
A5判・350頁　本体5,000円＋税（〒380円）
初版2001年7月　普及版2006年11月

構成および内容：【地球環境問題と自動車】大気環境の現状と自動車との関わり／地球環境／環境規制 他【自動車産業における総合技術戦略】重点技術分野と技術課題／他【自動車の開発動向】ハイブリッド電気／燃料電池／天然ガス／LPG 他【要素技術と材料】燃料改質技術／貯蔵技術と材料／発電技術と材料／パワーデバイス 他
執筆者：吉野 彰／太田健一郎／山崎陽太郎 他24名

ポリウレタンの基礎と応用
監修／松永勝治
ISBN4-88231-899-7　　　　B792
A5判・313頁　本体4,400円＋税（〒380円）
初版2000年10月　普及版2006年11月

構成および内容：原材料と副資材（イソシアネート／ポリオール 他）／分析とキャラクタリゼーション（フーリエ赤外分光法／動的粘弾性／網目構造のキャラクタリゼーション 他）／加工技術（熱硬化性・熱可塑性エラストマー／フォーム／スパンデックス／水系ウレタン樹脂 他）／応用（電子・電気／自動車・鉄道車両／塗装・接着剤・バインダー／医用／衣料 他） 他
執筆者：高柳 弘／岡部憲昭／吉村浩幸 他26名

薬用植物・生薬の開発
監修／佐竹元吉
ISBN4-88231-903-9　　　　B796
A5判・337頁　本体4,800円＋税（〒380円）
初版2001年9月　普及版2006年10月

構成および内容：【素材】栽培と供給／バイオテクノロジーと物質生産 他【品質評価】グローバリゼーション／微生物限度試験法／品質と成分の変動 他【薬用植物・機能性食品・甘味】機能性成分／甘味成分 他【創薬シード分子の探索】タイ／南米／解析・発現 他【生薬，民族伝統薬の薬効評価と創薬研究】漢方薬の科学的評価／抗HIV活性を有する伝統薬物 他
執筆者：岡田 稔／田中俊弘／酒井英二 他22名

バイオマスエネルギー利用技術
監修／湯川英明
ISBN4-88231-900-4　　　　B793
A5判・333頁　本体4,600円＋税（〒380円）
初版2001年8月　普及版2006年10月

構成および内容：【エネルギー利用技術】化学的変換技術体系／生物的変換技術 他【糖化分解技術】物理・化学的糖化分解／生物学的分解／超臨界液体分解 他【バイオプロダクト】高分子製造／バイオスリファイナリー／バイオ新素材／木質系バイオマスからキシロオリゴ糖の製造 他【バイオマス利用】ガス化メタノール製造／エタノール燃料自動車／バイオマス発電 他
執筆者：児玉 徹／桑原正章／美濃輪智朗 他17名

形状記憶合金の応用展開
編集／宮崎修一／佐久間俊雄／渋谷壽一
ISBN4-88231-898-9　　　　B791
A5判・260頁　本体3,600円＋税（〒380円）
初版2001年1月　普及版2006年10月

構成および内容：疲労特性（サイクル効果による機能劣化／線材の回転曲げ疲労／コイルばねの疲労 他）／製造・加工法（粉末焼結／急冷凝固（リボン）／圧延・線引き加工／ばね加工 他）／機器の設計・開発（信頼性設計／材料試験評価方法／免震構造設計／熱エンジン 他）／応用展開（開閉機構／超弾性効果／医療材料 他） 他
執筆者：細田秀樹／戸伏壽昭／三角正明 他27名

コンクリート混和剤技術
ISBN4-88231-897-0　　　　B790
A5判・304頁　本体4,400円＋税（〒380円）
初版2001年9月　普及版2006年9月

構成および内容：【混和剤】高性能AE減水剤／流動化剤／分離低減剤／起泡剤・発泡剤／凝結・硬化調節剤／防錆剤／防水剤／収縮低減剤／グラウト用混和材 他【混和材】膨張剤／超微粉末（シリカフューム，高炉スラグ，フライアッシュ，石灰石）／結合剤／ポリマー混和剤 他【コンクリート関連ケミカルス】塗布型破砕剤／静的破砕材／ひび割れ補修材料 他
執筆者：友澤史紀／坂井悦郎／大門正機 他24名

※ 書籍をご購入の際は、最寄りの書店にご注文いただくか、㈱シーエムシー出版のホームページ（http://www.cmcbooks.co.jp/）にてお申し込み下さい。